高技能人才培训丛书 | 丛书主编 李长虹

智能楼宇管理员（高级）技能实训

——综合布线系统

张自忠 周烨 石云龙 邱孝扬 编著

中国电力出版社
CHINA ELECTRIC POWER PRESS

内 容 提 要

本书采用任务引领训练模式编写，以工作过程为导向，以岗位技能要求为依据，以典型工作任务为载体，训练任务来源于企业真实的工作岗位。

本书从智能楼宇管理员（高级）从业人员的职业能力目标出发，分为15个训练任务，每个任务均由任务来源、任务描述、能力目标、任务实施、效果评价、相关知识与技能、练习与思考几部分组成。训练实施采用目标、任务、准备、行动、评价五步训练法，涵盖从任务（问题）来源到分析问题、解决问题、效果评价的完整学习活动。

本书既可作为职业院校或企业员工培训的教材，也可供一线从业人员提升技能使用，还可作为从事职业教育与职业培训课程开发人员的参考书。

图书在版编目（CIP）数据

智能楼宇管理员（高级）技能实训：综合布线系统 / 张自忠等编著：—北京：中国电力出版社，2018.4

（高技能人才培训丛书 / 李长虹主编）

ISBN 978-7-5198-1492-2

Ⅰ. ①楼… Ⅱ. ①张… Ⅲ. ①智能化建筑－自动化系统－岗位培训－教材 Ⅳ. ①TU243

中国版本图书馆CIP数据核字（2017）第302207号

出版发行：中国电力出版社
地　　址：北京市东城区北京站西街19号（邮政编码100005）
网　　址：http://www.cepp.sgcc.com.cn
责任编辑：杨　扬
责任校对：太兴华
装帧设计：赵姗姗
责任印制：杨晓东

印　　刷：北京雁林吉兆印刷有限公司
版　　次：2018年4月第一版
印　　次：2018年4月北京第一次印刷
开　　本：787毫米×1092毫米　16开本
印　　张：15.25
字　　数：412千字
印　　数：0001—2000册
定　　价：58.00元

编委会

序

国务院《中国制造2025》提出“坚持把人才作为建设制造强国的根本，建立健全科学合理的选人、用人、育人机制，加快培养制造业发展急需的专业技术人才、经营管理人才、技能人才。营造大众创业、万众创新的氛围，建设一支素质优良、结构合理的制造业人才队伍，走人才引领的发展道路”。随着我国新型工业化、信息化同步推进，高技能人才在加快产业优化升级，推动技术创新和科技成果转化发挥了不可替代的重要作用。经济新常态下，高技能人才应掌握现代技术工艺和操作技能，具备创新能力，成为技能智能兼备的复合型人才。

《高技能人才培训丛书》由嵌入式系统设计应用、PLC控制系统设计应用、智能楼宇技术应用、产品造型设计应用、工业机器人设计应用等近20个课程组成。丛书课程的开发，借鉴了当今国外发达国家先进的职业培训理念，坚持以工作过程为导向，以岗位技能要求为依据，以典型工作任务为载体，训练任务来源于企业真实的工作岗位。在高技能人才技能培养的课程模式方面，可谓是一种创新、高效、先进的课程，易理解、易学习、易掌握。丛书的作者大多来自企业，具有丰富的一线岗位工作经验和实际操作技能。本套丛书既可供一线从业人员提升技能使用，也可作为企业员工培训或职业院校的教材，还可作为从事职业教育与职业培训课程开发人员的参考书。

当今，职业培训的理念、技术、方法等不断发展，新技术、新技能、新经验不断涌现。这套丛书的成果具有一定的阶段性，不可能一劳永逸，要在今后的实践中不断丰富和完善。互联网技术的不断创新与大数据时代的来临，为高技能人才培养带来了前所未有的发展机遇，希望有更多的课程专家、职业院校老师和企业一线的技术人员，参与研究基于“互联网+”的高技能人才培养模式和课程体系，提高职业技能培训的针对性和有效性，更好地为高技能人才培养提供专业化的服务。

全国政协委员
深圳市设计与艺术联盟主席
深圳市设计联合会会长

丛书序

《高技能人才培训丛书》由近20个课程组成，涵盖了嵌入式系统设计应用、PLC控制系统设计应用、智能楼宇技术应用、工业控制网络设计应用、三维电气工程设计应用、产品造型设计应用、产品结构设计应用、工业机器人设计应用等职业技术领域和岗位。

《高技能人才培训丛书》采用典型的任务引领训练课程，是一种科学、先进的职业培训课程模式，具有一定的创新性，主要特点如下：

先进性。任务引领训练课程是借鉴国内外职业培训的先进理念，基于"任务引领一体化训练模式"开发编写的。从职业岗位的工作任务入手，设计训练任务（课程），采用专业理论和专业技能一体化训练考核，体现训练过程与生产过程零距离，技能等级与职业能力零距离。

有效性。训练任务来源于企业岗位的真实工作任务，大大提高了操作技能训练的有效性与针对性。同时，每个训练任务具有相对独立性的特征，可满足学员个性能力需求和提升的实际需要，降低了培训成本，提高了培训效益；每个训练任务具有明确的判断结果，可通过任务完成结果进行能力的客观评价。

科学性。训练实施采用目标、任务、准备、行动、评价五步训练法，涵盖从任务（问题）来源到分析问题、解决问题、效果评价的完整学习活动，尤其是多元评价主体可实现对学习效果的立体、综合、客观评价。

本课程的另外一个特色是训练任务（课程）具有二次开发性，且开发成本低，只需要根据企业岗位工作任务的变化补充新的训练任务，从而"高技能人才任务引领训练课程"确保训练任务与企业岗位要求一致。

"高技能人才任务引领训练课程"已在深圳高技能人才公共训练基地、深圳市的职业院校及多家企业使用了五年之久，取得了良好的效果，得到了使用部门的肯定。

"高技能人才任务引领训练课程"是由企业、行业、职业院校的专家、教师和工程技术人员共同开发编写的。可作为高等院校、行业企业和社会培训机构高技能人才培养的教材或参考用书。但由于现代科学技术高速发展，编写时间仓促等原因，难免有错漏之处，恳请广大读者及专业人士指正。

编委会主任　李长虹

前　言

为推动智能楼宇管理职业培训和职业技能鉴定工作的开展，在建筑智能化行业的从业人员中推行国家职业资格证书制度，依据《国家职业标准——智能楼宇管理师（试行）》（以下简称《标准》），作者参与编制了《深圳市职业技能公共实训与鉴定一体化（智能楼宇管理师）考核大纲》（以下简称《考核大纲》），并规划了中级、高级、技师的系列实训任务教程。每个技能等级均分为综合布线系统、消防自动化系统、通信网络系统、设备监控系统、安全防范系统 5 个专业模块。

本书紧贴《标准》和《考核大纲》，内容涵盖综合布线系统专业模块的缆线连接与系统测试，共设有 15 个训练任务，均以实际工作岗位的工作任务为导向，实训教学及过程评价共规划了 51 学时（不含知识准备学习时间；在职业培训中，通常每 3 学时安排 1 次课，或称为 1 个培训时段）。另外，每个任务应首先由学员自行安排至少 1 学时完成知识准备，全面掌握该任务的基本技能、知识目标和职业素质目标，具备实施该任务的基本条件，确保能通过该任务的技能目标过程评价。每个任务的《过程考核表》可按学习进度单页撕下交给老师用作打分和备案。本书适用于智能楼宇管理员（高级）的培训。

本书由张自忠、周烨、石云龙、邱孝扬编著，在深圳市高技能人才公共实训管理服务中心教研开发及教学平台的大量工作积累下完成。其中，张自忠负责全部任务规划、技能目标提炼和活动内容审核，主持全部任务配套理论试题开发；周烨编写任务 1～5 活动内容和理论试题，以及相关知识与技能资料搜集；石云龙编写任务 6～10 活动内容和理论试题，以及相关知识与技能资料搜集；邱孝扬编写任务 11～15 活动内容和理论试题，以及相关知识与技能资料搜集。本书在课程开发过程中得到了深圳第二高级技工学校和建筑智能化行业专家的大力支持与协助，在此一并表示衷心的感谢。

由于时间仓促以及编者水平有限，书中错误和不足之处在所难免，欢迎读者提出批评和建议。

编　者

目录

任务 1

综合布线系统（同轴电缆）安装与认证测试

该训练任务建议用 6 个学时完成学习及过程考核。

1.1 任务来源

完成同轴电缆用户分配网组建工作后，需要对用户分配网上的分配器、分支器、信息插座，进行插入损耗测试，检查测试值是否符合同轴电缆线路传输的要求。

1.2 任务描述

搭建用户分配网，并测试用户分配网的插入损耗，用电缆认证分析仪进行检测，完成综合布线系统（同轴电缆）安装与认证测试。

1.3 能力目标

1.3.1 技能目标

完成本训练任务后，你应当能（够）：

1. 关键技能

- 会有线电视用户分配网的搭建。
- 会有线电视用户分配网射频信号调试。
- 会有线电视用户分配网系统图的绘制。

2. 基本技能

- 了解同轴电缆的性能和结构。
- 了解 F 头和 BNC 头的概念和作用。
- 了解放大器、分配器、分支器的作用。

1.3.2 知识目标

完成本训练任务后，你应当能（够）：

- 了解同轴电缆链路相关知识。
- 熟悉分支器、分配器或放大器的连接。
- 熟悉线路端接方法。

• 熟悉使用测试仪器和端接标识。

1.3.3 职业素质目标

完成本训练任务后，你应当能（够）：

• 从施工严谨的角度出发，同轴电缆与放大器、分配器、分支器端接时，接头耦合要严密。
• 懂得从客户角度出发，做到布线施工美观、横平竖直、标识准确。
• 按照职业守则要求自己，做到：认真严谨，忠于职守；勤奋好学，不耻不问；钻研业务。

1.4 任务实施

1.4.1 活动一　知识准备

下列知识可以由学员自学或老师讲授完成。

(1) 同轴电缆的应用范围。
(2) 同轴电缆的分类。
(3) 同轴电缆在工程使用上的优点和缺点。

1.4.2 活动二　示范操作

1. 活动内容

通过分配器、分支器、信息插座，搭建用户分配网，用电缆认证分析仪测试用户分配网的插入损耗。

2. 操作步骤

步骤一：搭建用户分配网

• 按图连接同轴电缆链路包括分配器、分支器、信息插座安装，然后将测试仪完成基准校对后接入链路前端和终端进行测量，如图1-1所示。

步骤二：测试仪基准校验

• 测试仪DTX-1800同轴电缆基准校对线缆连接，如图1-2所示。

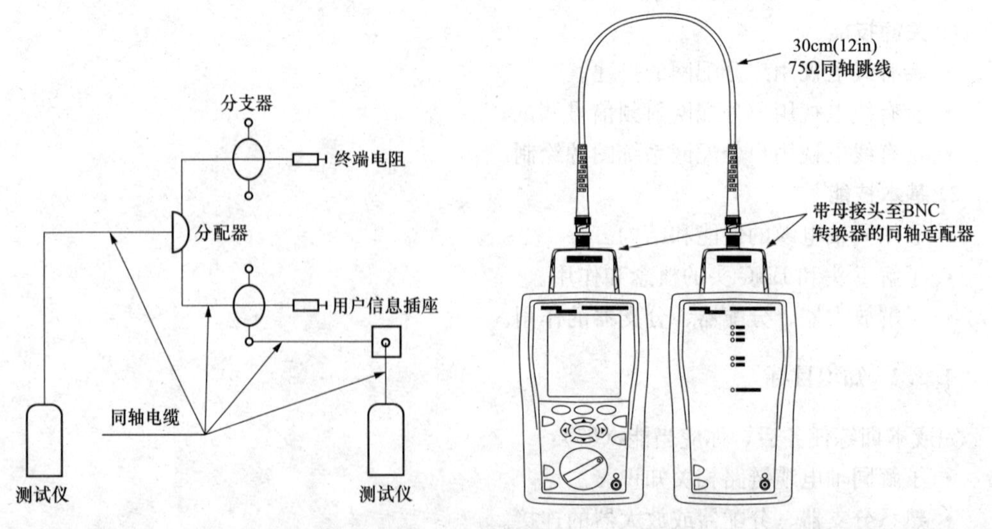

图1-1　测试仪DTX-1800测试与用户分配网的连接　　图1-2　同轴电缆基准校对线缆连接示意图

步骤三：给同轴电缆布线设置基准

• 基准程序为介入损耗测量设置了基线。在下面时间运行测试仪的基准设置程序。如果想要将测试仪用于不同的智能远端。可将测试仪的基准设置为两个不同的智能远端。每隔 30 天。这样做可以确保取得准确度最高的测试结果。更换链路接口适配器后无需重新设置基准。

• 启动测试仪，并在设置基准之前等候 5min。只有当测试仪已经到达 10～40℃（50～104℉）的周围温度时才能设置基准。

步骤四：设置基准

• 将同轴适配器连接到主机测试仪和远端测试仪，并将 F 接头拧入 BNC 适配器，然后进行连接，如图 1-3 所示。

• 将旋转开关转到 SPECIAL FUNCTIONS（特殊功能）并启动智能远端。

• 选中设置基准；然后按 H 键。如果同时安装了光缆模块和铜缆模块，请选择链路接口适配器。

• 智能远端：选中设置基准；然后按 ENTER 键。如果同时安装了光缆模块和铜缆模块，请选择链路接口适配器。

• 按 TEST 键。

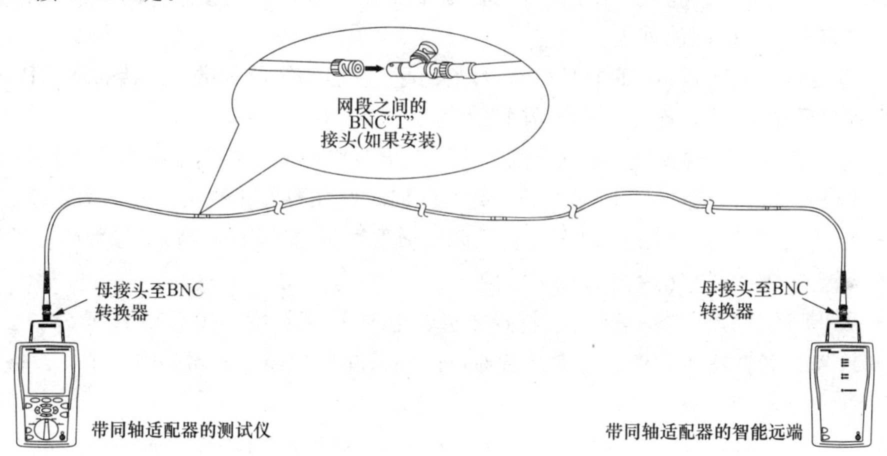

图 1-3　BNC 头连接方式

步骤五：同轴电缆测试设置

• 要打开设置，将旋转开关转至 SETUP（设置），用↓选中同轴电缆；然后按 ENTER 键。

• 进行同轴电缆测试值的设置，见表 1-1 和表 1-2。

表 1-1　　同轴电缆测试设置表 1

设置值	说明
SETUP>同轴电缆>电缆类型	选择一种适用于被测缆线的缆线类型
SETUP>同轴电缆>测试极限值	为测试任务选择适当的测试极限
SETUP>同轴电缆>NVP	额定传播速度可与测得的传播延时一起来确定缆线长度。选定的缆线类型所定义的默认值代表该特定类型的典型 NVP。如果需要，可以输入另一个值。若要确定实际的数值，更改 NVP，直到测得的长度与缆线的已知长度相同。使用至少 15m（50 英尺）长的缆线。建议的长度为 30m（100 英尺）。 增加 NVP 将会增加测得的长度

表 1-2　　同轴电缆测试设置表 2

设置值	说明
SETUP>仪器设置>存储绘图数据	标准：测试仪显示和保存介入损耗的绘图数据。测试仪依照所选测试极限值要求的频率范围保存数据。 扩展：测试仪超出所选测试极限值要求的频率范围保存数据。 否：不保存绘图数据，以便保存更多的测试结果。保存的结果仅显示每个线对的最差余量和最差值
SPECIAL FUNCTIONS>设置基准	首次一起使用两个装置时，必须将测试仪的基准设置为智能远端。还需每隔 30 天设置基准一次。请参阅“给同轴电缆布线设置基准”
用于保存测试结果的设置值	请参见“准备保存测试结果”

步骤六：在同轴电缆布线上进行自动测试

• 同轴适配器连接到测试仪和智能远端。

• 将旋转开关转至 SETUP（设置），然后选择同轴电缆。在同轴电缆选项卡中进行以下设置。

（1）电缆类型：选择一个电缆类型列表，然后从中选择待测电缆类型。

（2）测试极限：给测试工作选择测试极限值。屏幕显示最近使用过的 9 个极限值。按 F1 更多查看其他极限值列表。

• 将旋转开关转到 AUTOTEST（自动测试）并启动智能远端。连接布线，BNC 头连接方式见图 1-3；F 头连接方式如图 1-4 所示。

• 如果未安装光缆模块，您可能需要按 F1 更改媒介来选择同轴电缆作为媒介类型。

• 按测试仪或智能远端上的 TEST 键。任何时候如要停止测试，按 EXIT 键。

• 在测试完成时，测试仪显示“自动测试概要”屏幕。要查看特定参数的测试结果，用↑↓键选中参数，然后按 ENTER 键。

• 要保存结果，按 SAVE 键。选择或创建电缆 ID；然后再按 SAVE 键。

• 注意：若在主机设备和远端设备通过同轴适配器相连时关闭其中一个，设备将会重新启动。

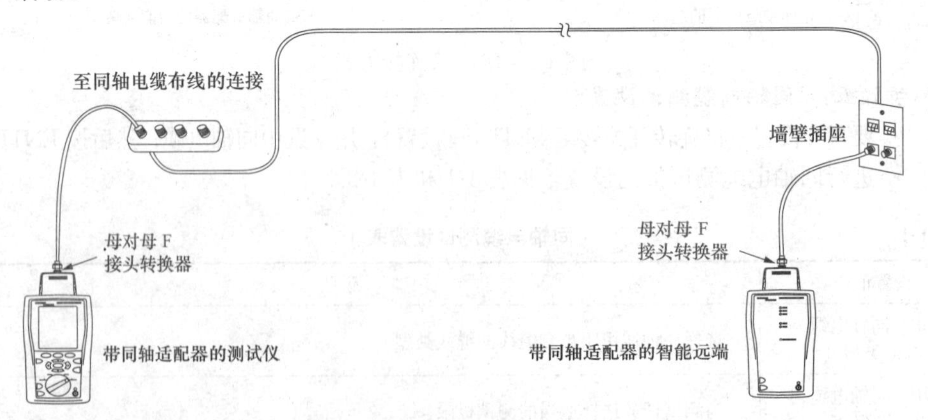

图 1-4　F 头连接方式

步骤七：同轴电缆布线自动测试结果

• 同轴电缆分配网测试结果案例如图 1-5 所示。

• 通过：所有参数均在极限范围内。

• 失败：有一个或一个以上的参数超出极限值。

• 通过 * /失败 * ：有一个或一个以上的参数在测试仪准确度的不确定性范围内，且特定的测试标准要求“ * ”注记。

√：测试结果通过。

(1) i：参数已被测量，但选定的测试极限内没有通过/失败极限值。

(2) ×：测试结果失败。

(3) * ：“通过 * /失败 * 结果”。

• 测试中找到最差余量。

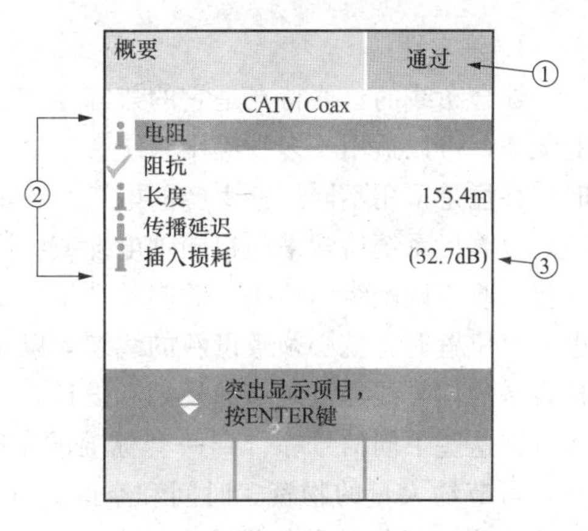

图 1-5 同轴电缆分配网测试结果案例

1.4.3 活动三 能力提升

通过分配器、分支器、信息插座，搭建用户分配网，用电缆认证分析仪测试用户分配网的插入损耗。

注意事项：

(1) 开启测试仪及智能远端，等候 15min，然后才开始设置基准。只有当测试仪已经到达 10～40℃（50～104℉）之间的周围温度时才能设置基准。

(2) 在安装、拆卸和接线等操作时，要正确使用工具，避免不当操作，对设备设施造成破坏。

1.5 效果评价

评价标准详见附录。

1.6 相关知识与技能

1.6.1 综合布线系统

综合布线系统（Premise Distribution System，PDS）又称结构化布线系统（Structure Cabling System），是建筑物内或建筑群之间的信息传输通道，它能使语言和数据通信设备、交换设备和其他信息管理系统彼此连接，包括建筑物到外部网络或各种公用网络端口，是一种集成化通用传输系统，利用双绞线、同轴电缆或光缆等传输介质来传输信息，连接电话系统、监视系统、视频系统、消防报警系统和计算机网络系统等。综合布线系统采用标准化部件，和模块化组合方式，把语音、数据、图像和控制信号用统一的传输媒体进行综合，形成了一套标准、实用、灵活、开放的布线系统。

综合布线系统采用模块化管理、连接器件插拔接件，应用时只需改变跳线，变换需改变的设备，增加接线间的接线模块，便可满足用户对这些系统的扩展和移动要求。也使每个信息点的故障、改动或增删不影响其他的信息点，使安装、维护、升级和扩展都非常方便。综合布线同传统的布线相比较，有着许多优越性，是传统布线所无法相比的。其特点主要表现在它具有兼容性、开放性、灵活性、可靠性、先进性和经济性。而且在设计、施工和维护方面也给人们带来了许多方便。

1. 兼容性

综合布线的首要特点是它的兼容性。所谓兼容性是指它自身是完全独立的，与应用系统相对无关，可以适用于多种应用系统。过去，为一幢大楼或一个建筑群内的语音或数据线路布线时，往往是采用不同厂家生产的电缆线、配线插座以及接头等。例如用户交换机通常采用双绞线，计算机系统通常采用粗同轴电缆或细同轴电缆。这些不同的设备使用不同的配线材料，而连接这些不同配线的插头、插座及端子板也各不相同，彼此互不相容。一旦需要改变终端机或电话机位置时，就必须敷设新的线缆，以及安装新的插座和接头。综合布线将语音、数据与监控设备的信号线经过统一的规划和设计，采用相同的传输媒体、信息插座、交连设备、适配器等，把这些不同信号综合到一套标准的布线中。由此可见，这种布线和传统布线相比大为简化，可节约大量的物资、时间和空间。在使用时，用户可不用定义某个工作区的信息插座的具体应用，只把某种终端设备（如个人计算机、电话、视频设备等）插人这个信息插座，然后在管理间和设备间的交接设备上做相应的接线操作，这个终端设备就被接入到各自的系统中了。

2. 开放性

对于传统的布线方式，只要用户选定了某种设备，也就选定了与之相适应的布线方式和传输媒体。如果更换另一设备，那么原来的布线就要全部更换。对于一个已经完工的建筑物，这种变化是十分困难的，要增加很多投资。综合布线由于采用开放式体系结构，符合多种国际上现行的标准，因此它几乎对所有著名厂商的产品都是开放的，如计算机设备、交换机设备等；并对所有通信协议也是支持的，如 ISO/IEC 8802-3、ISO/IEC 8802-5 等。

3. 灵活性

传统的布线方式是封闭的，其体系结构是固定的，若要迁移设备或增加设备是相当困难而麻烦的，甚至是不可能。综合布线采用标准的传输线缆和相关连接硬件，模块化设计。因此所有通道都是通用 的。每条通道可支持终端、以太网工作站及令牌环网工作站。所有设备的开通及更改均不需要改变布线，只需增减相应的应用设备以及在配线架上进行必要的跳线管理即可。另外，组网也可灵活多样，甚至在同一房间可有多用户终端，以太网工作站、令牌环网工作站并存，为用户组织信息流提供了必要条件。

4. 可靠性

传统的布线方式由于各个应用系统互不兼容，因而在一个建筑物中往往要有多种布线方案。因此建筑系统的可靠性要由所选用的布线可靠性来保证，当各应用系统布线不当时，还会造成交叉干扰。综合布线采用高品质的材料和组合压接的方式构成一套高标准的信息传输通道。所有线槽和相关连接件均通过 ISO 认证，每条通道都要采用专用仪器测试链路阻抗及衰减率，以保证其电气性能。应用系统布线全部采用点到点端接，任何一条链路故障均不影响其他链路的运行，这就为链路的运行维护及故障检修提供了方便，从而保障了应用系统的可靠运行。各应用系统往往采用相同的传输媒体，因而可互为备用，提高了备用冗余。

5. 先进性

综合布线，采用光纤与双绞线混合布线方式，极为合理地构成一套完整的布线。所有布线均采用世界上最新通信标准，链路均按八芯双绞线配置。5 类双绞线带宽可达 100MHz，6 类双绞线带宽可达 200MHz。对于特殊用户的需求可把光纤引到桌面。语音干线部分用钢缆，数据部分用光缆，为同时传输多路实时多媒体信息提供足够的带宽容量。

6. 经济性

综合布线比传统布线具有经济性优点，主要综合布线可适应相当长时间需求，传统布线改造很费时间，耽误工作造成的损失更是无法用金钱计算。通过上面的讨论可知，综合布线较好地解决了传统布线方法存在的许多问题，随着科学技术的迅猛发展，人们对信息资源共享的要求越来越迫切，尤其以电话业务为主的通信网逐渐向综合业务数字网（ISDN）过渡，越来越重视能够同时提供语音、数据和视频传输的集成通信网。因此，综合布线取代单一、昂贵、复杂的传统布线，是信息时代的要求，是历史发展的必然趋势。

1.6.2 综合布线子系统组成

综合布线系统可分为 6 个独立的系统（模块），即工作区子系统（Work Area）、水平子系统（Horizontal Cabling）、垂直干线子系统（Backbone Cabling）、设备间子系统（Equipment Rooms）、管理子系统（Administration）及建筑群子系统（Campus Backbone），如图 1-6 所示。

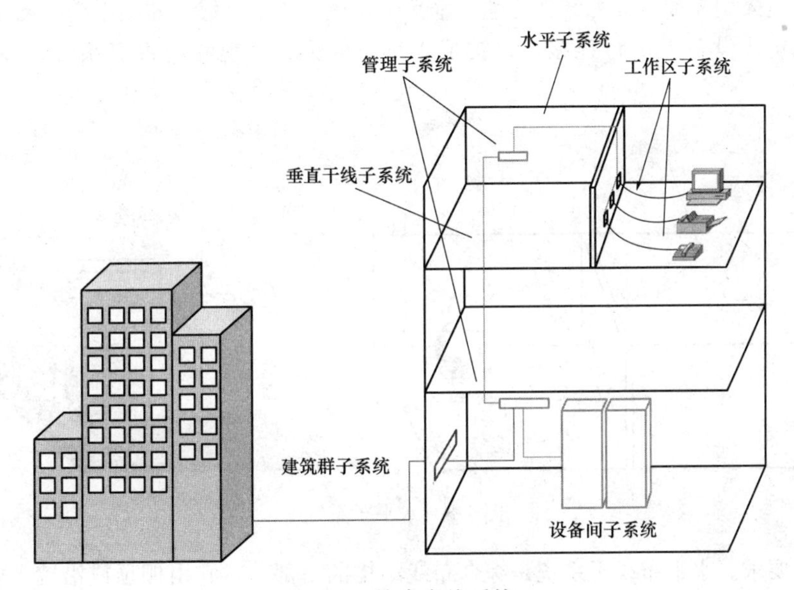

图 1-6　综合布线系统

1. 工作区子系统（Work Area Subsystem）

工作区子系统（见图 1-7）是由终端设备（如打印机、计算机、电话机等输入输出设备）连

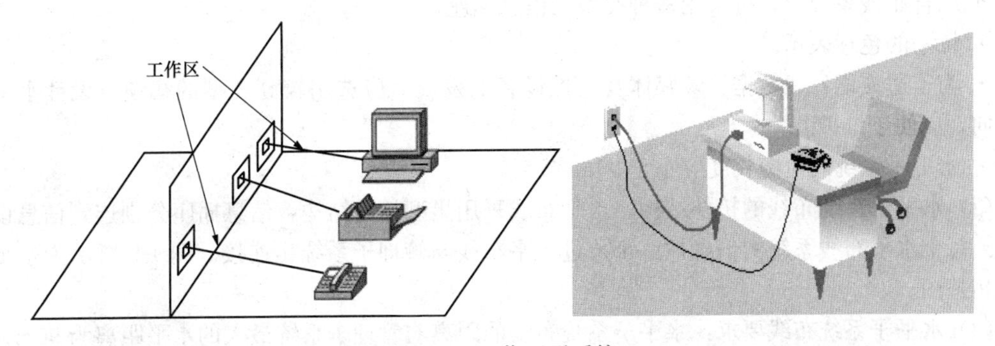

图 1-7　工作区子系统

接到信息插座之间的信息插座、插座盒、连接跳线和适配器组成，它由终端设备连接到信息插座的连线构成。电脑设备通过 RJ-45 跳线与数据信息插座连接，语音终端通过 RJ-11 跳线与语音信息插座连接，视频通过同轴电缆插座连接，其中数据和语音信息插座均采用相同标准的模块，底盒插座安装时距地面高度 30cm。信息插座也可以连接无线设备，提供无线接入。在每个工作区至少应有三个信息插座，用于语音、数据和视频。

单个工作区的分配面积可按 5～10m^2 约算，每个工作区域配置一个计算机接口、一个电话机接口或视频终端设备接口。工作子系统双绞线跳线的距离为 3～5m，双绞线跳线总长度不能超过 10m。

2. 水平子系统（Horizontal Subsystem）

水平区子系统（见图 1-8）是由楼层配线设备至信息终端插座的水平信息线缆、楼层配线设备和跳线等组成。一般情况下，水平线缆应采用 4 对双绞线电缆。在水平子系统中要求信息传播速率高场合，应采用光缆，即光纤到终端。水平子系统根据整个综合布线系统的要求，应在管理间或设备间的配线设备上进行连接，以构成电话、数据、电视和监视等系统，并方便地进行管理。

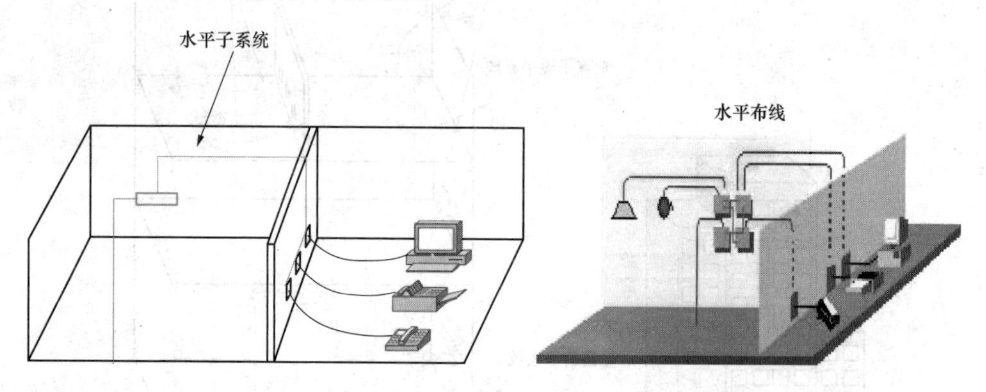

图 1-8　水平子系统

（1）设计要求。水平布线子系统是综合布线结构的一部分，它由棚顶或沿墙上方桥架布线，水平子系统应根据下列要求进行设计。

- 用户工程提出终端设备要求。
- 信息插座数量及其位置。
- 终端可能移动、修改和重新安排。
- 综合布线系统设计可采用多种类型的信息插座。
- 统一的色标表示。
- 为了适应语音、数据、多媒体及监控设备的发展．应选用较高类型的线缆。设计水平线缆走向，应便于维护。
- 水平子系统的电缆长度应小于 90m。

（2）水平子系统布线的拓扑结构。水平布线采用星型拓扑结构，信息插座分别连到信息设备终端。每个水平布线系统的信息插座都通过水平布线与管理子系统相连接。图 1-9 所示为水平子系统拓扑图。

（3）水平子系统布线要求：水平子系统布线的距离与管理子系统最大的水平距离为 90m，电缆长度等于配线间或配线间内互联设备端口到工作区信息插座的电线长度。水平子系统的作用是将干线子系统线路延伸到用户工作区的信息插座上，但不是到终端用户。水平子系统与干线子系

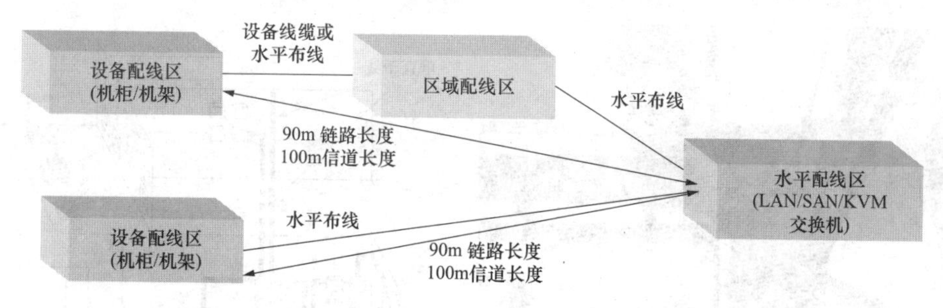

图 1-9　水平子系统拓扑图

统的区别是：水平布线系统处于同一楼层，并端接在信息插座或区域布线的中转点上。水平布线子系统一端接于信息插座上，另一端接在干线子系统接线间、卫星接线间或设备机房的管理配线架上，如图 1-10 所示。

图 1-10　设备间的水平子系统布线示意图

3. 垂直干线子系统（Riser Backbone Subsystem）

垂直干线子系统（见图 1-11）是将主配线设备与各楼层配线架系统连接起来。通常是由设备间（如计算机房、程控交换机房）至各管理间由大对数铜线或光纤线主干线缆组成，是楼宇的信息交通干线、中枢神经。一般它提供位于不同楼层的设备间和管理间的多条连接路径，也可连接单层楼的大片地区，如图 1-12 所示。

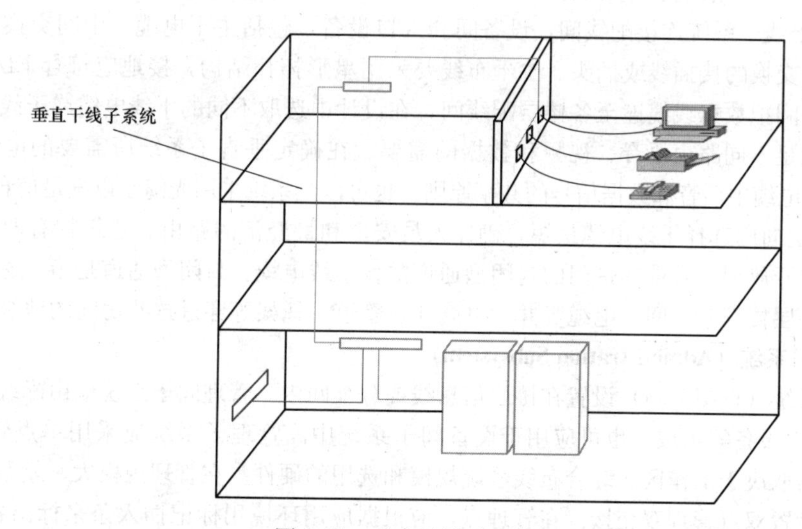

图 1-11　垂直干线子系统

垂直干线子系统由连接主设备间至各楼层配线间之间的线缆构成。其功能主要是把各分层配线架与主配线架相连。用主干线缆提供楼层之间通信的通道，使整个布线系统组成一个整体。垂直干线子系统结构采用分层星型拓扑结构，每个楼层配线间均由垂直主干线缆连接到建筑物主设备间，主要采用光缆、大对数线缆敷设。垂直主干线缆和水平系统线缆之间的连接需要通过楼层管理间的跳线来实现。

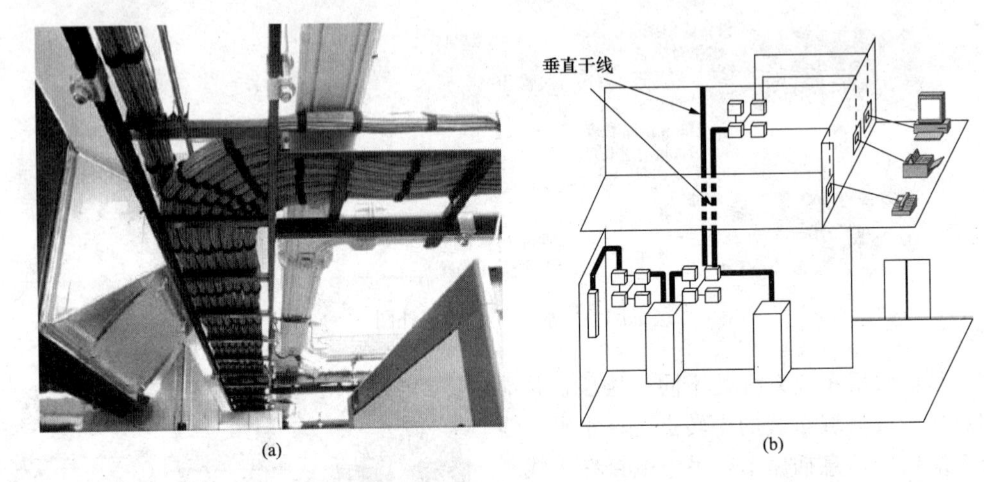

图 1-12　垂直干线子系统配线
（a）实物图；（b）示意图

垂直主干线缆安装原则：从大楼主设备间主配线架上至楼层分配线间各个管理分配线架的铜线缆安装路径要避开高电磁干扰源区域（如电动机、变压器），并符合 ANSI TIA/EIA-569 安装规定。

电缆安装性能原则：保证线缆设施的导通性能。

大楼垂直主干线缆长度小于 90m 时，按 EIA/TIA 规范标准设计来计算主干线缆数量；每个楼层至少配置一条 CAT5 UPT/FPT 大对数线主干。

大楼垂直主干线缆长度大于 90m，则每个楼层配线间至少配置一条室内六芯多模光纤做主干。

（1）垂直干线子系统布线的敷设方式有预埋管路、电缆竖井、管理槽等，其案例如图 1-13 所示。

（2）垂直干线子系统设计要点。

1）垂直干线子系统连接配线间、设备间和入口设备，包括主干电缆、中间交换、终端和用于主干到主干交换的接插线或插头。主干布线要采用星形拓扑结构，接地应符合 EIA/TIA 规定的要求，设备间把数据线缆连至各楼层配线间，在设计中选取不同的干线电缆或干线电缆的不同部分来分别满足不同路由语音、视频和数据的需要。在确定垂直子系统所需要的电缆总对数之前，必须确定电缆中话音和数据信号的共享原则。也可以全系统采用光缆予以满足信息交换要求。

2）布线走向应选择干线电缆最短，确保人员安全和最经济的路由。建筑物有两大类型的通道，封闭型和开放型，宜选择带门的封闭型通道敷设干线电缆。封闭型通道是指一连串上下对齐的交接间，每层楼都有一间，电缆竖井、电缆孔、管道、托架等穿过这些房间的地板层。

4. 管理子系统（Administration Subsystem）

管理子系统（见图 1-14）设置在楼层信息线缆分配间内。管理间子系统应由配线间的配线设备，输入/输出设备等组成，也可应用于设备间子系统中。管理子系统应采用单点管理双交接。交接场的结构取决于工作区、综合布线系统规模和选用的硬件。在管理规模大、复杂、有二级交接间时，才设置双点管理双交接。在管理点，应根据应用环境用标记插入条来标出各个端接场。图 1-15 所示为管理子系统标记条示意。

（1）管理子系统的定义。在综合布线六个系统中对管理子系统的理解定义，单单从布线的角度上看，称之为楼层配线间或电信间是合理的，而且也形象化；但从综合布线系统最终应用数据、语音网络的角度去理解，称之为管理子系统更合理。它是综合布线系统区别与传统布线系统的一个重要方面，更是综合布线系统灵活性、可管理性的集中体现。因此在综合布线系统中称之为管理子系统。

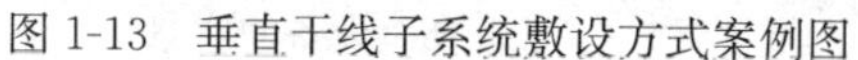

图 1-13　垂直干线子系统敷设方式案例图

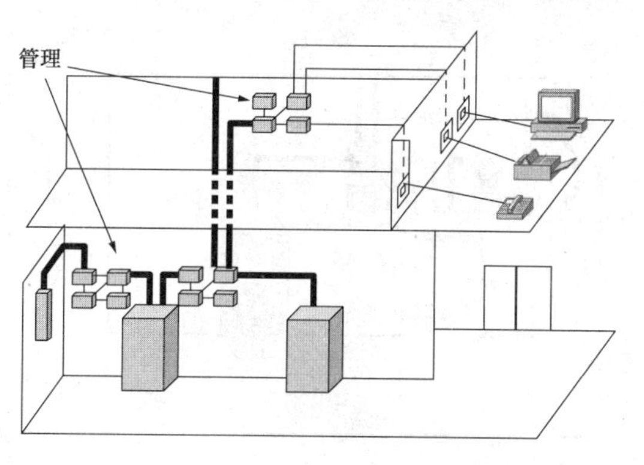

图 1-14　管理子系统

（2）管理子系统的组成。管理子系统设置在楼层配线房间，是水平系统电缆端接的场所，也是主干系统电缆端接的场所；由大楼主配线架（MDF）、楼层分配线架（IDF）、跳线、转换插座、端接硬件、快接式跳线、交换机、集线器、光纤交换机等组成。用户可以在管理子系统中更改、增加、交接、扩展线缆，以实现对信息点的灵活管理。建议采用合适的线缆路由和调整件组成管理子系统。图 1-16 所示为线缆路由管理实物。

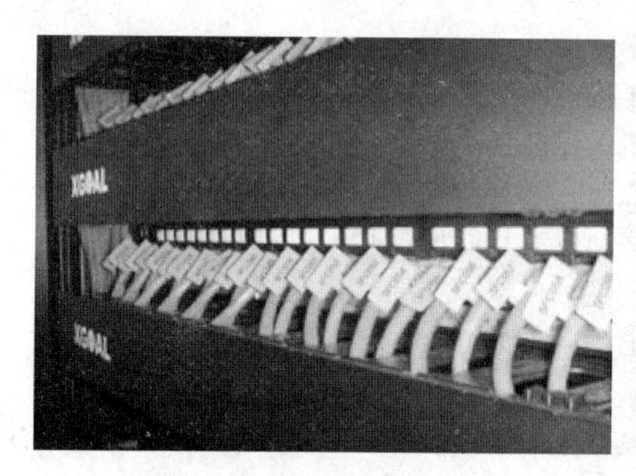

图 1-15　管理子系统标记条示意图

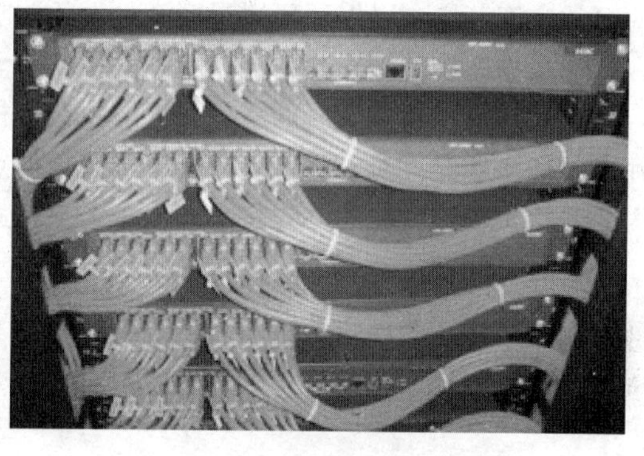

图 1-16　线缆路由管理实物

（3）管理子系统三种应用。管理子系统提供了与其他子系统连接的手段，使整个布线系统与其连接的设备和器件构成一个有机的整体。调整管理子系统的交接则可安排或重新安排线路路由，因而传输线路能够延伸到建筑物内部各个工作区。是综合布线系统灵活性的集中体现。水平/干线连接；主干线系统互相连接；设备的连接。线路的色标标记管理可在管理子系统中实现。

5. 设备间子系统（Equipment）

设备间子系统（见图 1-17）是一个集中化设备区，连接系统公共设备，如 PBX 程控交换机、局域网（LAN）、主机、建筑自动化和保安系统及通过垂直干线子系统连接至管理子系统。设备间子系统是建筑物中数据、语音垂直主干线缆终接的场所；也是建筑群来的线缆进入建筑物终接的场所；更是各种数据语音主机设备及保护设施的安装场所。图 1-18 所示为设备间实景。

设计要点：设备间子系统宜设在建筑物的一、二层，而且应为以后的扩展留有余地，不建议设在顶层或地下室。建议建筑群来的线缆进入建筑物时应有相应的过流、过压保护设施。设备间子系统空间要按 ANSI/TIA/EIA 要求设计。设备间子系统空间用于安装电信设备、交换设备及连接硬件等。设备间子系统由设备室的电缆、连接器和相关支持硬件组成，把各种公用系统设备

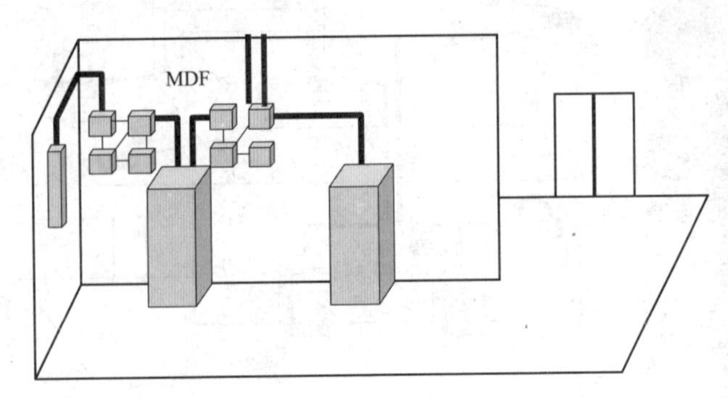

图 1-17　设备间子系统

图 1-18　设备间实景

互连起来。设备间的主要设备有数字程控交换机、计算机网络设备、服务器、楼宇自控设备等。它们可以放在一起，也可分别设置。设备间是整个网络的数据交换中心，它的正常与否直接影响着用户的办公，所以，设备间子系统的配线间须进行严格的设计。图 1-19 所示为设备间子系统的配线间案例。

（1）设备间应尽量保持干燥、无尘土、通风良好，应符合有关消防规范，配置有关消防系统。

（2）应安装空调以保证环境温度满足设备要求。

（3）数据系统的光纤盒、配线架和设备均放于机柜中，配线架、线管理面板和交换机交替放置，方便跳线和增加美观。网络服务器与主交换机的连接应尽量避免一切不必要的中间连接，直接用专线联入主交换机，将可能故障率降至最低点。

（4）主机房与其他的办公室隔离出来，主机房地板铺上防静电地板。

（5）有良好的接地系统、保护装置提供控制环境。

（6）设备间子系统所在的空间还有对门窗、电源、照明、接地有相应要求。

6. 建筑群子系统（Campus Backbone）

建筑群子系统（见图 1-20）应由连接各建筑物之间的综合布线缆线、建筑群配线设备（CD）和跳线等组成。

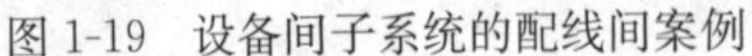

图 1-19　设备间子系统的配线间案例

图 1-20　建筑群子系统

（1）建筑群子系统的结构。建筑群子系统将一个建筑物中的线缆延伸到建筑物群的另一些建筑物中的通信设备和装置上，它由电缆、光缆和入楼处线缆上过流过压的电气保护设备等相关硬件组成，从而形成了建筑群综合布线系统其连接各建筑物之间的缆线，组成建筑群子系统，其结构如图 1-21 所示。

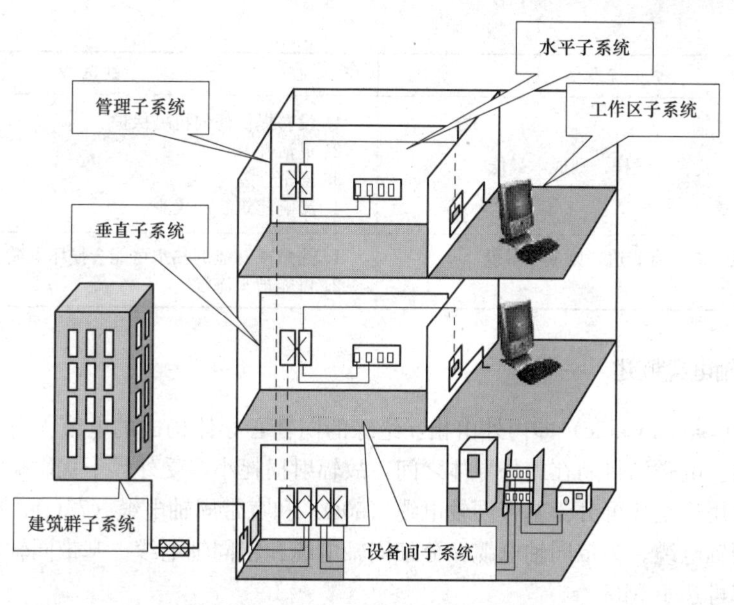

图 1-21　建筑群子系统结构

（2）建筑群布线技术要求。建筑群子系统宜采用地下管道或电缆沟的敷设方式。管道内敷设的铜缆或光缆应遵循 ANSI/EIA/TIA-569（CSA T530）商业大楼通信路线和结构空间布线标准。建筑群子系统采用直埋沟内敷设时，如果在同一沟内埋入了其他的图像、监控电缆，应设立明显的共用标志。管道内提供最佳的机械保护，任何时候都可以敷设电缆，电缆的敷设，扩充都很容易，能保持道路和建筑物的外貌整齐。

（3）建筑物间地下线应考虑的问题。

1）ANSI/EIA/TIA 规定。

2）地下线分层要注意下水管道。

3）要有通气孔。

4）要考虑地下线地表的交通量和是否铺设水泥路面。

5）地下线由电缆管道、通气管道和电缆输送架组成；还要考虑人为检修管道。

6）所有的电缆管道和通气管道的直径达 100mm（4″）。

7）不要有弯曲管道：如果必须要有弯度不要超过 90°。

表 1-3 为建筑群布线方法比较。

表 1-3　　建筑群布线方法比较

方法	优点	缺点
管道内	1. 提供最佳的机械保护 2. 任何时候都可敷设电缆 3. 电缆的敷设、扩充和加固都很容易 4. 保持建筑物的外貌	挖沟、开管道和人孔的成本很高
直埋	1. 提供某种程度的机械保护 2. 保持建筑物的外貌	1. 挖沟成本高 2. 难以安排电缆的敷设位置 3. 难以更换和加固

续表

方法	优点	缺点
架空	如果本来就有电线杆，则成本最低	1. 没有提供任何机械保护 2. 灵活性差 3. 安全性差 4. 影响建筑物的美观
巷道	1. 如果本来就有巷道，则成本最低 2. 安全	1. 热量或漏泄的热水可能会损坏电缆 2. 可能被水淹没

1.6.3 同轴电缆概述

同轴电缆（Coaxial Cable）即内外由相互绝缘的同轴心导体构成的电缆：内导体为铜线，外导体为铜管或网。电磁场封闭在内外导体之间，故辐射损耗小，受外界干扰影响小。

同轴电缆从用途上分可分为基带同轴电缆（50Ω）和宽带同轴电缆（75Ω），也被称为网络同轴电缆和视频同轴电缆。基带同轴电缆又分细同轴电缆和粗同轴电缆。基带同轴电缆仅仅用于数字传输，数据率可达10Mbit/s。

1. 历史发展

（1）宽带同轴电缆。宽带同轴电缆是CATV系统中使用的标准，它既可使用频分多路复用的模拟信号发送，也可传输数字信号。同轴电缆的价格比双绞线贵一些，但其抗干扰性能比双绞线强。当需要连接较多设备而且通信容量相当大时可以选择同轴电缆。

（2）网络同轴电缆。网络同轴电缆即基带同轴电缆，常用于传送多路电话和电视。

2. 工作原理

同轴电缆由里到外分为四层：中心铜线（单股实心线或多股绞合线），塑料绝缘体，网状导电层和电线外皮。中心铜线和网状导电层形成电流回路。因为中心铜线和网状导电层为同轴关系而得名。同轴电缆传导交流电而非直流电，也就是说每秒钟会有好几次的电流方向发生逆转。如果使用一般电线传输高频率电流，这种电线就会相当于一根向外发射无线电的天线，这种效应损耗了信号功率，使得接收到的信号强度减小。同轴电缆的设计正是为了解决这个问题。中心电线发射出来的无线电被网状导电层所隔离，网状导电层可以通过接地方式来控制发射出来的无线电。

同轴电缆也存在一个问题，就是如果电缆某一段发生比较大挤压或者扭曲变形，那么中心电线和网状导电层之间的距离就不是始终如一，这会造成内部的无线电波会被反射回信号发送源。这种效应减低了可接收信号功率。为了克服这个问题，中心电线和网状导电层之间被加入一层塑料绝缘体来保证它们之间的距离始终如一。这也造成了这种电缆比较僵直而不容易弯曲的特性。

3. 基本信息

同轴电缆是指有两个同心导体，而导体和屏蔽层又共用同一轴心的电缆。最常见的同轴电缆由绝缘材料隔离的铜线导体组成，在里层绝缘材料的外部是另一层环形导体及其绝缘体，然后整个电缆由聚氯乙烯或特氟纶材料的护套包住。

常用的同轴电缆被分为基带同轴电缆（50Ω）和宽带同轴电缆（75Ω）两类。75Ω同轴电缆常用于CATV网，故称为CATV电缆或视频同轴电缆，传输带宽可达1GHz，目前常用CATV电缆的传输带宽为750MHz。50Ω同轴电缆主要用于基带信号传输，传输带宽为1～20MHz，也称为网络同轴电缆。总线型以太网就是使用50Ω同轴电缆，在以太网中，50Ω细同轴电缆的最大传输距离为185m，粗同轴电缆可达1000m。

4. 优缺点

同轴电缆的优点是可以在相对长的无中继器的线路上支持高带宽通信，而其缺点也是显而易见的：①体积大，要占用电缆管道的大量空间；②不能承受缠结、压力和严重的弯曲，这些都会损坏电缆结构，阻止信号的传输；最后就是成本高，而所有这些缺点正是双绞线能克服的，因此在现在的局域网环境中，基本已被基于双绞线的以太网物理层规范所取代。

5. 品种介绍

常见的同轴电缆有RG-58（细缆）和RG-11（粗缆）两种，此外还有使用极少的半刚型同轴电缆和馈管。

（1）细缆。细缆（RG-58）的直径为0.26cm，最大传输距离185m，使用时与50Ω终端电阻、T型连接器、BNC接头与网卡相连，线材价格和连接头成本都比较便宜，而且不需要购置集线器等设备，十分适合架设终端设备较为集中的小型以太网络。缆线总长不要超过185m，否则信号将严重衰减。细缆的阻抗是50Ω。

（2）粗缆。粗缆（RG-11）的直径为1.27cm，最大传输距离可达500m。由于直径相当粗，因此它的弹性较差，不适合在室内狭窄的环境内架设，而且RG-11连接头的制作方式也相对要复杂许多，并不能直接与电脑连接，它需要通过一个转接器转成AUI接头，然后再接到电脑上。由于粗缆的强度较强，最大传输距离也比细缆长，因此粗缆的主要用途是扮演网络主干的角色，用来连接数个由细缆所结成的网络。粗缆的阻抗是75Ω。

（3）半刚型同轴电缆。这种电缆使用极少，通常用于通信发射机内部的模块连接上，因为这种线传输损耗很小，但也有比如硬度大，不易弯曲等缺点。此外，此类电缆的传输频率极高大部分都可以到达30GHz。

目前工艺在逐渐进步，也出现了一些弯曲幅度较大的半钢型同轴电缆，但笔者推荐在对柔韧性要求不高的地方，尽量使用传统的铜管外导体的半钢型同轴电缆，以保证稳定性。

（4）基本信息。同轴电缆（SYV），常见的有75-7、75-5、75-3、75-1等型号，特性阻抗都是75Ω，以适应不同的传输距离。是以非对称基带方式传输视频信号的主要介质。

（5）主要应用范围。如设备的支架连线、视频监控系统（CATV）、共用天线系统（MATV）以及彩色或单色射频监视器的转送。这些应用不需要选择有特别严格电气公差的精密视频同轴电缆。视频同轴电缆的特征电阻是75Ω，这个值不是随意选的。物理学证明了视频信号最优化的衰减特性发生在77Ω。在低功率应用中，材料及设计决定了电缆的最优阻抗为75Ω。

标准视频同轴电缆既有实心导体也有多股导体的设计。建议在一些电缆要弯曲的应用中使用多股导体设计，如CATV摄像机与托盘和支架装置的内部连接，或者是远程摄像机的传送电缆。还包括监控设备。

1.6.4 同轴电缆技术参数

1. 基带同轴电缆

同轴电缆以硬铜线为芯，外包一层绝缘材料。这层绝缘材料用密织的网状导体环绕，网外又覆盖一层保护性材料。有两种广泛使用的同轴电缆。一种是50Ω电缆，用于数字传输，由于多用于基带传输，也叫基带同轴电缆；另一种是75Ω电缆，用于模拟传输，即宽带同轴电缆。这种区别是由历史原因造成的，而不是由于技术原因或生产厂家。

同轴电缆的结构具有高带宽和极好的噪声抑制特性。同轴电缆的带宽取决于电缆长度。1km电缆可以达到1～2Gbit/s数据传输速率。还可以使用更长的电缆，但是传输率要降低或使用中间放大器。目前，同轴电缆大量被光纤取代，但仍广泛应用于有线和无线电视和某些局域网。

2. 宽带同轴电缆

使用有线电视电缆进行模拟信号传输的同轴电缆系统被称为宽带同轴电缆。“宽带”这个词来源于电话业，指比4kHz宽的频带。然而在计算机网络中，“宽带电缆”却指任何使用模拟信号进行传输的电缆网。

由于宽带网使用标准的有线电视技术，可使用的频带高达300MHz（常常到450MHz）；由于使用模拟信号，需要在接口处安放一个电子设备，用以把进入网络的比特流转换为模拟信号，并把网络输出的信号再转换成比特流。

宽带系统可分为多个信道，电视广播通常占用6MHz信道。每个信道可用于模拟电视、CD质量声音（1.4Mbit/s）或3Mbit/s的数字比特流。电视和数据可在一条电缆上混合传输。

3. 宽带系统

宽带系统和基带系统的一个主要区别是：宽带系统由于覆盖的区域广，因此，需要模拟放大器周期性地加强信号。这些放大器仅能单向传输信号，因此，如果计算机间有放大器，则报文分组就不能在计算机间逆向传输。为了解决这个问题，人们已经开发了两种类型的宽带系统：双缆系统和单缆系统。

（1）双缆系统。双缆系统有两条并排铺设的完全相同的电缆。为了传输数据，计算机通过电缆1将数据传输到电缆数根部的设备，即顶端器（head-end），随后顶端器通过电缆2将信号沿电缆数往下传输。所有的计算机都通过电缆1发送，通过电缆2接收。

（2）单缆系统。另一种方案是在每根电缆上为内、外通信分配不同的频段。低频段用于计算机到顶端器的通信，顶端器收到的信号移到高频段，向计算机广播。在子分段（subsplit）系统中，5M～30MHz频段用于内向通信，40M～300MHz频段用于外向通信。在中分（midsplit）系统中，内向频段是5M～116MHz，而外向频段为168M～300MHz。这一选择是由历史的原因造成的。

宽带系统有很多种使用方式。在一对计算机间可以分配专用的永久性信道；另一些计算机可以通过控制信道，申请建立一个临时信道，然后切换到申请到的信道频率；还可以让所有的计算机共用一条或一组信道。从技术上讲，宽带电缆在发送数字数据上比基带（即单一信道）电缆差，但它的优点是已被广泛安装。

4. 网络

同轴电缆网络一般可分为三类。

（1）主干网。主干线路在直径和衰减方面与其他线路不同，前者通常由有防护层的电缆构成。

（2）次主干网。次主干电缆的直径比主干电缆小。当在不同建筑物的层次上使用次主干电缆时，要采用高增益的分布式放大器，并要考虑电缆与用户出口的接口。

（3）线缆。同轴电缆不可绞接，各部分是通过低损耗的连接器连接的。连结器在物理性能上与电缆相匹配。中间接头和耦合器用线管包住，以防不慎接地。若希望电缆埋在光照射不到的地方，那么最好把电缆埋在冰点以下的地层里。如果不想把电缆埋在地下，则最好采用电杆来架设。同轴电缆每隔100m设一个标记，以便于维修。必要时每隔20m要对电缆进行支撑。在建筑物内部安装时，要考虑便于维修和扩展，在必要的地方还需提供管道，保护电缆。

5. 参数指标

（1）主要电气参数。

1）同轴电缆的特性阻抗。同轴电缆的平均特性阻抗为（50±2）Ω，沿单根同轴电缆的阻抗的周期性变化为正弦波，中心平均值±3Ω，其长度小于2m。

2）同轴电缆的衰减。一般指500m长的电缆段的衰减值。当用10MHz的正弦波进行测量时，它的值不超过 8.5dB（17dB/km）；而用 5MHz 的正弦波进行测量时，它的值不超过 6.0dB（12dB/km）。

3）同轴电缆的传播速度。需要的最低传播速度为 0.77c（c 为光速）。

4）同轴电缆直流回路电阻。电缆的中心导体的电阻与屏蔽层的电阻之和不超过 10mΩ/m（在 20℃下测量）。

（2）物理参数。同轴电缆是由中心导体、绝缘材料层、网状织物构成的屏蔽层以及外部隔离材料层组成。

同轴电缆具有足够的可柔性，能支持 254mm（10in）的弯曲半径。中心导体是直径为 2.17mm±0.013mm 的实心铜线。绝缘材料必须满足同轴电缆电气参数。屏蔽层是由满足传输阻抗和 ECM 规范说明的金属带或薄片组成，屏蔽层的内径为 6.15mm，外径为 8.28mm。外部隔离材料一般选用聚氯乙烯（如 PVC）或类似材料。

（3）测试的主要参数。

1）导体或屏蔽层的开路情况。

2）导体和屏蔽层之间的短路情况。

3）导体接地情况。

4）在各屏蔽接头之间的短路情况。

6. 同轴电缆的分类及型号规格

同轴电缆按用途可分为基带同轴电缆和宽带同轴电缆两种。目前基带常用的电缆，其屏蔽线是用铜做成的网状的，特征阻抗为 50（如 RG-8、RG-58 等）；宽带同轴电缆常用的电缆的屏蔽层通常是用铝冲压成的，特征阻抗为 75（如 RG-59 等）。

按同轴电缆的直径大小可分为粗同轴电缆与细同轴电缆。粗缆适用于比较大型的局部网络，它的标准距离长、可靠性高。由于安装时不需要切断电缆，因此可以根据需要灵活调整计算机的入网位置。但粗缆网络必须安装收发器和收发器电缆，安装难度大，所以总体造价高。相反，细缆安装则比较简单，造价低，但由于安装过程要切断电缆，两头须装上基本网络连接头（BNC），然后接在 T 型连接器两端，所以当接头多时容易产生接触不良的隐患，这是目前运行中的以太网所发生的最常见故障之一。

为了保持同轴电缆的正确电气特性，电缆屏蔽层必须接地。同时两头要有终端器来削弱信号反射作用。

无论是粗缆还是细缆均为总线拓扑结构，即一根缆上接多部机器，这种拓扑适用于机器密集的环境。但是当一触点发生故障时，故障会串联影响到整根缆上的所有机器，故障的诊断和修复都很麻烦，因此，将逐步被非屏蔽双绞线或光缆取代。

最常用同轴电缆有：RG-8 或 RG-11，50Ω；RG-58，50Ω；RG-59，75Ω；RG-62，93Ω。

计算机网络一般选用 RG-8 以太网粗缆和 RG-58 以太网细缆。RG-59 用于电视系统。RG-62 用于 ARCnet 网络和 IBM3270 网络。

1.6.5 同轴电缆的应用

1. 布线结构

在计算机网络布线系统中，对同轴电缆的粗缆和细缆有三种不同的构造方式，即细缆结构、粗缆结构和粗/细缆混合结构。

（1）细缆结构。

1）硬件配置。

a. 网络接口适配器。网络中每个结点需要一块提供 BNC 接口的以太网卡、便携式适配器或 PCMCIA 卡。

b. BNC-T 型连接器。细缆 Ethernet 上每个结点通过 T 型连接器与网络进行连接，它水平方向的两个插头用于连接两段细缆，与之垂直的插口与网络接口适配器上的 BNC 连接器相连。

c. 电缆系统。用于连接细缆以太网的电缆系统包括：

• 细缆（RG-58 A/U）。直径为 5mm，特征阻抗为 50Ω 的细同轴电缆。

• BNC 连接器插头。安装在细缆段的两端。

• BNC 桶型连接器。用于连接两段细缆。

• BNC 终端匹配器。BNC 50Ω 的终端匹配器安装在干线段的两端，用于防止电子信号的反射。干线段电缆两端的终端匹配器必须有一个接地。

d. 中继器。对于使用细缆的以太网，每个干线段的长度不能超过 185m，可以用中继器连接两个干线段，以扩充主干电缆的长度。每个以太网中最多可以使用四个中继器，连接五个干线段电缆。

2）技术参数。

a. 最大的干线段长度为 185m。

b. 最大网络干线电缆长度为 925m。

c. 每条干线段支持的最大结点数为 30 个。

d. BNC-T 型连接器之间的最小距离为 0.5m。

3）特点。

a. 容易安装。

b. 造价较低。

c. 网络抗干扰能力强。

d. 网络维护和扩展比较困难。

e. 电缆系统的断点较多，影响网络系统的可靠性。

（2）粗缆结构。

1）硬件配置。

建立一个粗缆以太网需要一系列硬件设备，如下。

a. 网络接口适配器：网络中每个结点需要一块提供 AUI 接口的以太网卡、便提式适配器或 PCMCIA 卡。

b. 收发器（Transceiver）。粗缆以太网上的每个结点通过安装在干线电缆上的外部收发器与网络进行连接。在连接粗缆以太网时，用户可以选择任何一种标准的以太网（IEEE 802.3）类型的外部收发器。

c. 收发器电缆。用于连接结点和外部收发器，通常称为 AUI 电缆。

d. 电缆系统。连接粗缆以太网的电缆系统包括：

• 粗缆（RG-11 A/U）。直径为 10mm，特征阻抗为 50Ω 的粗同轴电缆，每隔 2.5m 有一个标记。

• 6N-系列连接器插头。安装在粗缆段的两端。

• N-系列桶型连接器。用于连接两段粗缆。

• N-系列终端匹配器。N-系列 50Ω 的终端匹配器安装在干线电缆段的两端，用于防止电子信号的反射。干线电缆段两端的终端匹配器必须有一个接地。

e. 中继器。对于使用粗缆的以太网，每个干线段的长度不超过 500m，可以用中继器连接两个干线段，以扩充主干电缆的长度。每个以太网中最多可以使用四个中继器，连接五段干线段电缆。

2）技术参数。

a. 最大干线段长度为500m。

b. 最大网络干线电缆长度为2500m。

c. 每条干线段支持的最大结点数为100。

d. 收发器之间最小距离为2.5m。

e. 收发器电缆的最大长度为50m。

3）特点。

a. 具有较高的可靠性，网络抗干扰能力强。

b. 具有较大的地理覆盖范围，最长距离可达2500m。

c. 网络安装、维护和扩展比较困难。

d. 造价高。

（3）粗/细缆混合结构。

1）硬件配置。

在建立一个粗/细混合缆以太网时，除需要使用与粗缆以太网和细缆以太网相同的硬件外，还必须提供粗缆和细缆之间的连接硬件。连接硬件包括：

a. N-系列插口到BNC插口连接器。

b. N-系列插头到BNC插口连接器。

2）技术参数。

a. 最大的干线长度。大于185m，小于500m。

b. 最大网络干线电缆长度。大于925m，小于2500m。

为了降低系统的造价，在保证一条混合干线段所能达到的最大长度的情况下，应尽可能使用细缆。可以用下面的公式计算在一条混合的干线段中能够使用的细缆的最大长度，即

$$t = (500 - L)/3.28$$

式中：L为要构造的干线段长度；t为可以使用的细缆最大长度。

例如，若要构造一条400m的干线段，能够使用的细缆的最大长度为：(500－400)/3.28＝30（m）。

3）特点。

a. 造价合理。

b. 网络抗干扰能力强。

c. 系统复杂。

d. 网络维护和扩展比较困难。

e. 增加了电缆系统的断点数，影响网络的可靠性。

2. 安装方法

同轴电缆一般安装在设备与设备之间。在每一个用户位置上都装备有一个连接器，为用户提供接口。接口的安装方法如下。

（1）细缆。将细缆切断，两头装上BNC头，然后接在T型连接器两端。

（2）粗缆。粗缆一般采用一种类似夹板的Tap装置进行安装，它利用Tap上的引导针穿透电缆的绝缘层，直接与导体相连。电缆两端头设有终端器，以削弱信号的反射作用。

3. 质量检测

（1）查绝缘介质的整度。标准同轴电缆的截面很圆整，电缆外导体、铝箔贴于绝缘介质的外表面。介质的外表面越圆整，铝箔与它外表的间隙越小，越不圆整间隙就越大。实践证明，间隙越小电缆的性能越好，另外，大间隙空气容易侵入屏蔽层而影响电缆的使用寿命。

（2）测同轴电缆绝缘介质的一致性。同轴电缆缘介质直径波动主要影响电缆的回波系数，此项检查可剖出一段电缆的绝缘介质，用千分尺仔细检查各点外径，看其是否一致。

（3）测同轴电缆的编织网。同轴电缆的纺织网线对同轴电旨的屏蔽性能起着重要作用，而且在集中供电有线电视线路中还是电源的回路线，因此同轴电缆质量检测必须对纺织网是否严密平整进行察看，方法是剖开同轴电缆外护套，剪一小段同轴电缆编织网，对编织网数量进行鉴定，如果与所给指标数值相符为合格，另外对单根纺织网线用螺旋测微器进行测量，在同等价格下，线径越粗质量越好。

（4）查铝箔的质量。同轴电缆中起重要屏蔽作用的是铝箔，它在防止外来开路信号干扰与有线电视信号混淆方面具有重要作用，因此对新进同轴电旨应检查铝箔的质量。首先，剖开护套层，观察编织网线和铝箔层表面是否保持良好光泽；其次是取一段电缆，紧紧绕在金属小轴上，拉直向反向转绕，反复几次，再割开电缆护套层观看铝箔有无折裂现象，也可剖出一小段铝箔在手中反复揉搓和拉伸，经多次揉搓和拉伸仍未断裂，具有一定韧性的为合格品，否则为次品。

（5）查外护层的挤包紧度。高质量的同轴电缆外护层都包得很紧，这样可缩小屏蔽层内间隙，防止空气进入造成氧化，防止屏蔽层的相对滑动引起电性能飘移，但挤包太紧会造成剥头不便，增加施工难度。检查方法是取 1m 长的电缆，在端部除去护层，以用力不能拉出线芯为合适。

（6）查电缆成圈形状。电缆成圈不仅是个美观问题，而且也是质量问题。电缆成圈平整，各条电缆保持在同一同心平面上，电缆与电缆之间成圆弧平行地整体接触，可减少电缆相互受力，堆放不易变形损伤，因此在验收电缆质量时对此不可掉以轻心。

1.6.6 福禄克 Fluke DTX-1800 操作步骤简介

福禄克 Fluke DTX-1800 测试仪通过 ETL 独立验证，符合 ISO Ⅳ级和 TIA Ⅲe 级准确性要求，分析测试结果并使用 LinkWare 报告软件创建专业的测试报告，已获得全球 20 多家电缆公司的认可，以下是操作步骤简介。

第一步：初始化步骤

（1）充电。将主机、辅机分别用变压器充电，直至电池显示灯转为绿色。

（2）设置语言。操作：将旋钮转至“SETUP”挡位，使用↓箭头；选中第六条“Instrument setting”（仪器设置）按“ENTER”进入参数设置，首先使用→箭头，按一下；进入第二个页面，↓箭头选择最后一项 Language 按“ENTER”进入；↓箭头选择“Chinese”按“ENTER”选择，如图 1-22 所示。将语言选择成中文后才进行以下操作。

（3）自校准。将旋转按钮转至“SPECIAL FUNCTIONS”挡位，取 Cat 6A/Class EA 永久链路适配器，装在主机上，辅机装上 Cat 6A/Class EA 通道适配器。然后将永久链路适配器末端插在 Cat A/Class EA 通道适配器上；打开辅机电源，辅机自检后，“PASS”灯亮后熄灭，显示辅机正常。“SPECIAL FUNCTIONS”挡位，打开主机电源，显示主机、辅机软件、硬件和测试标准的版本（辅机信息只有当辅机开机并和主机连接时才显示），自测后显示操作界面，选择第一项“设置基准”后（如选错用“EXIT”退出重复），按“ENTER”键和“TEST”键开始自校准，显示“设置基准已完成”说明自校准成功完成，如图 1-23 所示。

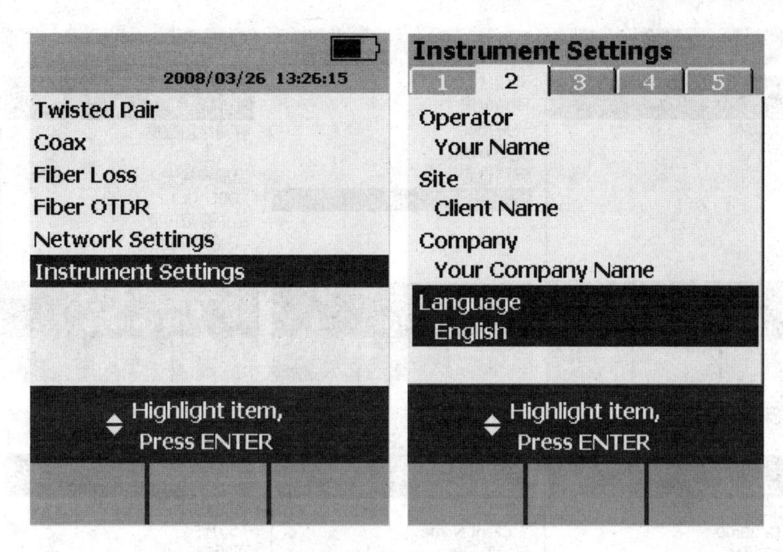

图 1-22　设置语言

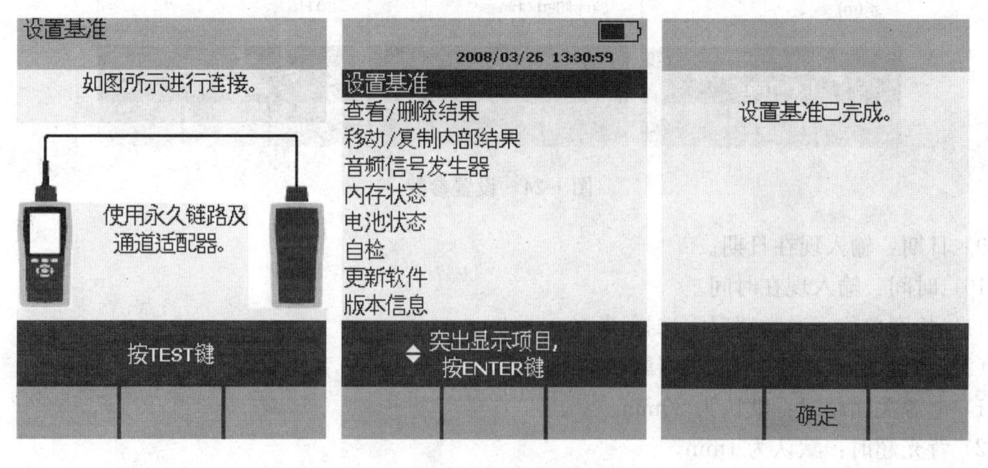

图 1-23　自校准

第二步：设置参数（见图 1-24）

（1）新机第一次使用需要设置的参数。

以下是新机第一次使用需要设置的参数，以后不需更改（将旋钮转至“SET UP”挡位，使用↓箭头；选中“仪器设置值”按 ENTER 进入，如果返回上一级请按 EXIT）。

1）线缆标识码来源：一般使用自动递增，会使电缆标识的最后一个字符在每一次保存测试时递增，一般不用更改。

2）图形数据存储：通常情况下选择（是）。

3）当前文件夹：默认 DEFAULT，可以按 ENTER 进入修改其名称（你想要的名字）。

4）结果存放位置：使用默认值“内部存储器”假如有内存卡的话也可以选择“内存卡”。

5）按→进入第 2 个设置页面，显示“操作员：Your Name”，按 ENTER 进入，按 F3 删除原来的字符“← →↑↓”来选择所要的字符，选好后按 ENTER 确定。

6）地点：“Client Name”是你所测试的地点，可以依照 5）进行修改。

7）公司：“Your Company Name”为公司的名字。

8）语言：Language，默认是英文。

图 1-24 设置参数

9）日期：输入现在日期。

10）时间：输入现在时间。

11）长度单位：通常情况下选择 米（m）。

（2）新机不需设置采用原机器默认值的参数。

1）电源关闭超时：默认为 30min。

2）背光超时：默认为 1min。

3）可听音：默认是。

4）电源线频率：默认 50Hz。

5）数字格式：默认是 00.0。

6）将旋钮转至“SET UP”挡位，选择双绞线，按 ENTER 进入后 NVP 不用修改。

7）光纤里面的设置，在测试双绞线是不须修改。

（3）使用过程中经常需要改动的参数。

1）将旋钮转至“SET UP”挡位，选择双绞线，按 ENTER 进入。

2）线缆类型：按 ENTER 进入后按↑↓选择要测试的线缆类型。例如：要测试超 5 类的双绞线，在按 ENTER 进入后，选择 UTP，按 ENTER ↑↓选择“Cat 5e UTP”，按 ENTER 返回。

3）测试极限值：按 ENTER 进入后按↑↓选择与要测试的线缆类型相匹配的标准，按 F1 选择更多，进入后一般选择 TIA 里面的标准。例如：要测试超 5 类的双绞线，按 ENTER 进入后，看看在上次使用里面有没“TIA Cat 5e channel?”，如果没有，按 F1 进入更多，选择 TIA 按 ENTER 进入，选择“TIA Cat 5e channel”，按 ENTER 确认返回。

4）NVP：不用修改，使用默认。

5）插座配置：按 ENTER 进入，一般使用的 RJ-45 的水晶头是使用的“568B”的标准。其他可以根据具体情况而定。可以按↑↓选择要测试的打线标准。

6）地点 Client Name：是你所测试的地点，一般情况下是每换一个测试场所就要根据实际情况进行修改，具体方法见前面相关内容。

第三步：DTX-1800 测试功能

根据需求确定测试标准和电缆类型：通道测试还是永久链路测试？是 CAT5E 还是 CAT6 还是其他？

关机后将测试标准对应的适配器安装在主机、辅机上，如选择“TIA CAT5E CHANNEL”通道测试标准时，主辅机安装“DTX-CHA001”通道适配器，如选择“TIA CAT5E PERM. LINK”永久链路测试标准时，主辅机各安装一个“DTX-PLA001”永久链路适配器，末端加装 PM06 个性化模块。

再开机后，将旋钮转至“AUTO TEST”挡或“SINGLE TEST”挡。选择“Auto TEST”是将所选测试标准的参数全部测试一遍后显示结果；“SINGLE TEST”是针对测试标准中的某个参数测试，将旋钮转至“SINGLE TEST”，按“↑↓”，选择某个参数，按“ENTER”再按“TEST”即进行单个参数测试。将所需测试的产品连接上对应的适配器，按“TEST”开始测试，经过一阵后显示测试结果“PASS”或“FAIL”，如图 1-25 所示。

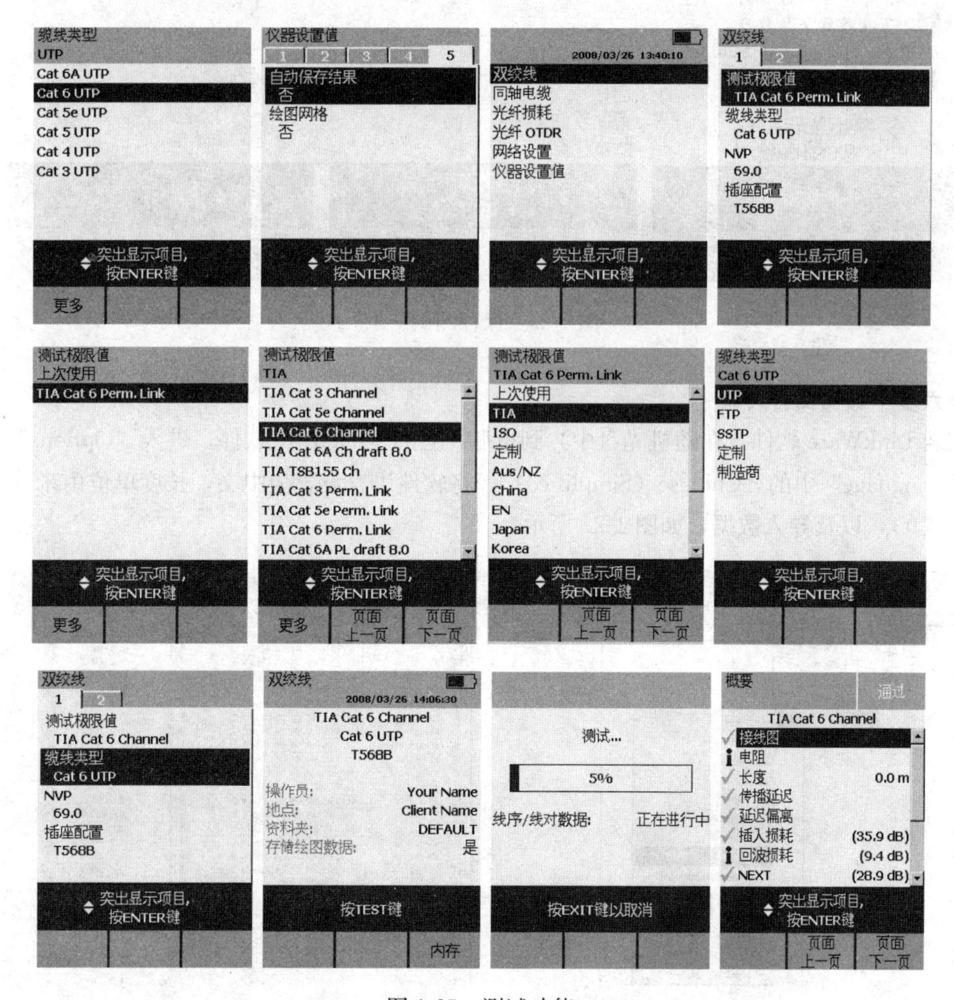

图 1-25 测试功能

第四步：查看结果及故障检查

测试后，会自动进入结果。使用“ENTER”按键查看参数明细，用“F2”键“上一页”，用“F3”翻页，按EXIT后按F3查看内存数据存储情况；测试后，通过“FAIL”的情况，如需检查故障，选择X的查看具体情况。

第五步：保存测试结果

刚才的测试结果选择“SAVE”按键存储，使用“← → ↑ ↓”键或← →移动光标（F1和F2号按键），（减少，F3号按键）来选择你想使用的名字，比如“FAXY001”按“SAVE”，来存储。

更换特测产品后重新按“TEST”开始测试新数据，再次按“SAVE”存储数据时，机器自动取名为上个数据加1，即“FAXY002”，如同意再按再存储。一直重复以上操作，直至测试完所需测试产品或内存空间不够，需下载数据后再重新开始以上步骤，如图1-26所示。

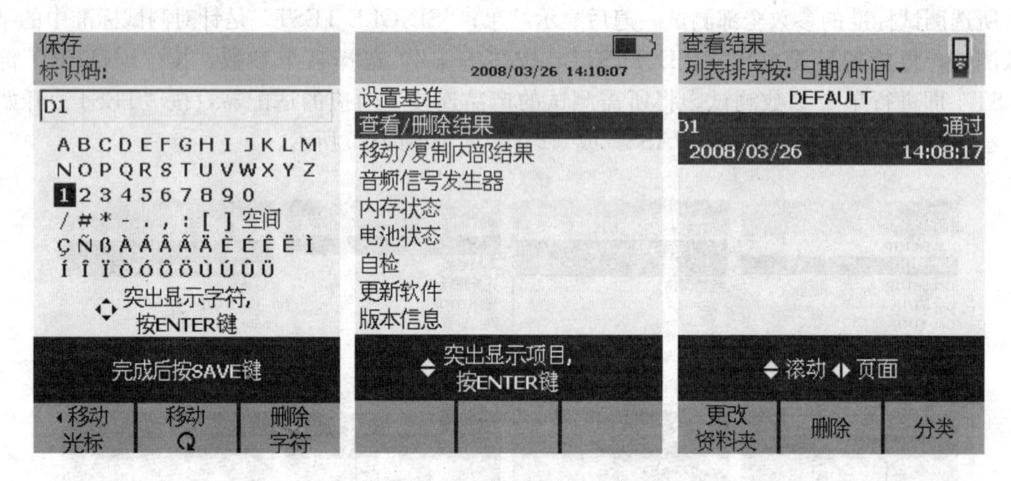

图1-26　保存测试结果

第六步：数据文件传输

安装LinkWare软件（在随机光盘中）到电脑。运行LinkWare软件，进入“Options”菜单，选择“Language”中的“Chinese（Simplified）”，将软件语言设置为中文，长度单位由米（m）代替英尺（ft），以及导入数据，如图1-27所示。

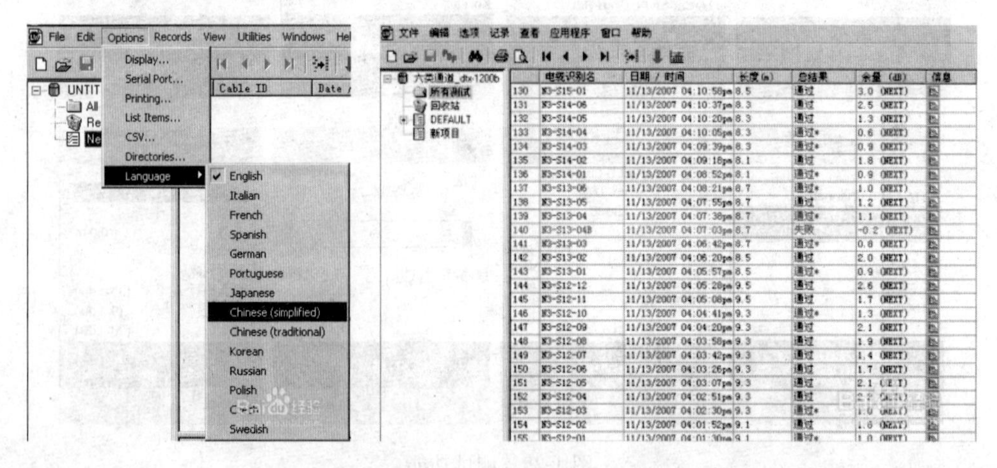

图1-27　数据文件传输

第七步：生成报告、导出报告

从文件菜单可以将报告导出，如图 1-28 所示。

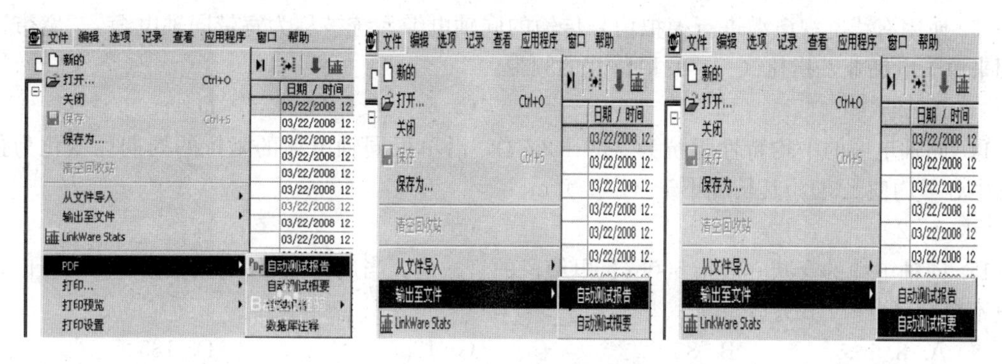

图 1-28　生成报告、导出报告

一、单选题

1. 同轴电缆（Coaxial）是指有（　　）个同心导体，而导体和屏蔽层又共用同一轴心的电缆。

A. 一　　B. 两　　C. 三　　D. 四

2. 75Ω 同轴电缆常用于 CATV 网，故称为 CATV 电缆，传输带宽可达（　　）GHz。

A. 1　　B. 2　　C. 3　　D. 4

3. 50Ω 同轴电缆主要用于基带信号传输，传输带宽为（　　）MHz。

A. 1～10　　B. 1～20　　C. 1～30　　D. 1～40

4. 50Ω 细同轴电缆的最大传输距离为（　　）m。

A. 85　　B. 185　　C. 285　　D. 385

5. 50Ω 粗同轴电缆的最大传输距离为（　　）m。

A. 185　　B. 385　　C. 1000　　D. 10000

6. 目前基带常用的电缆，其屏蔽线是用铜做成的网状的，特征阻抗为（　　）Ω。

A. 8　　B. 50　　C. 58　　D. 75

7. 同轴电缆 RG-59 用于（　　）。

A. 电视系统　　B. ARCnet 网络　　C. IBM3270 网络　　D. 电话语音网络

8. （　　）用于 ARCnet 网络和 IBM3270 网络。

A. RG-8　　B. RG-58　　C. RG-69　　D. RG-62

9. （　　）的直径为 0.26cm，最大传输距离 185m，使用时与 50Ω 终端电阻连接。

A. 细缆同轴电缆　　B. 粗缆同轴电缆　　C. 半刚型同轴电缆　　D. 双绞线

10. （　　）（RG-11）的直径为 1.27cm，最大传输距离达到 500m。

A. 双绞线　　B. 粗缆同轴电缆　　C. 半刚型同轴电缆　　D. 细缆同轴电缆

11. 英文简称 SYV，常见的有 75-7、75-5、75-3、75-1 等型号，特性阻抗都是（　　）Ω，以适应不同的传输距离。

A. 50　　B. 75　　C. 90　　D. 100

12. 同轴电缆的这种结构，使它具有高带宽和极好的噪声抑制特性，同轴电缆的带宽取决于电缆长度，（　　）km 的电缆可以达到 1G～2Gbit/s 的数据传输速率。

A. 1　　B. 2　　C. 3　　D. 4

13. 使用有线电视电缆进行模拟信号传输的同轴电缆系统被称为宽带同轴电缆。“宽带”这个词来源于电话业，指比（　　）kHz 宽的频带。

A. 2　　B. 4　　C. 6　　D. 8

14. 同轴电缆的平均特性阻抗为（50±2）Ω，沿单根同轴电缆的阻抗的周期性变化为正弦波，中心平均值±3Ω，其长度小于（　　）m。

A. 2　　B. 4　　C. 6　　D. 8

15. 同轴电缆的衰减一般指 500m 长电缆段的衰减值。当用 10MHz 的正弦波进行测量时，它的值不超过（　　）dB。

A. 8.5　　B. 85　　C. 18.5　　D. 185

二、多选题

1. 同轴电缆由里到外分为四层（　　）。

A. 中心铜线（单股的实心线或多股绞合线）

B. 塑料绝缘体

C. 网状导电层

D. 电线外皮

E. 丝剥线

2. 英文简称 SYV，常见的有（　　）等型号，特性阻抗都是 75Ω，以适应不同的传输距离。

A. 75-9　　B. 75-7　　C. 75-5　　D. 75-3

E. 75-1

3. 同轴电缆主要应用范围如（　　）。

A. 设备的支架连线　　B. 视频监控系统（CATV）

C. 共用天线系统（MATV）　　D. 彩色或单色射频监视器的转送

E. 防雷器件

4. 同轴电缆测试的主要参数（　　）。

A. 近端串扰　　B. 导体或屏蔽层的开路情况

C. 导体和屏蔽层之间的短路情况　　D. 导体接地情况

E. 在各屏蔽接头之间的短路情况

5. 最常用的同轴电缆有下列几种（　　）。

A. RG-8 或 RG-11　50Ω　　B. RG-58　50Ω

C. RG-59　75Ω　　D. RG-62　93Ω

E. RG-162　193Ω

6. 下面关于同轴电缆细缆结构说法正确的是（　　）。

A. 用于光纤系统

B. 用于连接细缆以太网的电缆系统

C. 细缆（RG-58 A/U）：直径为 5mm，特征阻抗为 50Ω 的细同轴电缆

D. BNC 连接器插头：安装在细缆段的两端

E. BNC 桶型连接器：用于连接两段细缆

三、判断题

1. 同轴电缆传导直流电而非交流电，也就是说每秒钟会有好几次的电流方向发生逆转。

（　　）

2. 如果使用一般电线传输高频率电流，这种电线就会相当于一根向外发射无线电的天线，这种效应损耗了信号的功率，使得接收到的信号强度减小。（　　）

3. 同轴电缆根据其直径大小可以分为：粗同轴电缆与细同轴电缆。（　　）

4. 计算机网络一般选用 RG-59 以太网粗缆和 RG-58 以太网细缆。（　　）

5. RG-8 用于电视系统。（　　）

6. RG-62 用于 ARCnet 网络和 IBM3270 网络。（　　）

7. 粗缆（RG-11）的直径为 1.27cm，最大传输距离达到 500m。（　　）

8. 对于使用细缆的以太网，每个干线段的长度不能超过 500m，可以用中继器连接两个干线段，以扩充主干电缆的长度。（　　）

9. 若要构造一条 400m 的干线段，能够使用细缆的最大长度为：(500－400)/3.28＝30（m）。（　　）

10. 同轴电缆按用途可分为两种基本类型：基带同轴电缆和宽带同轴电缆。（　　）

参考答案

单选题	1. B	2. A	3. B	4. B	5. B	6. B	7. A	8. D	9. A	10. B
	11. B	12. A	13. B	14. A	15. A					
多选题	1. ABCD	2. BCDE	3. ABCD	4. BCDE	5. ABCD	6. BCDE				
判断题	1. N	2. Y	3. Y	4. N	5. N	6. Y	7. Y	8. N	9. Y	10. Y

任务 2

综合布线系统（双绞线）安装与认证测试

该训练任务建议用3个学时完成学习及过程考核。

2.1 任务来源

办公区域需要网络资源，网络数据从网络机房传输到办公区域，是由工作区、水平、管理、垂直、设备间五个子系统组成。任务需要完成这五个子系统的双绞线链路搭建，以满足用户需求。

2.2 任务描述

完成综合布线五个子系统（设备间、垂直、管理、水平、工作区）的连接，搭建完整的综合布线系统，通过交换机综合布线系统网络测试属性。

2.3 能力目标

2.3.1 技能目标

完成本训练任务后，你应当能（够）：

1. 关键技能

- 会综合布线系统（双绞线）链路搭建。
- 会综合布线系统（双绞线）链路测试。
- 会综合布线系统（双绞线）网络测试。

2. 基本技能

- 掌握双绞线网络跳线的制作。
- 掌握网络信息模块的制作。
- 计算机网络属性的设置。

2.3.2 知识目标

完成本训练任务后，你应当能（够）：

- 了解综合布线系统（双绞线）组成部分。
- 掌握综合布线系统（双绞线）工作的原理。

- 了解信道和永久链路。
- 掌握综合布线系统（双绞线）的测试手段。

2.3.3 职业素质目标

完成本训练任务后，你应当能（够）：

- 按照双绞线布线系统要求进行布线和连接，接头耦合严密、接触良好。
- 懂得从客户角度出发，做到布线施工美观、横平竖直、标识准确。

2.4 任务实施

2.4.1 活动一　知识准备

下列知识可以由学员自学或老师讲授完成。

(1) 双绞线的基本原理是什么。

(2) 双绞线 568A 的线序和 568B 的线序是什么，有什么异同。

(3) 双绞线在应用上的优势。

2.4.2 活动二　示范操作

1. 活动内容

完成设备间、垂直、管理、水平、工作区五个子系统的连接。测试综合布线系统，首先找到所需要测试铜链路的两端，分别是设备间的 24 口数据配线架和工作区的信息插座。将其分别接在测试仪的主机与远端机上，测试仪进行相关的设置，利用测试仪对综合布线系统进行测试，保存并导出测试报告。通过本任务掌握综合布线系统（双绞线）五大子系统工作原理。

2. 操作步骤

步骤一：综合布线系统（双绞线）链路搭建图

设备间、垂直、管理、水平、工作区五个子系统全部搭建，各子系统之间全部用双绞线。设备间由交换机和 24 口配线架组成。管理子系统有 24 口配线架。工作区子系统有 RJ-45 插座。

- 综合布线系统（双绞线）系统结构图如图 2-1 所示，综合布线系统（双绞线）实物连接如图 2-2 所示。

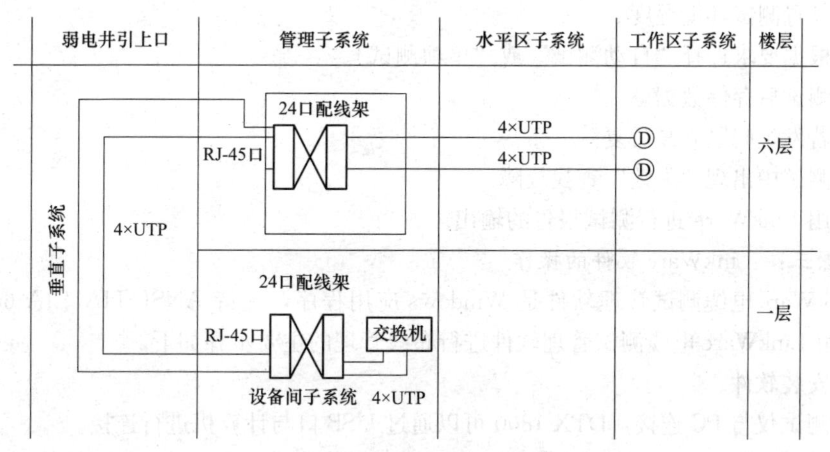

图 2-1　综合布线（双绞线）系统结构图

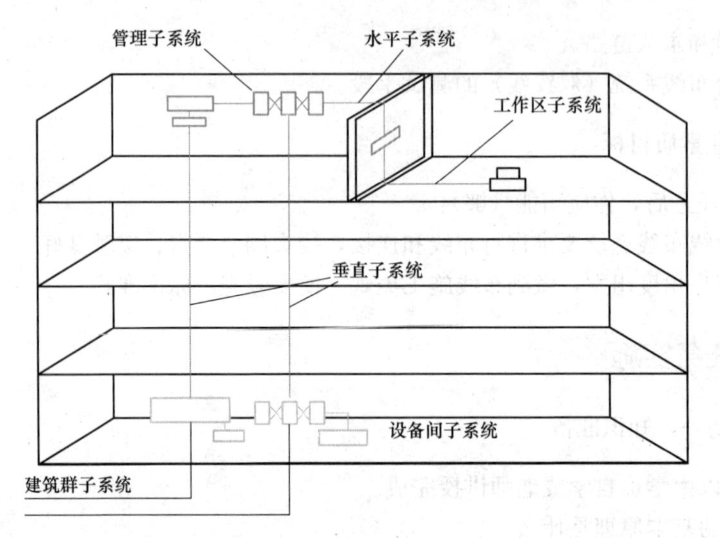

图 2-2 综合布线系统（双绞线）实物连接图

步骤二：测试链路［综合布线系统（双绞线）信道链路测试］

先将测试仪打到设置挡，选择为信道测试（chale）；再打到基准设置挡，进行基准测试；然后打到设置挡进行相关数据设置；最后打到自动测试挡，进行信道链路测试，并保存结果。

- 测试仪测试前自检，确认仪表是正常的。
- 选择测试了解方式。
- 设置基准（SPECIAL 挡），将基准线分别插在测试仪主机和远端机上。并点击 TEST 键测试基准。
- 测试基准完成后，基准线拔出，将工作区子系统分别连接测试仪主机和远端机上。选择设置挡（SET UP），分别设置：Perm 永久链路测试，Chanel 信道测试，5 类或 6 类；UTP 非屏蔽双绞线、FTP 屏蔽双绞线、SSTP 铜编制网的选择；568A 和 568B 的选择；NVP 值默认为 69。
- 将测试仪旋转到（AUTO TEST）自动测试挡，按 TEST 键对链路正式进行测试。
- 测试结果中，pass 表示成功通过，Fail 表示失败不通过。测试完成。
- NVP 值核准（核准 NVP 使用缆长不短于 30m）。
- 设置测试环境湿度。
- 根据要求选择“自动测试”或“单项测试”。
- 测试后存储数据。
- 若发生问题修复后复测。
- 测试中出现“失败”查找故障。
- 用 LinkWare 进行测试报告的输出。

步骤三：LinkWare 软件的操作

LinkWare 电缆测试管理软件是 Windows 应用程序，支持 ANSI/TIA/EIA 606-A 标准。采用 LinkWare 电缆测试管理软件进行布线管理的主要步骤如下。

- 安装软件。
- 测试仪与 PC 连接，DTX-1800 可以通过 USB 口与计算机进行连接。
- 设置环境。

• 从“Options”菜单中选择“Language”项，然后点击“Chinese（simplified)”。

• 输入测试仪记录：点击“文件”“导入”，在其弹出的菜单中选择相应的测试仪型号后，会自动检测 USB 接口并将数据导入计算机。LinkWare 软件数据导入界面如图 2-3 所示。

• 测试数据处理：测试数据处理主要包括：数据分类处理（快速分类和高级分类）、测试全部数据详细观察、测试参数属性修改等功能。LinkWare 软件数据处理界面如图 2-4 所示。

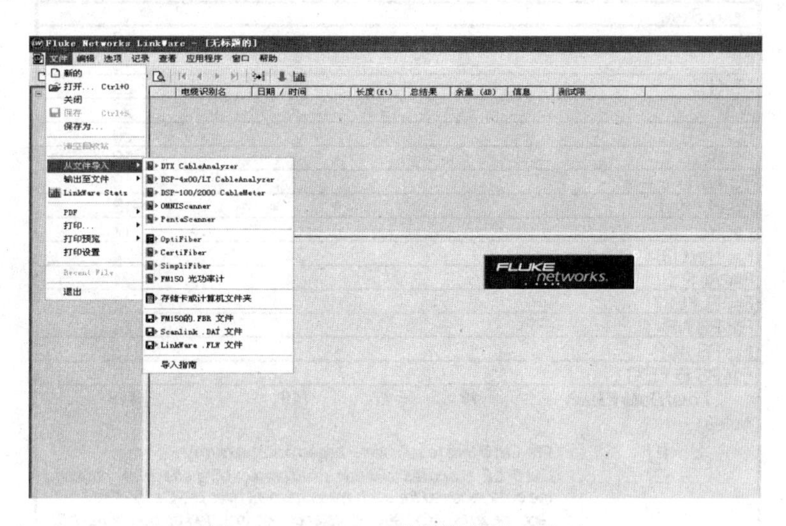

图 2-3　LinkWare 软件数据导入界面

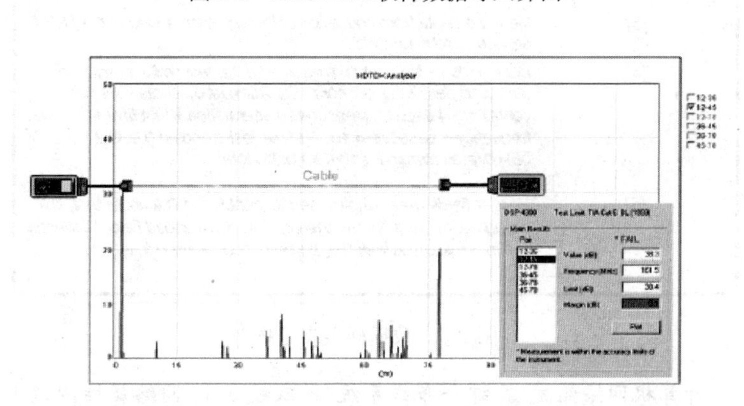

图 2-4　LinkWare 软件数据处理界面

步骤四：报告输出

LinkWare 软件处理的数据通信，以 *.flw 为扩展名，保存在 PC 机中，也可以硬拷贝的形式，打印出测试报告；测试报告有两种文件夹格式：ASCII 文本文件格式和 Acrobat reader 的 .PDF 格式；在报告内容上也分为三种。

• 自动测试报告：按页显示每根电缆的详细测试参数数据、图形、检测结论、测试日期和时间等。

• 自动测试概要：只输出测试数据中的电缆识别名（ID）、总结果、测试标准、长度、余量和日期/时间项目。

• 管理报告：按“水平链路”“主干链路”“电信区”“TGB 记录”“TMGB 记录”“防火

系统定位”“建筑物记录”“驻地记录”分类输出报告（PDF 格式）。图 2-5 所示为数据样表参考图。

	Data Fields Stored		
Measured Data [4]	**Pre-Cat 5 [1]**	**Cat 5 [2]**	**Cat5e/6 [2]**
Header Fields [5]	4	18	32
Wiremap		4	4
Length	2	10	10
Resistance	3	9	9
Propagation Delay			9
Delay Skew			2
Attenuation	1	18	18
RL			18
NEXT		26	26
ACR		26	26
ELFEXT			50
PS Next			18
PS ACR			18
PS ELFEXT			18
Far RL			17
Far Next [3]		24	24
Far ACR [3]		24	24
Far ELFEXT			48
Far PS NEXT			16
Far PS ACR			16
Far PS ELFEXT			16
Total Data Fields	***10***	***159***	***419***

Notes

[1] *Pre-Cat 5 test results were based on 2 pairs only*

[2] *Cat 5, 5E, 6 applies to 4-pair structured cabling effectively doubling the data required for each measurement over pre-Cat 5 requirements. ACR and Resistance are included as part of the ISO 11801 standard.*

[3] *Measurements from both ends of the link were added in the TSB-67 service bulletin for Cat 5*

[4] *Data fields include actual measured data, test limits, computed data, and pass/fail indicators. Ex. Attenuation contains 4 pairs containing 4 each of measurered attenuation + test limit + frequency + pass/fail = 16. Add the test standard (i.e. Cat 5E)+overall margin for 18 data fields total.*

[5] *Header fields were initially used to identify the link under test, link configuration, and operator/tester. TIA 606A added fields to identify site information as well (i.e. building, floor, wiring closet, etc.)*

图 2-5 数据样表参考图

步骤五：计算机网络组建［综合布线系统（双绞线）网络属性测试］

- 用两台计算机和两条双绞线网络跳线组建计算机网络，如图 2-6 所示。

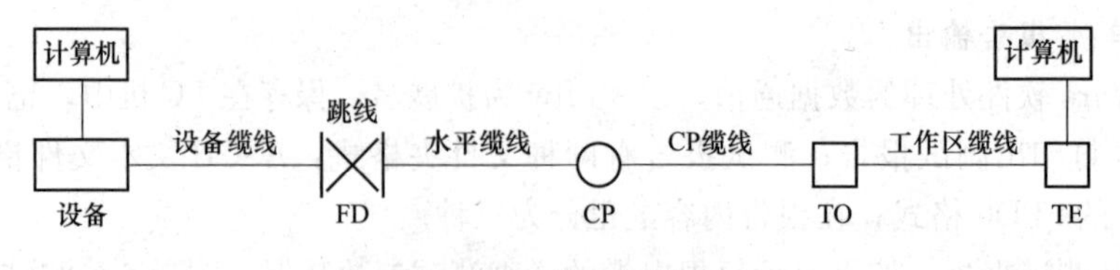

图 2-6 计算机网络图

步骤六：设置计算机的网络属性

- 分别设置两台计算机网络属性，保证两台计算机的 IP 地址在同一个段上，如图 2-7 所示。

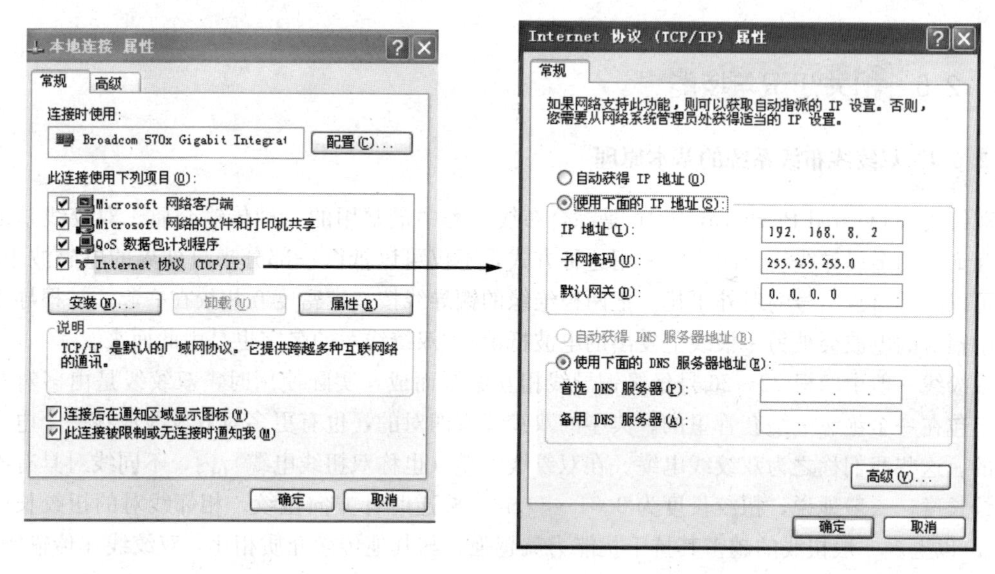

图 2-7　网络属性设置示意图

步骤七：计算机的网络测试

• 在计算机的运行里，使用 Ping 命令，两台计算机互相 Ping 对方的 IP 地址。如果没有 Ping 通对方计算机，则显示网络故障，如图 2-8 所示。检查线缆连接是否正确，测试网络跳线是否正常，并检查计算机的网络属性是否正确。如果能够 Ping 通对方计算机，则显示网络正常，如图 2-9 所示。本次综合训练任务完成。

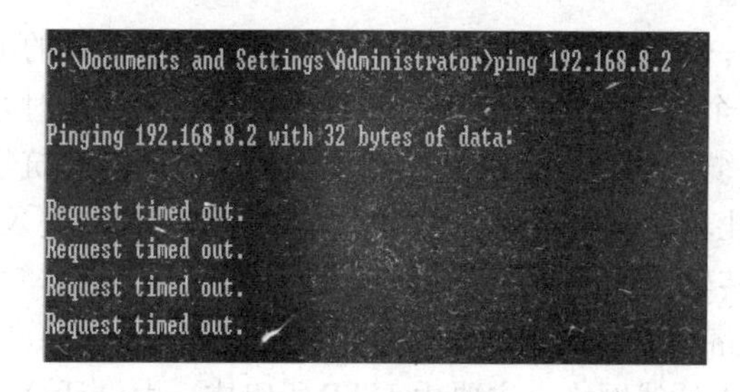

图 2-8　网络故障

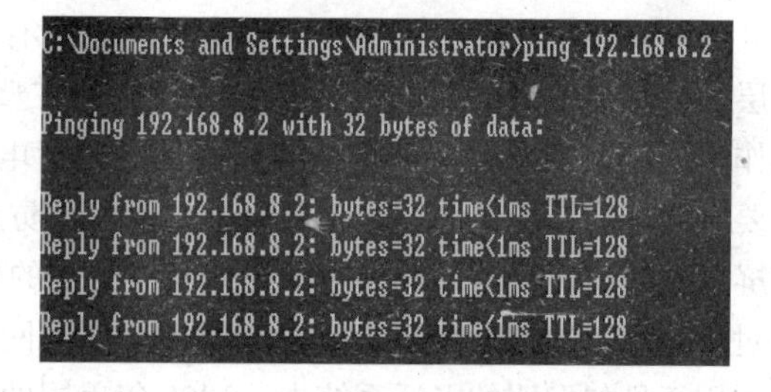

图 2-9　网络正常

2.4.3 活动三　能力提升

完成设备间、垂直、管理、水平、工作区五个子系统的连接。测试综合布线系统，首先找到所需要测试铜链路的两端，分别是设备间的 24 口数据配线架和工作区的信息插座。将其分别接在测试仪的主机与远端机上，测试仪进行相关的设置，利用测试仪对综合布线系统进行测试，保存并导出测试报告。通过本任务掌握综合布线系统（双绞线）五大子系统工作原理。

注意事项：

由于系统设计的节点多，易产生节点接触不良而产生故障。故在系统安装时，需要逐步检查和测试。

2.5 效果评价

评价标准详见附录。

2.6 相关知识与技能

2.6.1 双绞线布线系统的基本原理

双绞线（Twisted Pairwire，TP）是综合布线工程中最常用的一种传输介质。双绞线是由一对相互绝缘的金属导线绞合而成。采用这种方式，不仅可以抵御一部分来自外界的电磁波干扰，而且可以降低自身信号的对外干扰。把两根绝缘的铜导线按一定密度互相绞在一起，一根导线在传输中辐射的电波会被另一根线上发出的电波抵消。“双绞线”的名字也是由此而来。

双绞线一般由两根 22～26 号绝缘铜导线相互缠绕而成，实际使用时，双绞线是由多对双绞线一起包在一个绝缘电缆套管里的。典型的双绞线有四对的，也有更多对双绞线放在一个电缆套管里的。这些我们称之为双绞线电缆。在双绞线电缆（也称双扭线电缆）内，不同线对具有不同的扭绞长度，一般地说，扭绞长度为 3.81～14cm，按逆时针方向扭绞。相邻线对的扭绞长度在 1.27cm 以上，一般扭线的越密其抗干扰能力就越强，与其他传输介质相比，双绞线在传输距离，信道宽度和数据传输速率等方面均受到一定限制，但价格较为低廉。

2.6.2 种类

1. 按照屏蔽层的有无分类

双绞线分为屏蔽双绞线（Shielded Twisted Pair，STP）与非屏蔽双绞线（Unshielded Twisted Pair，UTP）。屏蔽双绞线的外层由铝铂包裹，以减小辐射，但并不能完全消除辐射，屏蔽双绞线价格相对较高，安装时要比非屏蔽双绞线困难。

屏蔽双绞线在双绞线与外层绝缘封套之间有一个金属屏蔽层。STP 指每条线都有各自的屏蔽层，另有一种 FTP（Foil Twisted-Pair）只在整个电缆有屏蔽装置，并且两端都正确接地时才起作用。FTP 要求整个系统是屏蔽器件，包括电缆、信息点、水晶头和配线架等，同时建筑物需要有良好的接地系统。屏蔽层可减少辐射，防止信息被窃听，也可阻止外部电磁干扰的进入，使屏蔽双绞线比同类的非屏蔽双绞线具有更高的传输速率。非屏蔽双绞线是一种数据传输线，由四对不同颜色的传输线所组成，广泛用于以太网路和电话线中。非屏蔽双绞线电缆最早在 1881 年被用于贝尔发明的电话系统中。1900 年美国的电话线网络亦主要由 UTP 所组成，由电话公司所拥有。

2. 按照线径粗细分类

双绞线常见的有 3 类线、5 类线和超 5 类线，以及最新的 6 类线，前者线径细而后者线径粗，具体分类如下。

（1）1 类线（CAT1）。线缆最高频率带宽是 750kHz，用于报警系统，或只适用于语音传输（一类标准主要用于 20 世纪 80 年代初之前的电话线缆），不同于数据传输。

（2）2 类线（CAT2）。线缆最高频率带宽是 1MHz，用于语音传输和最高传输速率 4Mbit/s 的数据传输，常见于使用 4Mbit/s 规范令牌传递协议的旧的令牌网。

（3）3 类线（CAT3）。指目前在 ANSI 和 EIA/TIA568 标准中指定的电缆，该电缆的传输频率 16MHz，最高传输速率为 10Mbit/s，主要应用于语音、10Mbit/s 以太网（10BASE-T）和 4Mbit/s 令牌环，最大网段长度为 100m，采用 RJ 形式的连接器，目前已淡出市场。

（4）4 类线（CAT4）。该类电缆的传输频率为 20MHz，用于语音传输和最高传输速率 16Mbit/s（指的是 16Mbit/s 令牌环）的数据传输，主要用于基于令牌的局域网和 10BASE-T/

100BASE-T。最大网段长为 100m，采用 RJ 形式的连接器，未被广泛采用。

（5）5 类线（CAT5）。该类电缆增加了绕线密度，外套一种高质量的绝缘材料，线缆最高频率带宽为 100MHz，最高传输率为 100Mbit/s，用于语音传输和最高传输速率为 100Mbit/s 的数据传输，主要用于 100BASE-T 和 1000BASE-T 网络，最大网段长为 100m，采用 RJ 形式的连接器。这是最常用的以太网电缆。在双绞线电缆内，不同线对具有不同的绞距长度。通常，4 对双绞线绞距周期在 38.1mm 长度内，按逆时针方向扭绞，一对线对的扭绞长度在 12.7mm 以内。

（6）超 5 类线（CAT5e）。超 5 类具有衰减小，串扰少，并且具有更高的衰减与串扰的比值（ACR）和信噪比（SNR）、更小的时延误差，性能得到很大提高。超 5 类线主要用于千兆位以太网（1000Mbit/s）。

（7）6 类线（CAT6）。该类电缆的传输频率为 1～250MHz，6 类布线系统在 200MHz 时综合衰减串扰比（PS-ACR）应该有较大的余量，它提供 2 倍于超 5 类的带宽。6 类布线的传输性能远远高于超五类标准，最适用于传输速率高于 1Gbit/s 的应用。6 类与超五类的一个重要的不同点在于：改善了在串扰以及回波损耗方面的性能，对于新一代全双工的高速网络应用而言，优良的回波损耗性能是极重要的。6 类标准中取消了基本链路模型，布线标准采用星形的拓扑结构，要求的布线距离为：永久链路的长度不能超过 90m，信道长度不能超过 100m。

（8）超 6 类或 6A（CAT6A）。此类产品传输带宽介于 6 类和 7 类之间，传输频率为 500MHz，传输速度为 10Gbit/s，标准外径 6mm。目前和 7 类产品一样，国家还没有出台正式的检测标准，只是行业中有此类产品，各厂家宣布一个测试值。

（9）7 类线（CAT7）。传输频率为 600MHz，传输速率为 10Gbit/s，单线标准外径 8mm，多芯线标准外径 6mm，可能用于今后的万兆以太网。

通常，计算机网络所使用的是 3 类线和 5 类线，其中 10 BASE-T 使用的是 3 类线，100BASE-T 使用的 5 类线。

3. 非屏蔽双绞线电缆的优点

（1）无屏蔽外套，直径小，节省所占用的空间，成本低。

（2）质量小，易弯曲，易安装。

（3）将串扰减至最小或加以消除。

（4）具有阻燃性。

（5）具有独立性和灵活性，适用于结构化综合布线。六类和五类的双绞线电缆设计的区别，只是在带宽有轻微区别，所使用的模块不一样。在这两大类中又分 100Ω 电缆、双体电缆、大对数电缆、150Ω 屏蔽电缆等。

（6）既可以传输模拟数据也可以传输数字数据。

2.6.3 制作方法

1. 国际上常用的制作双绞线的标准（包括 EIA/TIA 568A 和 EIA/TIA 568B 两种）

EIA/TIA 568A 的线序定义依次为绿白、绿、橙白、蓝、蓝白、橙、棕白、棕，其标号如下：

绿白	绿	橙白	蓝	蓝白	橙	棕白	棕
1	2	3	4	5	6	7	8

EIA/TIA 568B 的线序定义依次为橙白、橙、绿白、蓝、蓝白、绿、棕白、棕，其标号如下：

橙白	橙	绿白	蓝	蓝白	绿	棕白	棕
1	2	3	4	5	6	7	8

在整个网络布线中应用一种布线方式，但两端都有RJ-45头的网络联线无论是采用端接方式A，还是端接方式B，在网络中都是通用的。双绞线的顺序与RJ-45头的引脚序号一一对应。10/100M以太网的网线使用1、2、3、6编号的芯线传递数据。为何都采用4对（8芯线）的双绞线呢？这主要是为适应更多的使用范围，在不变换基础设施的前提下，就可满足各式各样的用户设备的接线要求。例如，我们可同时用其中一对绞线来实现语音通信。

2. 100BASE-T4RJ-45对双绞线的规定

1、2用于发送，3、6用于接收，4、5用于语音，7、8是双向线。

1、2线必须是双绞，3、6双绞，4、5双绞，7、8双绞。

除两台PC机之间用交叉线连接之外，一般情况下均使用直连线连接。

双绞线布线标准双绞线（Twisted Pairwire，TP）是综合布线工程中最常用的一种传输介质。双绞线由两根22～26号绝缘铜导线相互缠绕而成。把两根绝缘的铜导线按一定密度互相绞在一起，可降低信号干扰的程度，每一根导线在传输中辐射的电波也会被另一根线上发出的电波抵消。如果把一对或多对双绞线放在一个绝缘套管中便成了双绞线电缆，如在局域网中常用的五类、六类、七类双绞线就是由4对双绞线组成的。在双绞线内，不同线对具有不同的扭绞长度，一般地说，扭绞长度在13 mm以内，按逆时针方向扭绞，相邻线对的扭绞长度在12.7 cm以上。

虽然双绞线与其他传输介质相比，在传输距离、信道宽度和数据传输速度等方面均受到一定的限制，但价格较为低廉，且其不良限制在一般快速以太网中影响甚微，所以双绞线仍是企业局域网中首选的传输介质。

双绞线可分为非屏蔽双绞线（Unshielded Twisted Pair，UTP）和屏蔽双绞线（Shielded Twisted Pair，STP）两种。屏蔽双绞线在线径上要明显精过非屏蔽双绞线，而且由于它具有较好的屏蔽性能，所以也具有较好的电气性能。但由于屏蔽双绞线的价格较非屏蔽双绞线贵，且非屏蔽双绞线的性能对于普通的企业局域网来说影响不大，甚至说很难察觉，所以在企业局域网组建中所采用的通常是非屏蔽双绞线。不过七类双绞线除外，因为它要实现全双工10Gbit/s速率传输，所以只能采用屏蔽双绞线，而没有非屏蔽的七类双绞线。六类双绞线通常也建议采用屏蔽双绞线。

2.6.4 优点

双绞线的优点是传输距离远、传输质量高。由于在双绞线收发器中采用了先进的处理技术，极好地补偿了双绞线对视频信号幅度的衰减以及不同频率间的衰减差，保持了原始图像的亮度和色彩以及实时性，在传输距离达到1km或更远时，图像信号基本无失真。如果采用中继方式，传输距离会更远。

布线方便、线缆利用率高。一对普通电话线就可以用来传送视频信号。另外，楼宇大厦内广泛铺设的5类非屏蔽双绞线中任取一对就可以传送一路视频信号，无须另外布线，即使是重新布线，5类缆也比同轴缆容易。此外，一根5类缆内有4对双绞线，如果使用一对线传送视频信号，另外的几对线还可以用来传输音频信号、控制信号、供电电源或其他信号，提高了线缆利用率，同时避免了各种信号单独布线带来的麻烦，减少了工程造价。

抗干扰能力强。双绞线能有效抑制共模干扰，即使在强干扰环境下，双绞线也能传送极好的图像信号。而且，使用一根缆内的几对双绞线分别传送不同的信号，相互之间不会发生干扰。

可靠性高、使用方便。利用双绞线传输视频信号，在前端要接入专用发射机，在控制中心要接入专用接收机。这种双绞线传输设备价格便宜，使用起来也很简单，无需专业知识，也无太多的操作，一次安装，长期稳定工作。

价格便宜，取材方便。由于使用的是目前广泛使用的普通 5 类非屏蔽电缆或普通电话线，购买容易，而且价格也很便宜，给工程应用带来极大的方便。

2.6.5 双绞线标准

1. 标准

CAT-1：目前未被 TIA/EIA 承认。以往用在传统电话网络（POTS）、ISDN 及门钟的线路。

CAT-2：目前未被 TIA/EIA 承认。以往常用在 4 Mbit/s 的令牌环网络。

CAT-3：目前以 TIA/EIA-568-B 所界定及承认。并提供 16MHz 的带宽。曾经常用在 10Mbit/s 以太网络。

CAT-4：目前未被 TIA/EIA 承认。提供 20MHz 的带宽。以往常用在 16 Mbit/s 的令牌环网络。

CAT-5：目前以 TIA/EIA-568-A 所界定及承认。并提供 100MHz 的带宽。目前常用在快速以太网（100 Mbit/s）中。

CAT-5e：目前以 TIA/EIA-568-B 所界定及承认。并提供 100MHz 的带宽。目前常用在快速以太网及千兆以太网（1Gbit/s）中。

CAT-6：目前以 TIA/EIA-568-B 所界定及承认。提供 250MHz 的带宽，比 CAT-5 与 CAT-5e 高出一倍半。

CAT-6A：将来使用在万兆以太网（10Gbit/s）中。

CAT-7：符合国家通信行业标准 YD/T 1019—2001，同时也符合国际标准 EIA/TIA—568B 和 ISO/IEC 11801 要求。

2. RJ-45 插头的打线标准与制作

（1）先抽出一小段线，然后先把外皮剥除一段。

（2）将双绞线反向缠绕开。

（3）根据标准排线（注意这里非常重要）。

（4）铰齐线头。

（5）插入插头。

（6）用打线钳夹紧。

（7）使用测试仪测试。

2.6.6 双绞线特性

1. 性能指标

（1）对于双绞线，用户最关心的是表征其性能的几个指标。这些指标包括衰减、近端串扰、阻抗特性、分布电容、直流电阻等。

1）衰减。衰减（Attenuation）是沿链路的信号损失度量。衰减与线缆的长度有关系，随着长度的增加，信号衰减也随之增加。衰减用“dB”作单位，表示源传送端信号到接收端信号强度的比率。由于衰减随频率而变化，因此，应测量在应用范围内的全部频率上的衰减。

2）串扰。串扰分为近端串扰（NEXT）和远端串扰（FEXT），测试仪主要是测量 NEXT，由于存在线路损耗，因此FEXT的量值的影响较小。近端串扰（NEXT）损耗是测量一条UTP链路中从一对线到另一对线的信号耦合。对于UTP链路，NEXT是一个关键的性能指标，也是最难精确测量的一个指标。随着信号频率的增加，其测量难度将加大。NEXT并不表示在近端点所产生的串扰值，它只是表示在近端点所测量到的串扰值。这个量值会随电缆长度不同而变，电缆越长，其值变得越小。同时发送端的信号也会衰减，对其他线对的串扰也相对变小。实验证明，只有在40m内测量得到的NEXT是较真实的。如果另一端是远于40m的信息插座，那么它会产生一定程度的串扰，但测试仪可能无法测量到这个串扰值。因此，最好在两个端点都进行NEXT测量。现在的测试仪都配有相应设备，使得在链路一端就能测量出两端的NEXT值。NEXT测试的结果参照表2-1和表2-2。

表2-1　各种连接为最大长度时各种频率下的衰减极限

频率（MHz）	最大衰减（20℃）					
信道（100m）	链路（90m）					
	3类	4类	5类	3类	4类	5类
1	4.2	2.6	2.5	3.2	2.2	2.1
4	7.3	4.8	4.5	6.1	4.3	4.0
8	10.2	6.7	6.3	8.8	6	5.7
10	11.5	7.5	7.0	10	6.8	6.3
16	14.9	9.9	9.2	13.2	8.8	8.2
20		11	10.3		9.9	9.2
25			11.4			10.3
31.25			12.8			11.5
62.5			18.5			16.7
100			24			21.6

表2-2　特定频率下的NEXT衰减极限

频率（MHz）	最小NEXT					
信道（100m）	链路（90m）					
	3类	4类	5类	3类	4类	5类
1	39.1	53.3	60.0	40.1	54.7	60.0
4	29.3	43.3	50.6	30.7	45.1	51.8
8	24.3	38.2	45.6	25.9	40.2	47.1
10	22.7	36.6	44.0	24.3	38.6	45.5
16	19.3	33.1	40.6	21	35.3	42.3
20		31.4	39.0		33.7	40.7
25			37.4			39.1
31.25			35.7			37.6
62.5			30.6			32.7
100			27.1			29.3

以上两个指标是TSB67测试的主要内容，但某些型号的测试仪还可以给出直流电阻、特性阻抗、衰减串扰比等指标。

3）直流电阻 TSB67无此参数。直流环路电阻会消耗一部分信号，并将其转变成热量。它是指一对导线电阻的和，11801规格的双绞线的直流电阻不得大于19.2Ω。每对间的差异不能太大

（小于 0.1Ω），否则表示接触不良，必须检查连接点。

4）特性阻抗与环路直流电阻不同，特性阻抗包括电阻及频率为 1M～100MHz 的电感阻抗及电容阻抗，它与一对电线之间的距离及绝缘体的电气性能有关。各种电缆有不同的特性阻抗，而双绞线电缆则有 100Ω、120Ω 及 150Ω 几种。

5）衰减串扰比（ACR）在某些频率范围，串扰与衰减量的比例关系是反映电缆性能的另一个重要参数。ACR 有时也以信噪比（Signal-Noice Ratio，SNR）表示，它由最差的衰减量与 NEXT 量值的差值计算。ACR 值较大，表示抗干扰的能力更强。一般系统要求至少大于 10dB。

6）电缆特性通信信道的品质是由它的电缆特性描述的。SNR 是在考虑到干扰信号的情况下，对数据信号强度的一个度量。如果 SNR 过低，将导致数据信号在被接收时，接收器不能分辨数据信号和噪声信号，最终引起数据错误。因此，为了将数据错误限制在一定范围内，必须定义一个最小的可接收的 SNR。

（2）测试数据。100Ω 4 对非屏蔽双绞线有 3 类线、4 类线、5 类线和超 5 类线之分。主要的性能指标为衰减、分布电容、直流电阻、直流电阻偏差值、阻抗特性、返回损耗、近端串扰。标准测试数据见表 2-3 和表 2-4。

表 2-3　双绞线的标准测试数据 1

类型	衰减/dB	分布电容（以 1kHz 计量）	直流电阻 20℃时测量校正值	直流电阻偏差值 20℃时测量校正值
3 类	<2.320sqrt（f）+0.238（f）	<330pF/100m	<9.38Ω/100m	5%
4 类	<2.050sqrt（f）+0.1（f）	<330pF/100m	同上	5%
5 类	<1.9267sqrt（f）+0.075（f）	<330pF/100m	同上	5%

表 2-4　双绞线的标准测试数据 2

类型	阻抗特性 1MHz 至最高的参考频率值	返回损耗 测量长度>100m	近端串扰 测量长度>100m
3 类	100Ω + 15%	12dB	43dB
4 类	同上	12dB	58dB
5 类	同上	23dB	64dB

（3）常用的双绞线电缆。综合布线中最常用的双绞线电缆有以下几种。

1）5 类 4 对非屏蔽双绞线。它是美国线缆规格为 24 的实心裸铜导体，以氟化乙烯做绝缘材料，传输频率达 100MHz。导线组成及色彩编码见表 2-5。

表 2-5　5 类 4 对非屏蔽双绞线色彩编码

线对	色彩码
1	白/蓝//蓝
2	白/橙//橙
3	白/绿//绿
4	白/棕//棕

5 类 4 对非屏蔽双绞线的电气特性见表 2-6。其中，“9.38Ω（max）/100m @ 20℃”是指在 20℃的恒定温度下，每 100m 的双绞线的电阻为 9.38Ω（下表中类同）。

表 2-6 5类4对非屏蔽双绞线电气特性

频率需求/Hz	阻抗/Ω	衰减值（dB/100）Max	NEXT（最差对）/dB	直流阻抗
256k	—	1.1	—	9.38Ω（max）/100m@20℃
512k	—	1.5	—	
772k	—	1.8	66	
1M	85～115	2.1	64	
4M	4.3	55		
10M	6.6	49		
16M	8.2	46		
20M	9.2	44		
31.25M	11.8	42		
62.50M	17.1	37		
100M	22.0	34		

2）5类4对24AWG100欧姆屏蔽电缆。它是美国线规为24的裸铜导体，以氟化乙烯做绝缘材料，内有一24AWG TPG漏电线。传输频率达100MHz，导线色彩编码见表2-7，电气特性见表2-8。表2-8中屏蔽项“0.002［0.051］铝/聚酯带最小交叠@20℃及一根24AWG TPC漏电线”的含义是：屏蔽层厚度为0.002cm或0.051英寸。@20℃代表在20℃恒定温度下。

表 2-7 5类4对24AWG100Ω屏蔽电缆导线色彩编码

线对	色彩码	屏蔽
1	白/蓝//蓝	0.002［0.051］铝/聚酯带最小交叠@20℃及一根24AWG TPC漏电线
2	白/橙//橙	
3	白/绿//绿	
4	白/棕//棕	

表 2-8 5类4对24AWG100Ω屏蔽电缆电气特性

频率需求/Hz	阻抗/Ω	衰减值（dB/100）Max	NEXT（最差对）/dB	直流阻抗
256k	—	1.1	—	9.38Ω（max）/100m@20℃
512k	—	1.5	—	
772k	—	1.8	66	
1M	85～115	2.1	64	
4M	4.3	55		
10M	6.6	49		
16M	8.2	46		
20M	9.2	44		
31.25M	11.8	42		
62.50M	17.1	37		
100M	22.0	34		

3）5类4对26AWG屏蔽软线。它由4对线和一根26AWG TPC漏电线组成，传输频率达100MHz。导线组成及色彩编码见表2-9。

表 2-9　　5 类 4 对 26AWG 屏蔽软线色彩编码

线对	色彩码	屏蔽
1	白/蓝//蓝	0.002［0.051］铝/聚酯带箔内有一段 26AWG TPC 漏电线
2	白/橙//橙	
3	白/绿//绿	
4	白/棕//棕	

4）5 类 4 对 24WAG100 非屏蔽软线。它由 4 对线组成，用于高速数据传输，适合于扩展传输距离，应用于互连或跳接线。传输速率达 100MHz。导线组成及色彩编码见表 2-10，电气特性见表 2-11。

表 2-10　　5 类 4 对 24WAG100 非屏蔽软线色彩编码

线对	色彩码
1	白/蓝//蓝
2	白/橙//橙
3	白/绿//绿
4	白/棕//棕

表 2-11　　5 类 4 对 24WAG100 非屏蔽软线电气特性

频率需求/Hz	阻抗/Ω	衰减值（dB/100）Max	NEXT（最差对）/dB	直流阻抗
256k	—	—	—	8.8Ω（max）/100m@20℃
512k	—	—	—	
772k	—	2.0	66	
1M	85～115	2.3	64	
4M	5.3	55		
10M	8.2	49		
16M	10.5	46		
20M	11.8	44		
31.25M	15.4	42		
62.50M	22.3	37		
100M	28.9	34		

2. 超 5 类布线系统

超 5 类布线系统是一个非屏蔽双绞线（UTP）布线系统，通过对它的“链接”和“信道”性能的测试表明，它超过 TIA/EIA568 的 5 类线要求。与普通的 5 类 UTP 比较，其衰减更小，串扰更少，同时具有更高的衰减与串扰的比值（ACR）和信噪比（SRL）、更小的时延误差，性能得到了提高。它具有四大优点。

（1）提供了坚实的网络基础，可以方便转移、更新网络技术。

（2）能够满足大多数应用的要求，并且满足低偏差和低串扰总和的要求。

（3）被认为是为将来网络应用提供的解决方案。

（4）充足的性能余量，给安装和测试带来方便。

与 5 类线缆相比，超 5 类在近端串扰、串扰总和、衰减和信噪比四个主要指标上都有较大的改进。近端串扰（NEXT）是评估性能的最重要的标准。一个高速的 LAN 在传送和接收数据时是同步的。NEXT 是当传送与接收同时进行时所产生的干扰信号。NEXT 的单位是 dB，它表示传送信号与串扰信号之间的比值。在普通应用中，衡量 NEXT 的标准方法是用一对线进行传送，另一对线用于接收，如 10BASET 和 TokenRing，甚至 100BASET 和 155Mbit/s ATM。但是，有时候也可以使用另外两对线，并接到另一工作站，这样可以加快 LAN 的速度，如 622Mbit/s ATM 和 1000BASE-T，不只用一对（可能用全部的 4 对线）来传送和接收。在一根线缆中使用多对线进行传送会增加这根线缆的串扰。现在的四对 5 类双绞线没有考虑这种情况。串扰总和（Power Sum NEXT）是从多个传输端产生 NEXT 的和。如果一个布线系统能够满足 5 类线在 Power Sum 下的 NEXT 要求，那么就能处理从应用共享到高速 LAN 应用的任何问题。超 5 类布线系统的 NEXT 只有 5 类线要求的 1/8。信噪比（Structural Return Loss）是衡量线缆阻抗一致性的标准，阻抗的变化引起反射。一部分信号的能量被反射到发送端，形成噪声。SRL 是测量能量变化的标准，由于线缆结构变化而导致阻抗变化，使得信号的能量发生变化。反射的能量越少，意味着传输信号越完整，在线缆上的噪声越小。比起普通 5 类双绞线，超 5 类系统在 100MHz 的频率下运行时，为用户提供 8dB 近端串扰的余量，用户的设备受到的干扰只有普通 5 类线系统的 1/4，使系统具有更强的独立性和可靠性。

一、单选题

1. 超 6 类或 6A（CAT6A）传输带宽介于 6 类和 7 类之间，传输频率为 500MHz，传输速度为（　　），标准外径 6mm。

A. 10Mbit/s　　B. 100Mbit/s　　C. 500Mbit/s　　D. 10Gbit/s

2. 双绞线的顺序与 RJ-45 头的引脚序号一一对应。10/100M 以太网的网线使用（　　）编号的芯线传递数据。

A. 1，2，3，4　　B. 5，6，7，8　　C. 1，2，3，6　　D. 1，2，3，7

3. 双绞线内，不同线对具有不同的扭绞长度，一般地说，扭绞长度在（　　）以内，按逆时针方向扭绞。

A. 10mm　　B. 11mm　　C. 12mm　　D. 13mm

4. 在双绞线内，不同线对具有不同的扭绞长度，一般地说，按逆时针方向扭绞，相邻线对的扭绞长度在（　　）以上。

A. 10.7cm　　B. 12.7cm　　C. 14.7cm　　D. 16.0cm

5.（　　）是沿链路的信号损失度量，与线缆的长度有关系，随着长度的增加，信号也随之增加；用“dB”作单位，表示源传送端信号到接收端信号强度的比率。

A. 衰减　　B. 近端串扰　　C. 阻抗特性　　D. 分布电容

6.（　　），测试仪主要是测量 NEXT，由于存在线路损耗，因此 NEXT 的量值的影响较小。（　　）损耗是测量一条 UTP 链路中从一对线到另一对线的信号耦合。

A. 衰减　　B. 近端串扰　　C. 阻抗特性　　D. 分布电容

7. 就是由两个存在电压差而又相互绝缘的导体所构成。所以在任何电路中，任何两个存在压差的绝缘导体之间都会形成（　　），只是大小问题。

A. 衰减　　B. 近端串扰　　C. 阻抗特性　　D. 分布电容

8.（　　）就是元件通上直流电，所呈现出的电阻，即元件固有的，静态的电阻。

A. 衰减　　B. 近端串扰　　C. 阻抗特性　　D. 直流电阻

9. （　　）使用双绞线电缆，最大网段长度为500m，传输速度为1Mbit/s。

A. 10Base-5　　B. 10Base-2　　C. 10Base-T　　D. 1Base-5

10. 用DTX-1800福禄克测试仪测试综合布线系统时，确定电缆故障点使用的技术为（　　）。

A. 高精度时域串扰分析技术　　B. 光时域反射技术

C. 补偿技术　　D. 光时域分析技术

11. 在综合布线系统某次测试频率为100MHz的系统测试中，某D级信道所测得的回波损耗（RL）为（　　）dB，该信道合格。

A. 9.6　　B. 9.8　　C. 11　　D. 9.5

12. 回波损耗是衡量（　　）参数。

A. 阻抗一致性的　B. 抗干扰特性的　　C. 连通性的　　D. 物理长度的

13. HDTDX技术主要针对（　　）故障进行精确定位。

A. 各种导致串扰的　　B. 有衰减变化的

C. 回波损耗　　D. 有阻抗变化的

14. （　　）又称为随工测试，是边施工边测试，主要检测线缆质量和安装工艺，及时发现并纠正所出现的问题。

A. 验证测试　　B. 认证测试　　C. 自我认证测试　　D. 第三方认证测试

15. 5类及5类以下链路传输10～30MHz频率的信号时，要求线缆中任一线对的（　　）满足$T \leqslant 1000$ns；对于超5类、6类链路则要求$T \leqslant 548$ns。

A. 衰减串扰比　　B. 电缆特性　　C. 传播时延　　D. 线对间传播时延差

二、多选题

1. 双绞线按材质分类正确的是（　　）。

A. 1类　　B. 2类　　C. 3类　　D. 非屏蔽双绞线

E. 屏蔽双绞线

2. 双绞线按照线径粗细分类正确的是（　　）。

A. 屏蔽双绞线　　B. 非屏蔽双绞线　　C. 4类线　　D. 5类线

E. 超5类线

3. 非屏蔽双绞线电缆具有以下优点（　　）。

A. 直径小，节省所占用的空间

B. 重量轻，易弯曲，易安装

C. 将串扰减至最小或加以消除

D. 具有阻燃性

E. 既可以传输模拟数据也可以传输数字数据

4. 国际上常用的制作双绞线的标准包括（　　）。

A. EIA/TIA 568A　B. EIA/TIA 568B　　C. EIA/TIA 568C　　D. EIA/TIA 568D

E. EIA/TIA 568E

5. 虽然双绞线与其他传输介质相比，在（　　）等方面均受到一定的限制，但仍是企业局域网中首选的传输介质。

A. 传输距离　　B. 信道宽度　　C. 数据传输速度　　D. 价格

E. 不良限制

6. 对于双绞线，用户最关心的是表征其性能的几个指标，这些指标包括（　　）。

A. 衰减　　B. 近端串扰　　C. 阻抗特性　　D. 分布电容
E. 直流电阻

三、判断题

1. 双绞线是由一对相互绝缘的金属导线绞合而成。采用这种方式，不仅可以抵御一部分来自外界的电磁波干扰，而且可以降低自身信号的对外干扰。（　）

2. 双绞线相邻线对的扭绞长度在 1.27cm 以上，一般扭线的越密其抗干扰能力就越弱。（　）

3. 屏蔽双绞线分为 STP 和 FTP（Foil Twisted-Pair），STP 指每条线都有各自的屏蔽层。（　）

4. 屏蔽层可减少辐射，防止信息被窃听，也可阻止外部电磁干扰的进入。（　）

5. EIA/TIA 568B 的线序定义依次为绿白、绿、橙白、蓝、蓝白、橙、棕白、棕。（　）

6. EIA/TIA 568A 的线序定义依次为橙白、橙、绿白、蓝、蓝白、绿、棕白、棕。（　）

7. 7 类线已达到 600 MHz，甚至 1.2GHz 的带宽和 10Gbit/s 的传输速率，支持千兆位以太网的传输。（　）

8. 由于 TIA 和 ISO 两组织经常进行标准制定方面的协调，所以 TIA 和 ISO 颁布的标准的差别不是很大。（　）

9. 5 类 4 对非屏蔽双绞线 它是美国线缆规格为 24 的实心裸铜导体，以氟化乙烯做绝缘材料，传输频率达 100MHz。（　）

10. 比起普通 5 类双绞线，超 5 类系统在 100MHz 的频率下运行时，为用户提供 8dB 近端串扰的余量，用户的设备受到的干扰只有普通 5 类线系统的 1/4。（　）

参考答案

单选题	1. D	2. C	3. D	4. B	5. A	6. B	7. D	8. D	9. D	10. A
	11. C	12. A	13. A	14. A	15. C					
多选题	1. DE	2. CDE	3. ABE	4. AB	5. ABC	6. ABCDE				
判断题	1. Y	2. N	3. Y	4. Y	5. N	6. N	7. Y	8. Y	9. Y	10. Y

任务 3

综合布线系统（多模光纤）安装与认证测试

该训练任务建议用3个学时完成学习及过程考核。

3.1 任务来源

光纤在传输过程中，光信号会衰减，而产生损耗。本任务就是测试主干多模光纤的损耗。

3.2 任务描述

综合布线系统（多模光纤）链路搭建，测试多模光纤布线系统的损耗。

3.3 能力目标

3.3.1 技能目标

完成本训练任务后，你应当能（够）：

1. 关键技能

- 能综合布线系统（多模光纤）链路搭建。
- 会光纤系统测试操作。
- 能绘制多模光纤链路测试图。

2. 基本技能

- 区分永久链路测试与信道测试。
- 使用 Link ware 软件。
- 用软件进行光纤布线系统测试报告输出。

3.3.2 知识目标

完成本训练任务后，你应当能（够）：

- 光纤尾纤的熔接知识。
- 了解光纤跳线的跳线。
- 对多种类型光缆的认知。
- 熟悉电缆认证测试仪 DTX-1800 的使用。

3.3.3 职业素质目标

完成本训练任务后，你应当能（够）：

- 剥光纤时，废除的玻璃光纤芯，及时放入专用垃圾桶，以免造成安全隐患。
- 敷设铜缆预留线头长度合理，太短不利于端接，过长将会导致资源浪费。
- 懂得从客户角度出发，做到布线施工美观、横平竖直、标识准确。

3.4 任务实施

3.4.1 活动一 知识准备

下列知识可以由学员自学或老师讲授完成。

（1）多模光纤的分类。

（2）多模光纤的特点。

（3）多模光纤的优势。

3.4.2 活动二 示范操作

1. 活动内容

远端信号源模式所需要的装置见图 3-1。选用多模光纤两条，多模光纤基准线两条，多模光纤测试模块（MFM2）两个。参照图 3-2 接线进行基准测试，再按照图 3-3 连接进行模式 B 测试，利用测试仪 DTX-1800 对光纤链路进行测试。

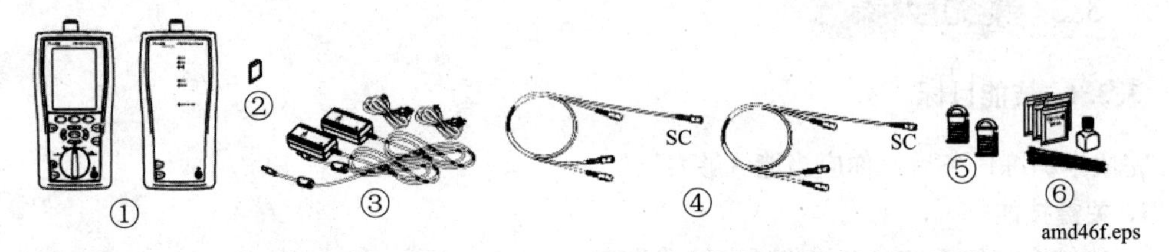

①带光缆模块和连接适配器的测试仪及智能远端。根据链路中所用连接器匹配连接适配器。

②内存卡(可选的)。

③两个带电源线的交流适配器(可选的)。

④基准测试线。匹配待测光缆。长端必须为SC连接器。至于其他连接器，要与链路中所用的连接器匹配。

⑤两个心轴。建议在使用DTX-MFM2模块测试多模光缆时使用。

⑥光纤清洁用品

图 3-1 远端信号源模式所需要的装置

2. 操作步骤

⋯➤ 步骤一：以智能远端模式进行自动测试（设置基准，测试多模光纤基准线）

- 在设置基准的光纤基准线连接时，带卷轴端插入测试仪的输出 OUT，任何时候此 OUT 都不要拔出来；同时将此带卷轴的另一端接远端测试仪的输入 IN。用此方法将两对基准线接好。
- 将测试仪调到设置挡（SETUP），选择“智能远端测试”；调回基准设置挡，选基准设置，点击 TEST 测试基准，基准设置完成。
- 将主机输入 IN 口的光纤拔出，插入带转轴一对光纤的非转轴光纤；远端机同样方式拔、插光纤；最后形成两对光纤分别在两个测试仪上。

• 调回设置挡 SETUP，设置“一个跳接”“两个适配器”“多模光纤”，设置完成；调到自动测试挡，点击 TEST，进行多模光纤测试，多模光纤测试完成。

• 用“智能远端”模式来测试与验证双重光纤布线，在此模式中，测试仪以单向或双向测量两根光纤上两个波长的损耗、长度及传播延迟。

• 开启测试仪及智能远端，等候 5min。如果模块使用前的保存温度高于或低于环境温度，则等待更长时间使模块温度稳定。

步骤二：设置基准

• 将旋转开关转至设置然后选择光纤损耗。设置光纤损耗选项卡下面的选项（按 C 键来查看其他选项卡）。

• 光缆类型：选择待测的光纤类型，多模。

• 测试极限：选择执行任务所需的测试极限值。按 F1 更多键来查看其他极限值列表。

• 远端端点设置：设置为智能远端。

• 双向：如果需要双向测试光纤，启用此选项。

• 适配器数目及熔接点数：输入将在设置参考后被添加至光纤路径的每个方向的适配器为 0，熔接数为 0。

• 连接器类型：选择用于待测布线的连接器类型。若未列出实际的连接器类型，请选择常规。

• 测试方法：指包含在损耗测试结果中的适配器数目。如果使用本手册所示的基准及测试连接，请选择模式 B。

步骤三：SPECIAL FUNCTIONS 设置

• 将旋转开关转至 SPECIAL FUNCTIONS；然后选择设置基准。如果同时连接了光缆模块和双绞线适配器或同轴电缆适配器，接下来选择光缆模块。

步骤四：基准测试

• 参照图 3-2 完成基准测试连接，设置基准屏幕画面会显示用于所选的测试方法，显示用于“模式 B”的连接。

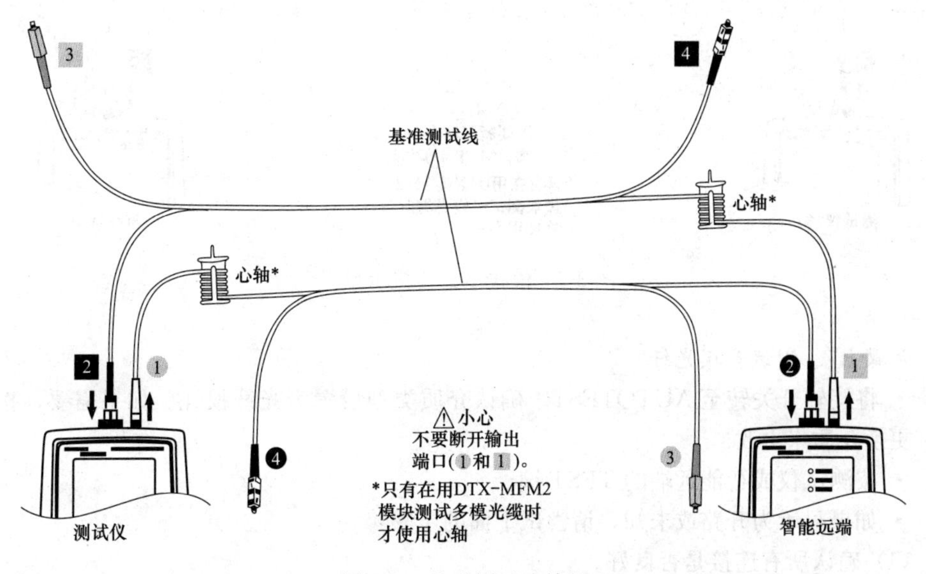

图 3-2 基准测试连接图

• 清洁测试仪及基准测试线上的连接器，连接测试仪及智能远端，然后按 TEST 键。

• 如果将基准测试线与测试仪或智能远端的输出端口断开，则必须重新设置基准以确保测量值有效。

步骤五：将旋转开关转至设置（设置基准，测试多模光纤）

• 选择光纤损耗，设置光纤损耗选项卡下面的选项（按 C 键来查看其他选项卡）。

• 光缆类型：选择待测的光纤类型多模。

• 测试极限：选择执行任务所需的测试极限值。按 F1 更多键来查看其他极限值列表。

• 远端端点设置：设置为智能远端。

• 双向：如果需要双向测试光纤，启用此选项。

• 适配器数目及熔接点数：输入将在设置参考后被添加至光纤路径的每个方向的适配器为 4，熔接数为 0。

• 连接器类型：选择用于待测布线的连接器类型。若未列出实际的连接器类型，请选择常规。

• 测试方法：指包含在损耗测试结果中的适配器数目。如果使用本手册所示的基准及测试连接，请选择模式 B。

步骤六：连接链路

• 清洁待测布线上的连接器，然后采用模式 B 连接链路，如图 3-3 所示。

• 测试仪显示用于所选测试方法的测试连接。

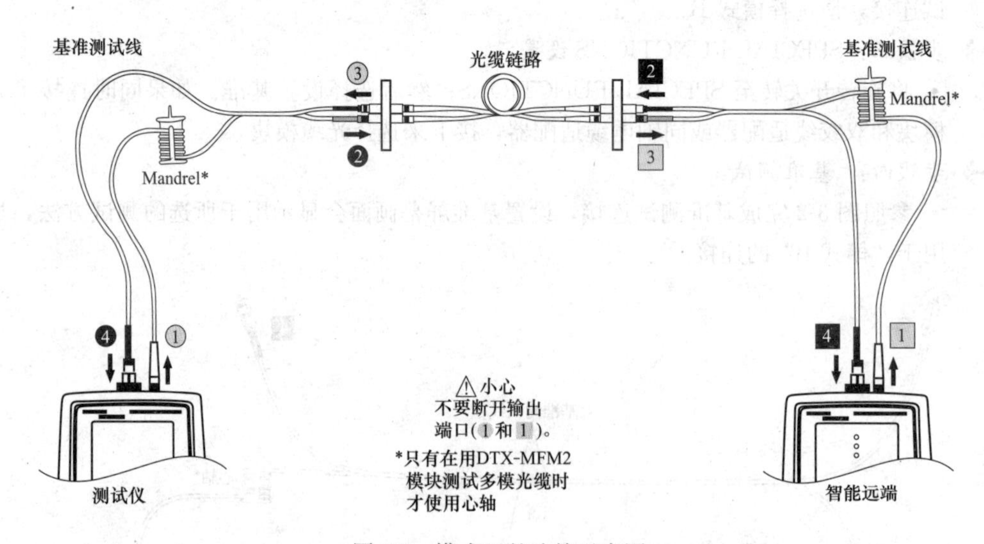

图 3-3 模式 B 的连接示意图

步骤七：测试多模光纤

• 将旋转开关转至 AUTOTEST。确认介质类型设置为光纤损耗。如果需要，按 F1 键更换介质来更改。

• 按测试仪或智能远端的 TEST 键。

• 如果显示为开路或未知，请尝试下面的步骤：

（1）确认所有连接是否良好。

（2）确认另一端的测试仪已开启（测试仪无法通过光纤模块激活远端的休眠中或电源已

关闭的测试仪）。

（3）在配线板上尝试各种不同的连接。

（4）尽量在一端改变连接的极性。

（5）请用视频错误定位器来确定光纤连通性问题。

（6）如果启用了双向测试，测试仪提示要在测试半途切换光纤。切换布线两端点的配线板或适配器（而不是测试仪端口）的光纤。

（7）要保存测试结果，按 SAVE 键，选择或建立输入光线的光纤标识码；然后按 SAVE 键。选择或建立输出光线的光纤标识码；然后再按一下 SAVE 键。

3.4.3 活动三　能力提升

选用多模光纤两条，多模光纤基准线两条，多模光纤测试模块（MFM2）两个。然后根据要求确定光纤测试为 B 模式；利用测试仪 DTX-1800 对光纤链路进行测试和解读测试数据。

注意事项：

（1）使用测试仪 DTX-1800 时，不要将激光对着人的眼睛，激光会伤害眼睛。

（2）在安装、拆卸和接线等操作时，为避免不当操作，对设备设施造成破坏。

3.5 效果评价

评价标准详见附录。

3.6 相关知识与技能

3.6.1 概述

多模光纤容许不同模式的光于一根光纤上传输，由于多模光纤的芯径较大，故可使用较为廉价的耦合器及接线器，多模光纤的纤芯直径为 50～100μm。

为适应网络通信的需要，20 世纪 70 年代末至 80 年代初，各国大力开发大芯径大数值孔径多模光纤（又称数据光纤）。当时国际电工委员会推荐了四种不同芯/包尺寸的渐变折射率多模光纤即 A1a、A1b、A1c 和 A1d。它们的纤芯/包层直径（μm）/数值孔径分别为 50/125/0.200、62.5/125/0.275、85/125/0.275 和 100/140/0.316。总体来说，芯/包尺寸大则制作成本高、抗弯性能差，而且传输模数量增多，带宽降低。100/140μm 多模光纤除上述缺点外，其包层直径偏大，与测试仪器和连接器件不匹配，很快便不在数据传输中使用，只用于功率传输等特殊场合。85/125μm 多模光纤也因类似原因被逐渐淘汰。图 3-4 所示为多模光纤跳线和光纤收发器，光纤收发器按所需光纤分类有单纤光纤收发器和双纤光纤收发器。

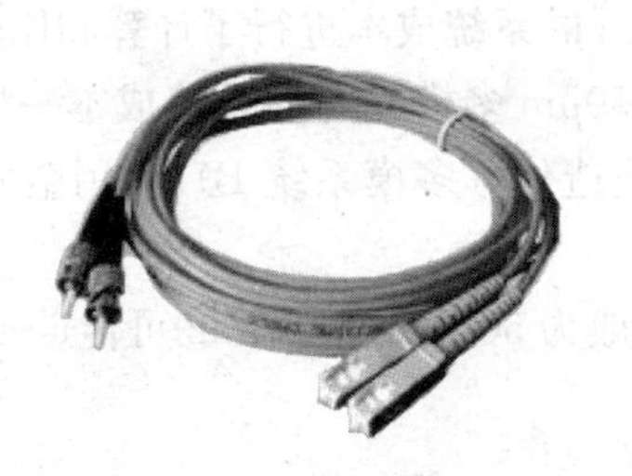
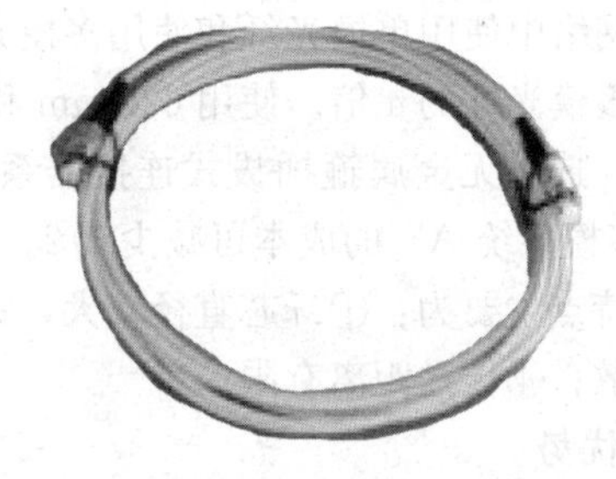

图 3-4　多模光纤跳线和光纤收发器（一）

图 3-4 多模光纤跳线和光纤收发器（二）

1. 多模光纤分类

基本上有两种多模光纤，一种是梯度型（graded）；另一种是阶跃型（stepped）。对于梯度型（graded）光纤来说，芯的折射率（refraction index）于芯的外围最小而逐渐向中心点不断增加，从而减少讯号的模式色散，而对阶跃型光缆来说，折射率基本上是平均不变，而只有在包层（cladding）表面上才会突然降低。阶跃型光纤一般较梯度型光纤的带宽低。在网络应用上，最受欢迎的多模光纤为 62.5/125，62.5/125 意指光纤芯径为 62.5μm 而包层直径为 125μm，其他较为普通的为 50/125 及 100/140。

2. 多模光纤对比

相对于双绞线，多模光纤能够支持较长的传输距离，在 10Mbit/s 及 100Mbit/s 的以太网中，多模光纤最长可支持 2000m 的传输距离，而于 1Gbit/s 千兆网中，多模光纤最高可支持 550m 的传输距离，在 10Gbit/s 万兆网中，多模光纤 OM3 可到 300m，OM4 可达 500m。

3. 多模光纤选用指南

多模光纤的芯线标称直径规格为 62.5μm/125μm 或 50μm/125μm。规格（芯数）有 2、4、6、8、12、16、20、24、36、48、60、72、84、96 芯等。线缆外护层材料有普通型、普通阻燃性、低烟无卤型及低烟无卤阻燃型等。

4. 多模光纤特点

多模光纤比单模光纤芯径粗，数值孔径大，能从光源耦合更多的光功率。网络中连接器、耦合器用量大，单模光纤无源器件比多模光纤贵，而且相对精密、允差小，操作不如多模器件方便可靠。单模光纤只能使用激光器（LD）作光源，其成本比多模光纤使用的发光二极管（LED）高很多。尤其是网络规模小，单位光纤长度使用光源个数多，干线中可能几百千米用一个光源，而十几千米甚至几千米的每个网络各有独立的光源。如果网络使用单模光纤配用激光器，网络总体造价会大幅度提高。垂直腔面发射激光器（VCSEL）已商用，价格与 LED 接近，其圆形的光束断面和高的调制速率正好补偿了 LED 的缺点，使多模光纤在网络中应用更添生机。从上述分析不难看到，认为单模光纤带宽高、损耗小，在网络中使用可以“一次到位”的考虑是不全面的。康宁公司对网络中使用单模光纤和使用多模光纤的系统成本进行了计算和比较，使用单模光纤的网络成本是多模光纤的 4 倍。使用 62.5μm 和 50μm 多模光纤的系统成本一样，区别在于不同种类的连接器。选用无金属箍插拔式连接器系统造价（多模系统 B）比用金属箍旋接的连接器，如 FC 型（多模系统 A）的成本可减少 1/2。

多模光纤的特点主要为：①纤芯直径较大，一般为 50、62.5μm；②可传送多种模式的光波；③会产生光的色散；④传送距离有限。

5. 多模光纤优势

62.5μm 芯径多模光纤比 50μm 芯径多模光纤芯径大、数值孔径高，能从 LED 光源耦合入更多的光功率，因此 62.5/125μm 多模光纤首先被美国采用为多家行业标准。如 AT&T 的室内配线系统标准、美国电子工业协会（EIA）的局域网标准、美国国家标准研究所（ANSI）的 100Mbit/s 令牌网标准、IBM 的计算机光纤数据通信标准等。

50/125μm 多模光纤主要在日本、德国作为数据通信标准使用，至今已有 18 年历史。但由于北美光纤用量大和美国光纤制造及应用技术的先导作用，包括我国在内的多数国家均将 62.5/125μm 多模光纤作为局域网传输介质和室内配线使用。自 20 世纪 80 年代中期以来，62.5/125μm 光纤几乎成为数据通信光纤市场的主流产品。

6. 多模光纤类型

新一代多模光纤是一种 50/125μm，渐变折射率分布的多模光纤。采用 50μm 芯径是因为这种光纤中传输模的数目大约是 62.5μm 多模光纤中传输模的 1/2.5。这可有效降低多模光纤的模色散，增加带宽。对 850nm 波长，50/125μm 比 62.5/125μm 多模光纤带宽可增加三倍。按 IEEE802.3z 标准推荐，在 1Gbit/s 速率下，62.5μm 芯径多模光纤只能传输 270m；而 50μm 芯径多模光纤可传输 550m。实际上最近的实验证实：使用 850nm 垂直腔面发射激光器（VCSEL）作光源，在 1Gbit/s 速率下，50μm 芯径标准多模光纤可无误码传输 1750m（线路中含 5 对连接器），50μm 芯径新一代多模光纤可无误码传输 2000m（线路中含 2 对连接器）。

采用 50μm 芯径的另一个原因是以前人们看中 62.5μm 芯径多模光纤的优点，随技术的进步已变得无关紧要。在 20 世纪 80 年代初中期，LED 光源的输出功率低，发散角大，连接器损耗大，使用芯径和数值孔径大的光纤以使尽多光功率注入是必须考虑的。而当时似乎没人想到局域网速率可能会超过 100Mbit/s，即多模光纤的带宽性能并不突出，尤其是使用了 VCSEL，光功率注入已不成问题。芯径和数值孔径已不再像以前那么重要，而 10Gbit/s 的传输速率成了主要矛盾，可以提供更高带宽的 50μm 芯径多模光纤则备受青睐。

7. 多模光纤光源

以往传统的多模光纤网络使用发光二极管（LED）做光源。在低速网络中这是一种经济合理的选择。但二极管是自发辐射发光，激光器是受激发射发光，前者载流子寿命比后者长，因而二极管的调制速率受到限制，在千兆比及其以上网络中无法使用。另外，二极管与激光器相比，其光束发散角大，光谱宽度宽。注入多模光纤后，激励起更多的高次模，引入更多波长成分，使光纤带宽下降。幸运的是 850nm 垂直腔面发射激光器（VCSEL）不但具有上述激光器的优点，而且价格与 LED 基本相同。VCSEL 的其他优点是：阈值电流低，可以不经放大，直接用逻辑门电路驱动，在 2Gbit/s 速率下，获得几毫瓦的输出功率；其 850nm 的发射波长并不适用于标准单模光纤，正好用于多模光纤。在这一波长下，可以使用廉价的硅探测器并有良好的高频响应；另一个令人瞩目的优点是 VCSEL 的制造工艺可以容易地控制发射光功率的分布，这对提高多模光纤带宽十分有利。正是由于这些优点，新一代多模光纤标准将采用 850nm VCSEL 做光源。

8. 多模光纤带宽

按上面叙述的激光器与发光管的比较来看，多模光纤使用激光器做光源，其传输带宽应得到大幅度提高。但初步实验结果表明，简单地用激光器代替 LED 做光源，系统的带宽不仅没有提高反而降低。经过 IEEE 专家组的研究发现，多模光纤的带宽还与光纤中的模功率分布或注入状态有关。在预制棒制作工艺中，光纤的轴心容易产生折射率凹陷。以前用 LED 做光源，是过满注入（Over Filled Launch，OFL），光纤的全部模式（几百个）都被激励，每个模携带自己的一部分功率。光纤中心折射率的畸变只影响少数模式的时延特性，对光纤模带宽的影响相对有限。所测出的多模光纤带宽，对于用 LED 做光源的系统是正确的。也就是说可以用这样测出的带宽数据估算系统的传输速率和距离。但是，当用激光器做光源时，激光器的光斑仅几微米，发散角也比 LED 小，因而只激励在光纤中心传输的少数模式，每个模式都携带相当大的一部分功率，光纤中心折射率畸变对这些仅有的、少数模式时延特性的影响，使多模光纤带宽明显下降。因此不能用传统的过满注入（OFL）方法来测量用激光器做光源的多模光纤的带宽。

新标准将使用限模注入法（Restricted Mode Launch，RML）测量新一代多模光纤的带宽。用这种方法测出的带宽叫“激光器带宽”或“限模带宽”，以前用 LED 做光源测出的带宽叫“过满注入带宽”。两者分别表示用激光器和 LED 做光源注入时的多模光纤带宽。限模注入和多模光纤激光器带宽的标准由 TIA FO-2.2.1 任务组起草。内容如下：

FOTP-203 规定了用来测量多模光纤激光器带宽的光源的功率分布。要求光源经过一段短的多模光纤耦合之后，其近场强度分布应满足在中心 30μm 范围内光通量大于 75%，在中心 9μm 范围内光通量大于 25%。新标准中没有推荐使用 VCSEL 做光源对带宽进行测量，这是考虑到不同厂家 VCSEL 的光功率分布差别很大。

FOTP-204 规定使用限模光纤将光源耦合入多模光纤进行激光器带宽测量。限模光纤用来对过满注状态进行滤波，限制对多模光纤高次模的激励。限模光纤是一段芯径 23.5μm，数值孔径 0.208 的渐变折射率多模光纤。这种多模光纤折射率梯度指数接近于 2。在 850nm 和 1300nm 过满注入条件下应有大于 700MHz · km 的带宽。限模光纤的长度应大于 1.5m 以消除泄漏模，并小于 5m 以避免瞬态损耗。选取芯径 23.5μm 是因为其产生的注入状态最接近 VCSEL。

9. 光源注入介绍

在实际使用中，激光器与多模光纤耦合可依照 Gbit/s 以太网标准推荐的方法。

（1）偏置注入。为避免上述激光器直接注入多模光纤出现的带宽恶化情况，标准规定使用模式调节连线（Mode Conditioning Patch Cord，MCP）将激光器输出耦合入多模光纤。模式调节连线是一段短的单模光纤，它的一端与激光器耦合，另一端与多模光纤耦合。标准规定单模光纤输出光斑故意偏离多模光纤轴心一段距离，允许偏离的范围是 17～24μm，其目的是避开中心折射率凹陷，但又不偏离太远，只是选择性地激励一小组较低次模。

（2）中心注入。对折射率分布理想，没有中心凹陷的多模光纤可以使用中心注入而不用模式调节连线。这样做的优点是可以有效提高多模光纤的激光器带宽，减少网络系统的复杂性和降低系统成本。

10. 单多模区别

（1）单模传输距离远多模。

（2）单模传输带宽大。

（3）单模不会发生色散，质量可靠。

（4）单模通常使用激光作为光源，贵，而多模通常用便宜的 LED。

（5）单模价格比较高。

（6）多模价格便宜，近距离传输可以。

11. 多模光纤后续发展

近几年随局域网传输速率不断升级，50μm 芯径多模光纤越来越引起人们的重视。自 1997 年开始，局域网向 1Gbit/s 发展，以 LED 作光源的 62.5/125μm 多模光纤几百兆的带宽显然不能满足要求。与 62.5/125μm 相比，50/125μm 光纤数值孔径和芯径较小，带宽比 62.5/125μm 光纤高，制作成本也可降低 1/3。因此，各国业界纷纷提出重新启用 50/125μm 多模光纤。经过研究和论证，国际标准化组织制订了相应标准。但考虑到过去已有相当数量的 62.5/125μm 多模光纤在局域网中安装使用，IEEE802.3z 千兆比特以太网标准中规定 50/125μm 和 62.5/125μm 多模光纤都可以作为 1GMbit/s 以太网的传输介质使用。但对新建网络，一般首选 50/125μm 多模光纤。

50/125μm 多模光纤的重新启用，改变了 62.5/125μm 多模光纤主宰多模光纤市场的局面。遵照上述标准，康宁公司 1998 年 9 月宣布推出两种新的多模光纤。第一种为 InfiniCor300 型，按 62.5/125μm 标准，可在 1Gbit/s 速率下，850nm 波长传输 300m，1300nm 波长传输 550m。第二种是 InfiniCor600 型，按 50/125μm 标准，在 1Gbit/s 速率下，850nm 波长和 1300nm 波长均可传输 600m。

3.6.2 多模光纤认证测试

1. 光缆长度划分

为了更好地执行本规范，现将相关标准对于布线系统在网络中的应用情况，在表 3-1、表 3-2 中分别列出光纤在 100M、1G、10G 以太网中支持的应用传输距离，仅供设计者参考。

表 3-1　　100M、1G 以太网中光纤的应用传输距离

光纤类型	应用网络	光纤直径/μm	波长/nm	带宽/MHz	应用距离/m
多模	100BASE-FX				2000
	1000BASB-SX	62.5	850	160	220
	1000BASE-LX			200	275
				500	550
	1000BASE-SX	50	850	400	500
				500	550
	1000BASE-LX		1300	400	550
				500	550
单模	1000BASE-LX	＜10	1310		5000

表 3-2　　10G 以太网中光纤的应用传输距离

光纤类型	应用网络	光纤直径/μm	波长/nm	模式带宽/(MHz·km)	应用范围/m
多模	10GBASE-S	62.5	850	160/150	26
				200/500	33
				400/400	66
		50		500/500	82
				2000	300
	10GBASBLx4	62.5	1300	500/500	300
		50		400/400	240
				500/500	300
单模	10GBASE-L	＜10	1310		1000
	10GBASE-E		1550		30000～40000
	10GBASE-LX4		1300		1000

2. 光纤系统指标

（1）各等级的光纤信道衰减值应符合表 3-3 的规定。

表 3-3　　信 道 衰 减 值　　dB

信道	多模		单模	
	850nm	1300nm	1310nm	1550nm
OF 300	2.55	1.95	1.80	1.80
OF 500	3.25	2.25	2.00	2.00
OF 2000	8.50	4.50	3.50	3.50

（2）光缆标称的波长，每千米的最大衰减值应符合表3-4的规定。

表3-4　　最大光缆衰减值　　dB/km

项目	OM1，OM2及OM3多模		OS1单模	
波长/nm	850	1300	1310	1550
衰减	3.5	1.5	1.0	1.0

（3）多模光纤的最小模式带宽应符合表3-5的规定。

表3-5　　多模光纤的最小模式带宽

光纤类型	光纤直径/μm	最小模式带宽（MHz·kin）		
		过量发射带宽		有效光发射带宽
		波长		
		850nm	1300nm	850nm
OMl	50或62.5	200	500	
OM2	50或62.5	500	500	
OM3	50	1500	500	2000

3. 测试光源

至于常用光源的选择，一般单模光纤使用典型的1310/1550nm激光光源，多模光纤使用典型的850/1300nm LED光源。应用型测试则选择应用性光源，比如1G和10G以太网大量使用的850nm波长的VECSEL准激光光源来进行测试。

4. 光纤布线系统的一类测试

在现场进行的光纤链路验收测试大家都习惯使用“衰减值”或者“损耗”来判断被测链路的安装质量，多数情况下这是非常有效的方法。在ISO 11801、TIA 568B和GB 50312等常用标准中都倾向于使用这种被称作“一类测试”的方法，特点是：测试参数包含“损耗和长度”两个指标，并对测试结果进行“通过/失败”的判断。一类测试只关心光纤链路的总衰减值是否符合要求，并不关心链路中可能影响误码率的连接点（连接器、熔接点、跳线等）的质量，测试的对象主要是低速光纤布线链路（千兆及以下）。一类测试通常分为“通用型测试”和“应用型测试”。通用型测试关注光纤本身的安装质量，通常不对光纤的长度做出精确规定；而应用型测试则更关注当前选择的某项应用是否能被光纤链路所支持，通常都有光纤链路长度的限制。

5. 光纤链路的二类测试

二类测试又叫扩展的光纤链路测试。当链路中有不合格器件，而链路总损耗却符合要求的情况下，高速链路中的误码率就很有可能达不到要求，甚至完全无法开通链路。光纤安装调试完成后，有的用户希望了解光纤链路的衰减值和真实准确的链路结构（比如：链路的总损耗值是多少、链路中有几根跳线、几个交叉连接、几个熔接点、几段光纤、各段真实长度是多少等），在向高速光纤链路升级的过程中，为评估连接点、熔接点的质量，也提出了对于二类测试的更高需求。

6. 测试条件

为了保证布线系统测试数据准确可靠，对测试环境有着严格规定。

（1）测试环境。综合布线最小模式带宽测试现场应无产生严重电火花的电焊、电钻和产生强磁干扰的设备作业，被测综合布线系统必须是无源网络、无源通信设备。

（2）测试温度。综合布线测试现场温度应为20～30℃，湿度宜为30%～80%，由于衰减指标的测试受测试环境温度影响较大，当测试环境温度超出上述范围时，需要按有关规定对测试标准和测试数据进行修正。

7. 光纤链路测试 B 模式

先按图 3-5 方式测出 P_o，并将其归零。然后按图 3-6 所示的方式接入被测光纤链路，测得接收光功率 P_i（损耗值）。图 3-6 被称作改进的 B 模式/改进的测试方法 B。

重要提示：B 模式包含被测光纤本身及其两端连接器的等效衰减值。B 模式测试误差最小，工程上经常推荐使用这种测试模式。补偿光纤（一般 0.3m）的衰减可忽略不计。

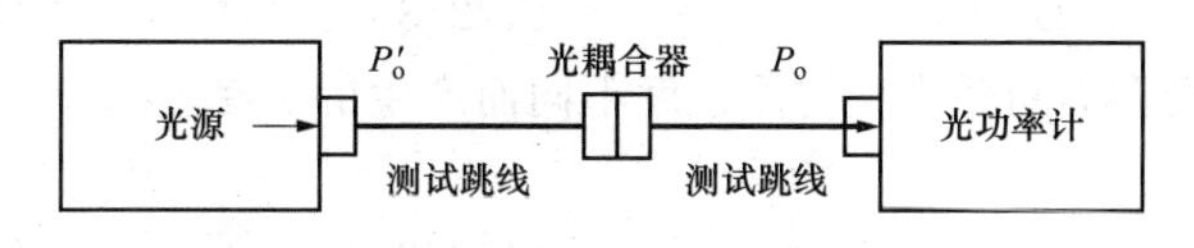

图 3-5　测出 P_o 的接线图

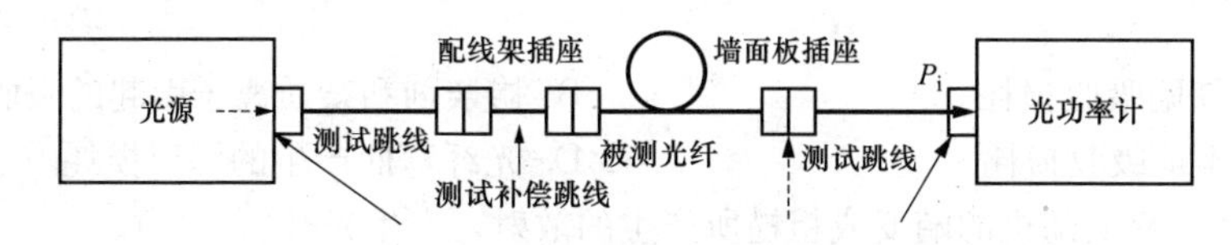

图 3-6　改进的 B 模式/改进的测试方法 B 接线图

8. Linkware 软件

测试仪随附的 LinkWare™ Cable Test Management（缆线测试管理）软件可用于执行下面的步骤。

（1）将测试数据记录上载至 PC。

（2）查看测试结果。

（3）将 ANSI/TIA/EIA-606-A 管理信息添加至数据记录。

（4）整理、定制及打印专业质量的测试报告。

（5）更新测试仪软件。

（6）创建数据并将数据下载到 DTX，包括设置数据、线缆 ID 列表。

（7）校准永久链路适配器（DTX-PLA002 适配器需要 DTX-PLCAL 套件，DTX-PLA001 适配器需要 DSP-PLCAL 套件）。

（8）在测试仪之间传送自定义极限值。

一、单选题

1. 多模光纤的纤芯直径为（　　）。

A. 10～50μm　　B. 10～100μm　　C. 100～150μm　　D. 50～100μm

2. 对于（　　）光纤来说，芯的折射率（refraction index）于芯的外围最小而逐渐向中心点不断增加，从而减少信号的模式色散。

A. 梯度型　　B. 阶跃型　　C. 多模　　D. 单模

3. 在 10Gbit/s 万兆网中，多模光纤 OM4 可达（　　）。

A. 2000m　　B. 550m　　C. 300m　　D. 500m

4. 按 IEEE802.3z 标准推荐，在 1Gbit/s 速率下，62.5μm 芯径多模光纤只能传输 270m；而 50μm 芯径多模光纤可传输（　　）m。

A. 150　　B. 400　　C. 450　　D. 550

5. 在空气中，光的速度为（　　），而在介质中光传播速度会降低。

A. 1×10^8m/s　　B. 2×10^8m/s　　C. 3×10^8m/s　　D. 4×10^8m/s

6. 折射现象是因光在不同介质跌传播速度不同而产生的，在宝石中，光速大约是空气中光速的（　　）。

A. 1/5　　B. 2/5　　C. 2/3　　D. 3/4

7. 折射现象是因光在不同介质跌传播速度不同而产生的，在玻璃中，光速大约是空气中光速的（　　）。

A. 1/5　　B. 2/5　　C. 2/3　　D. 3/4

8. 光纤材料由于受热或强烈的辐射，它会受激而产生原子的缺陷，造成对光的吸收，产生光纤（　　）。

A. 原子缺陷吸收损耗　　B. 掺杂剂和杂质离子引起的吸收损耗

C. 物质本征吸收损耗　　D. 光纤弯曲产生的辐射损耗

9. 这是由于交界面随机的畸变或粗糙所产生的散射，产生光纤（　　）。

A. 波导散射损耗　　B. 掺杂剂和杂质离子引起的吸收损耗

C. 物质本征吸收损耗　　D. 光纤弯曲产生的辐射损耗

10. 可传播多种模式电磁波的光纤是（　　）。

A. 单模光纤　　B. 多模光纤　　C. 光缆　　D. 尾纤

11. 只能传导单一基模的光纤是（　　）。

A. 多模光纤　　B. 单模光纤　　C. 光缆　　D. 尾纤

12. （　　）是指光纤每单位长度上的衰减，单位为 dB/km。其高低直接影响传输距离或中继站间隔距离的远近，因此，了解并降低其对光纤通信有着重大的现实意义。

A. 光速　　B. 光纤折射　　C. 光纤散射　　D. 光纤损耗

13. （　　）执行此项功能主要用在接续损耗增大的时候。因熔接机的放电强度及时间会根据电极的使用时间、外间环境的改变而有所变化，所以我们要选择合适的参数，执行这项检查，其参数将会自动的最优化，以方便客户的操作、保证熔接质量。

A. 放电检查　　B. 电极维护　　C. 光纤熔接　　D. 光纤切割

14. 影响光纤接续损耗的非本征因素即接续技术是（　　）。

A. 轴心错位　　B. 轴心倾斜　　C. 端面分离　　D. 端面质量

15. （　　）又称为验收测试，是所有测试工作中最重要的环节，是在工程验收时对布线系统的全面检验，是评价综合布线工程质量的科学手段。

A. 验证测试　　B. 认证测试　　C. 自我认证测试　　D. 第三方认证测试

二、多选题

1. 多模光纤的芯线标称直径规格为（　　）。

A. 62.5μm/125μm　　B. 50μm/125μm

C. 40μm/125μm　　D. 30μm/125μm

E. 20μm/125μm

2. 光纤线缆外护层材料有（　　）。

A. 普通型　　B. 普通阻燃性　　C. 低烟无卤型　　D. 低烟无卤阻燃型

E. 所料型

3. 国际电工委员会推荐了不同芯/包尺寸的渐变折射率多模光纤（　　）。

A. A1a　　B. A1b　　C. A1c　　D. A1d

E. Acd

4. 纤芯/包层直径（μm）/数值孔径分别为（　　）。

A. 50/125/0.200　　B. 62.5/125/0.275　　C. 85/125/0.275　　D. 100/140/0.316

E. 50/140/0.316

5. InfiniCor600 型，按 50/125μm 标准，在 1Gbit/s 速率下，（　　）均可传输 600m。

A. 850nm 波长　　B. 1300nm 波长　　C. 1850nm 波长　　D. 11300nm 波长

E. 13000nm 波长

6. 现代通信传输中使用的光纤光缆的优点（　　）。

A. 损耗低　　B. 频带宽　　C. 线径细　　D. 重量轻

E. 易弯曲

三、判断题

1. 传输速率低和传输距离短正好可以利用多模光纤带宽特性和传输损耗不如单模光纤的特点。（　　）

2. 单模光纤比单模光纤芯径粗，数值孔径大，能从光源耦合更多的光功率。（　　）

3. 单模光纤无源器件比多模光纤贵，而且相对精密、允差小，操作不如多模器件方便可靠。（　　）

4. 单模光纤只能使用激光器（LD）作光源，其成本比多模光纤使用的发光二极管（LED）高很多。（　　）

5. 新一代多模光纤是一种 50/125μm，渐变折射率分布的多模光纤。（　　）

6. 光纤是由玻璃、塑料和晶体等对某个波长范围透明的材料制造的能传输光的纤维。（　　）

7. 多模光纤可传播多种模式电磁波的光纤。（　　）

8. 表征单模光纤除了用与多模光纤相同的一些传输性能指标和结构指标外，还应包括截止波长、零色散波长和模斑尺寸。（　　）

9. 光纤的主要材料为石英玻璃，其比重只为铜的 1/2，成缆之后也很轻，便于敷设施工。（　　）

10. 光纤损耗是指光纤每单位长度上的衰减，单位为 dB/km。（　　）

参考答案

单选题	1. D	2. A	3. D	4. D	5. C	6. B	7. C	8. A	9. A	10. B
	11. B	12. D	13. A	14. D	15. B					
多选题	1. AB	2. ABCD	3. ABCD	4. ABCD	5. AB	6. ABCD				
判断题	1. Y	2. N	3. Y	4. Y	5. Y	6. Y	7. Y	8. Y	9. N	10. Y

任务 4

光电转换连接与通信验证

该训练任务建议用3个学时完成学习及过程考核。

4.1 任务来源

在以太网电缆无法覆盖、必须使用光纤来延长传输距离的实际网络环境中，且通常定位于宽带城域网的接入层应用；同时在帮助把光纤最后一公里线路连接到城域网和更外层的网络上。

4.2 任务描述

用双绞线跳线和光纤跳线来搭建光电转换链路，用计算机测试链路网路属性。

4.3 能力目标

4.3.1 技能目标

完成本训练任务后，你应当能（够）：

1. 关键技能

- 会搭建光电转换连接与通信链路。
- 会光纤跳线选择与测试。
- 会观察光电转换通信结果。

2. 基本技能

- 了解电缆和光缆的检查方法与参数要求。
- 双绞线远距离的传输要求。
- 计算机IP地址的设置要求。
- 交换机的工作原理。

4.3.2 知识目标

完成本训练任务后，你应当能（够）：

- 了解光电转换原理及其相关知识。
- 掌握计算机PING命令的使用。
- 了解光纤跳线制作要求。

• 了解双绞线网络跳线制作要求。

4.3.3 职业素质目标

完成本训练任务后，你应当能（够）:

• 各种线缆按照敷设距离最短、抗干扰能力最强、保护效果最好、美观且便于检修等原则敷设。

• 遵守系统布线标准规范，养成严谨科学的工作态度。

4.4 任务实施

4.4.1 活动一 知识准备

下列知识可以由学员自学或老师讲授完成。

(1) 光电转换器的作用。

(2) 计算机 Ping 命令使用方法及相关参数的含义。

(3) 光电转换链路系统结构框图。

4.4.2 活动二 示范操作

1. 活动内容

根据光电转换链路的系统原理图和实物连接图，制作网络跳线、制作光纤跳线，搭建光电转换链路并测试，如图 4-1 所示。通过本任务掌握光电转换器的作用。

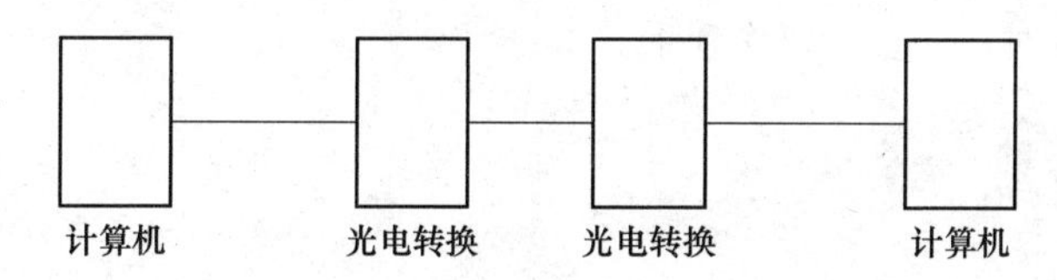

图 4-1 光电链路系统原理图

2. 操作步骤

➜ 步骤一： 制作双绞线网络跳线

➜ 步骤二： 检测双绞线网络跳线导通性

➜ 步骤三： 检测光纤跳线导通性

➜ 步骤四： 光电链路搭建与测试

• 按照图 4-2 搭建光电链路。

➜ 步骤五： 设置计算机的网络属性

• 分别设置两台计算机网络属性，保证两台计算机的 IP 地址在同一个段上（见图 4-3）。

➜ 步骤六： 光电链路测试

• 在计算机的运行里，使用 Ping 命令，两台计算机互相 Ping 对方的 IP 地址，如果网络通信错误，则显示 Request timed out。

• 检查光电链路的线缆连接是否正确，测试网络跳线和光纤跳线是否正常，并检查计算机的网络属性是否正确。

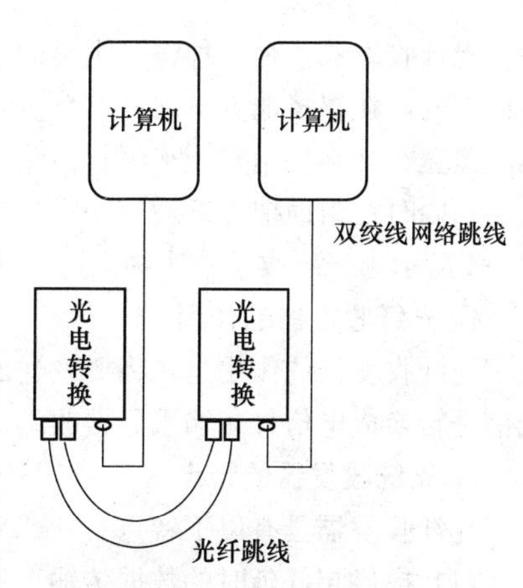

图 4-2 光电转换链路系统结构框图

如果能够 Ping 对方计算机，则显示网络通信正常（见图 2-9）。

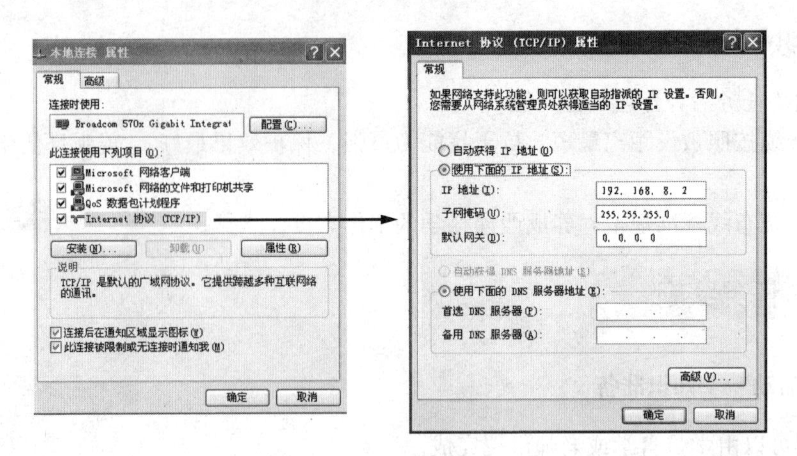

图 4-3　网络属性设置

4.4.3 活动三　能力提升

根据光电转换链路的系统原理图和实物连接图，制作网络跳线、制作光纤跳线，并通过计算机来搭建并测试光电转换链路。通过本任务掌握光电转换器的作用。

注意事项：

（1）裸光纤注意保持清洁，不要直接用手接触和直接放在工作台面上。这样才可以保证磨接后，光纤损耗达到规定要求。

（2）剥光纤保护皮时，注意不要伤到手。

4.5 效果评价

评价标准详见附录。

4.6 相关知识与技能

4.6.1 光纤收发器

光纤收发器，是一种将短距离的双绞线电信号和长距离的光信号进行互换的以太网传输媒体转换单元，在很多地方也被称之为光电转换器（Fiber Converter）。产品一般应用在以太网电缆无法覆盖、必须使用光纤来延长传输距离的实际网络环境中，且通常定位于宽带城域网的接入层应用；同时在帮助把光纤最后一千米线路连接到城域网和更外层的网络上也发挥了巨大的作用。图 4-4 所示为光纤收发器实物。

1. 光纤收发器的作用

光纤收发器的作用是，将要发送的电信号转换成光信号，并发送出去，同时，能将接收到的光信号转换成电信号，输入到接收端。

2. 光纤收发器的特点

光纤收发器具有以下特点。

（1）提供超低延时的数据传输。

（2）对网络协议完全透明。

图 4-4 光纤收发器实物

(3) 采用专用 ASIC 芯片实现数据线速转发。

(4) 机架型设备可提供热拔插功能，便于维护和无间断升级。

(5) 可网管设备能提供网络诊断、升级、状态报告、异常情况报告及控制等功能，能提供完整的操作日志和报警日志。

(6) 设备多采用 1+1 的电源设计，支持超宽电源电压，实现电源保护和自动切换。

(7) 支持超宽的工作温度范围。

(8) 支持齐全的传输距离（0～120km）

3. 光纤收发器分类

(1) 按光纤性质分类。按光纤性质可分为单模光纤收发器与多模光纤收发器。单模光纤收发器的传输距离为 20～120km。多模光纤收发器的传输距离 2～5km。

如 5km 光纤收发器的发射功率一般为－20～－14dB，接收灵敏度为－30dB，使用 1310nm 的波长；而 120km 光纤收发器的发射功率多为－5～0dB，接收灵敏度为-38dB，使用 1550nm 的波长。

(2) 按所需光纤分类。按所需光纤可分为单纤光纤收发器和双纤光纤收发器。单纤光纤收发器接收发送的数据在一根光纤上传输，其网络连接图如图 4-5 所示。双纤光纤收发器接收发送的数据在一对光纤上传输，其网络连接图如图 4-6 所示。

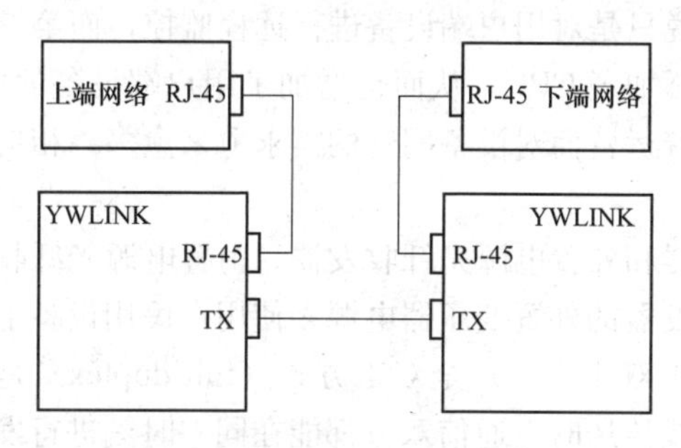

图 4-5 单纤收发器网络连接图

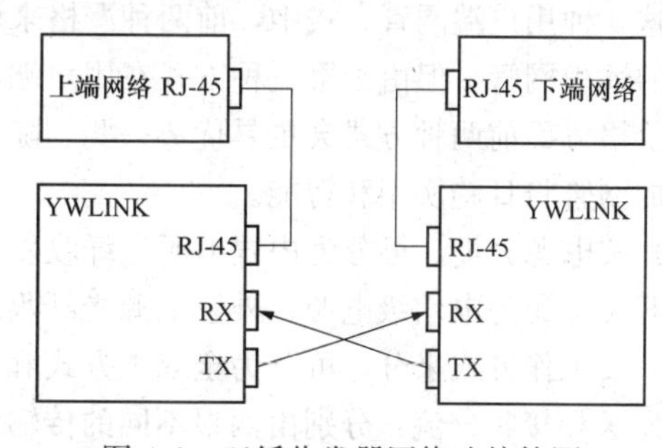

图 4-6 双纤收发器网络连接简图

顾名思义，单纤设备可以节省一半的光纤，即在一根光纤上实现数据的接收和发送，在光纤资源紧张的地方十分适用。这类产品采用了波分复用的技术，使用的波长多为 1310nm 和 1550nm。但由于单纤收发器产品没有统一国际标准，因此不同厂商产品在互联互通时可能会存在不兼容的情况。另外由于使用了波分复用，单纤收发器产品普遍存在信号衰耗大的特点。

(3) 按工作层次/速率分类。

100M 以太网光纤收发器：工作在物理层。

10/100M 自适应以太网光纤收发器：工作在数据链路层。

按工作层次/速率来分，可以分为单10M、100M的光纤收发器、10/100M自适应的光纤收发器和1000M光纤收发器。其中单10M和100M的收发器产品工作在物理层，在这一层工作的收发器产品是按位来转发数据。该转发方式具有转发速度快、通透率高、时延低等方面的优势，适合应用于速率固定的链路上，同时由于此类设备在正常通信前没有一个自协商的过程，因此在兼容性和稳定性方面做得更好。

（4）按结构分类。按结构来分，可以分为桌面式（独立式）光纤收发器和机架式光纤收发器。桌面式（独立式）光纤收发器为独立式用户端设备。机架式（模块化）光纤收发器安装于十六槽机箱，采用集中供电方式。

（5）按管理类型分类。可分为非网管型光纤收发器和网管型光纤收发器。非网管型以太网光纤收发器即插即用，通过硬件拨码开关设置电口工作模式。网管型以太网光纤收发器支持电信级网络管理。

大多数运营商都希望自己网络中的所有设备均能做到可远程网管的程度，光纤收发器产品与交换机、路由器一样也逐步向这个方向发展。对于可网管的光纤收发器还可以细分为局端可网管和用户端可网管。局端可网管的光纤收发器主要是机架式产品，多采用主从式的管理结构，即一个主网管模块可串联N个从网管模块，主网管模块一方面需要轮询自己机架上的网管信息，另一方面还需收集所有从子架上的信息，然后汇总并提交给网管服务器。如武汉烽火网络所提供的OL200系列网管型光纤收发器产品支持1（主）+9（从）的网管结构，一次性最多可管理150个光纤收发器。

用户端网管主要可以分为3种方式。

1）在局端和客户端设备之间运行特定的协议，协议负责向局端发送客户端的状态信息，通过局端设备的CPU来处理这些状态信息，并提交给网管服务器。

2）局端的光纤收发器可以检测到光口上的光功率，因此当光路上出现问题时可根据光功率来判断是光纤上的问题还是用户端设备的故障。

3）在用户端的光纤收发器上加装主控CPU，这样网管系统一方面可以监控到用户端设备的工作状态，另外还可以实现远程配置和远程重启。

在这3种用户端网管方式中，前两种严格来说只是对用户端设备进行远程监控，而第三种才是真正的远程网管。但由于第三种方式在用户端添加了CPU，从而也增加了用户端设备的成本，因此在价格方面前两种方式会更具优势一些。随着运营商对设备网管的需求愈来愈多，相信光纤收发器的网管将日趋实用和智能。

（6）按电源分类。可分为内置电源光纤收发器和外置电源光纤收发器。内置电源光纤收发器的内置开关电源为电信级电源；外置电源光纤收发器的外置变压器电源多使用在民用设备上。

（7）按工作方式来分。可分为全双工方式和半双工方式。全双工方式（full duplex）是指当数据的发送和接收分流，分别由两根不同的传输线传送时，通信双方都能在同一时刻进行发送和接收操作，这样的传送方式就是全双工制，如图4-7所示。在全双工方式下，通信系统的每一端都设置了发送器和接收器，因此，能控制数据同时在两个方向上传送。全双工方式无需进行方向的切换，因此，没有切换操作所产生的时间延迟。

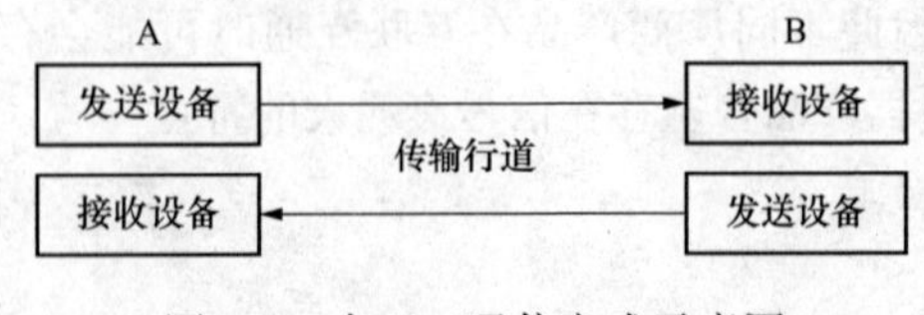

图4-7 全双工通信方式示意图

半双工方式（half duplex）是指使用同一根传输线既作接收又作发送，虽然数据可以在两个方向上传送，但通信双方不能同时收发数据，这样的传送方式就是半双工制，如图4-8所示。采用半双工方式时，通信系统每一端的发送器和接收器，通过收/发开关转接到通信线上，进行方向的切换，因此，会产生时间延迟。

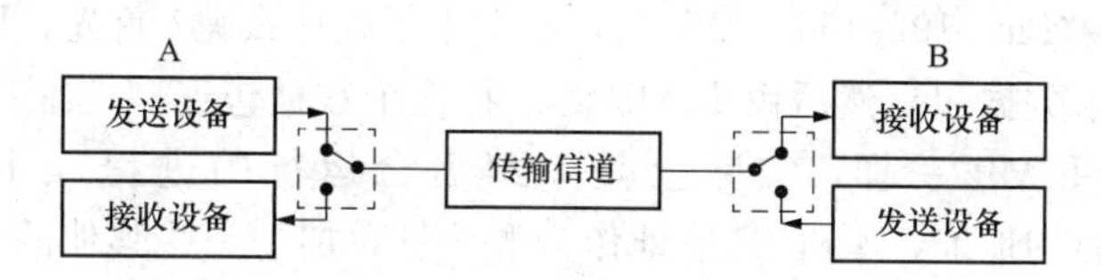

图 4-8 半双工通信方式示意图

4. 光纤收发器的选择

由于光纤收发器（Fiber Converter）为区域网络连接器设备之一，所以必须考虑与周边环境相互兼容性的配合，及本身产品的稳定性、可靠性。

（1）是否支持全双工及半双工。市场上有些芯片目前只能使用全双工环境，无法支持半双工，如接到其他品牌的交换机（SWITCH）或集线器（HUB），而它又使用半双工模式，则一定会造成严重的冲突及丢包。

（2）是否与其他光纤收发器做过连接测试。目前市面上的光纤收发器越来越多，不同品牌的收发器相互的兼容性事前没做过测试则会产生丢包、传输时间过长、忽快忽慢等现象。

（3）有无防范丢包的安全装置。有些厂商在制造光纤收发器时，为了降低成本，往往采用寄存器（Register）数据传输模式，这种方式最大的缺点就是传输时不稳定、丢包，而最好的就是采用缓冲线路设计，可安全避免数据丢包。

（4）温度适应能力。光纤收发器本身使用时会产生高热，温度过高时（不能大于 85℃），光纤收发器是否工作正常是非常值得考虑的因素。

（5）是否符合 IEEE802.3u 标准。光纤收发器如符合 IEEE802.3 标准，即 delay time 控制在 46bit，如超过 46bit 时，则表示光纤收发器所传输的距离会缩短。

4.6.2 链路测试

1. 链路简易测试

检查网络是否通畅或者网络连接速度可用 Ping 的命令。以下是 Ping 命令的一些参数：

ping [-t] [-a] [-n count] [-l length] -t

Ping 指定的计算机直到中断

-a 将地址解析为计算机名

-n count 发送 count 指定的 ECHO 数据包数，默认值为 4

-l length 发送包含由 length 指定的数据量的 ECHO 数据包，默认为 32 字节，最大值是 65527。

对网络管理员来说，Ping 命令是第一个必须掌握的 DOS 命令，它所利用的原理是这样的：利用网络上机器 IP 地址的唯一性，给目标 IP 地址发送一个数据包，再要求对方返回一个同样大小的数据包来确定两台网络机器是否连接相通，时延是多少。

Ping 指的是端对端连通，通常用来作为可用性的检查，但是某些病毒木马会强行大量远程执行 Ping 命令抢占网络资源，导致系统变慢，网速变慢。严禁 Ping 入侵是大多数防火墙的一个基本功能，提供给用户进行选择。通常的情况下，若不用作服务器或者需进行网络测试，则应选中此功能，保护你的电脑。

下面一个网络为例：有 A、B、C、D 四台机子，一台路由 RA，子网掩码均为 255.255.255.0，默认网关为 192.168.0.1。

2. 在同一网段内

在主机A上运行“Ping 192.168.0.5”后，都发生了些什么呢？首先，Ping命令会构建一个固定格式的ICMP请求数据包，然后由ICMP协议将这个数据包连同地址“192.168.0.5”一起交给IP层协议（和ICMP一样，实际上是一组后台运行的进程），IP层协议将以地址“192.168.0.5”作为目的地址，本机IP地址作为源地址，加上一些其他的控制信息，构建一个IP数据包，并想办法得到192.168.0.5的MAC地址（物理地址，这是数据链路层协议构建数据链路层的传输单元——帧所必需的），以便交给数据链路层构建一个数据帧。关键就在这里，IP层协议通过机器B的IP地址和自己的子网掩码，发现它跟自己属同一网络，就直接在本网络内查找这台机器的MAC，如果以前两机有过通信，在A机的ARP缓存表应该有B机IP与其MAC的映射关系，如果没有，就发一个ARP请求广播，得到B机的MAC，一并交给数据链路层。后者构建一个数据帧，目的地址是IP层传过来的物理地址，源地址则是本机的物理地址，还要附加上一些控制信息，依据以太网的介质访问规则，将它们传送出去。

主机B收到这个数据帧后，先检查它的目的地址，并和本机的物理地址对比，如符合，则接收；否则丢弃。接收后检查该数据帧，将IP数据包从帧中提取出来，交给本机的IP层协议。同样，IP层检查后，将有用的信息提取后交给ICMP协议，后者处理后，马上构建一个ICMP应答包，发送给主机A，其过程和主机A发送ICMP请求包到主机B一模一样。

3. 不在同一网段内

在主机A上运行“Ping 192.168.1.4”后，开始跟上面一样，到了怎样得到MAC地址时，IP协议通过计算发现D机与自己不在同一网段内，就直接将交由路由处理，也就是将路由的MAC取过来，至于怎样得到路由的MAC，跟上面一样，先在ARP缓存表找，找不到就广播。路由得到这个数据帧后，再跟主机D进行联系，如果找不到，就向主机A返回一个超时的信息。

一、单选题

1. 单模光纤收发器，传输距离是（　　）。

A. 2～12km　　B. 20～120km　　C. 4～24km　　D. 40～240km

2. 5km光纤收发器的发射功率一般为－20～－14dB，接收灵敏度为（　　），使用1310nm的波长。

A. －5dB　　B. －10dB　　C. －30dB　　D. －50dB

3. 线路的色标标记管理可在（　　）中实现。

A. 管理子系统　　B. 水平布线子系统　　C. 垂直干线子系统　　D. 设备间子系统

4.（　　）也是建筑群来的线缆进入建筑物终接的场所。

A. 管理子系统　　B. 设备间子系统　　C. 垂直干线子系统　　D. 垂直布线子系统

5. 下列参数中，（　　）不是描述光纤通道传输性能的指标参数。

A. 光缆衰减　　B. 光缆波长窗口参数

C. 回波损耗　　D. 光缆结构

6. 衰减通常以负的分贝数来表示，即－10dB比－4dB信号弱，其中6dB的差异表示二者的信号强度相差（　　）倍。

A. 2　　B. 3　　C. 4　　D. 5

7. 在综合布线系统中，下面有关光缆成端端接的描述，说法有误的一项是（　　）。

A. 制作光缆成端普遍采用的方法是熔接法

B. 所谓光纤拼接就是将两段光缆中的光纤永久性地连接起来

C. 光纤端接与拼接不同，属非永久性的光纤互连，又称光纤活结

D. 以牵引方式敷设光缆时，主要牵引力应加在光缆的纤芯上

8. 在综合布线系统测试中，不属于光缆测试的参数是（　　）。

A. 回波损耗　　B. 绝缘电阻　　C. 衰减　　D. 插入损耗

9. C 级信道布线系统在频率 16MHz 时，最小回波损耗值是（　　）dB。

A. 15　　B. 17　　C. 18　　D. 19

10. 综合布线由于采用（　　）体系结构，符合多种国际上现行的标准，因此它几乎对所有著名厂商的产品都是开放的。

A. 开放性　　C. 经济性　　D. 先进性　　D. 灵活性

11. 每个（　　）系统的信息插座都通过水平布线与管理子系统相连接。

A. 水平布线　　B. 垂直布线　　C. 管理子系统　　D. 设备间子系统

12. （　　）指在使用 UTP 四对线对同时传输数据的环境下，其他三对线上的工作信号对另一对线线间串扰总和。

A. 衰减　　B. 回波损耗　　C. 近端串扰损耗　　D. 相邻线对综合串扰

13. （　　）是一种使用 5 类数据级无屏蔽双绞线或屏蔽双绞线的快速以太网技术。它使用两对双绞线，一对用于发送，一对用于接收数据。

A. 100BASE—TX　B. 100BASE—FX　　C. 100BASE—T4　　D. 以太网

14. F 级的铜缆布线系统支持（　　）带宽。

A. 16M　　B. 100M　　C. 250M　　D. 600M

15. 检验批的质量应按（　　）验收。

A. 主控项目和一般项目　　B. 隐蔽工程

C. 结构安全　　D. 使用功能

二、多选题

1. 光纤收发器的特点是（　　）。

A. 提供超高延时的数据传输　　B. 对网络协议完全透明

C. 支持超宽的工作温度范围　　D. 支持齐全的传输距离（0～150km）

E. 对网络协议部分透明

2. 引起光纤损耗的因素有（　　）。

A. 本征损耗　　B. 光纤制造损耗　　C. 空气　　D. 温度

E. 湿度

3. 以太网可以采用多种连接介质，包括（　　）等。

A. 同轴缆　　B. 双绞线　　C. 光纤　　D. 电源线

E. 信号线

4. 下列（　　）是电缆测试仪。

A. TYPE-39　　B. DTX-1800　　C. Fluke DSP-4300　　D. Fluke 68X

E. Fluke DSP-100

5. 综合布线系统是采用模块化管理、连接器件插拔接件，应用时只需改变跳线，使（　　）非常方便。

A. 安装　　B. 维护　　C. 升级　　D. 扩展

E. 设计

6. 光纤收发器分类，按电源分类有（　　）。

A. 单纤光纤收发器　　B. 内置电源光纤收发器

C. 桌面式（独立式）光纤收发器　　D. 外置电源光纤收发器

E. 全双工方式

三、判断题

1. 光纤收发器，是一种将短距离的双绞线电信号和长距离的光信号进行互换的以太网传输媒体转换单元，在很多地方也被称之为光电转换器（Fiber Converter）。（　　）

2. 光纤收发器的作用是，将所要发送的电信号转换成光信号，并发送出去，同时，能将接收到的光信号转换成电信号，输入到发射端。（　　）

3. 单纤设备用了波分复用的技术，使用的波长多为1310nm和1550nm。（　　）

4. 单纤设备使用了波分复用，单纤收发器产品普遍存在信号衰耗大的特点。（　　）

5. 100M以太网光纤收发器：工作在数据链路层。（　　）

6. 10/100M自适应以太网光纤收发器：工作在物理层。（　　）

7. 桌面式（独立式）光纤收发器：独立式用户端设备。（　　）

8. 机架式（模块化）光纤收发器：安装于十六槽机箱，采用集中供电方式。（　　）

9. 全双工方式（full duplex）是指当数据的发送和接收分流，分别由两根不同的传输线传送时，通信双方都能在同一时刻进行发送和接收操作，这样的传送方式就是半双工制。（　　）

10. 半双工方式（half duplex）是指使用同一根传输线既作接收又作发送，虽然数据可以在两个方向上传送，但通信双方不能同时收发数据，这样的传送方式就是全双工制。（　　）

参考答案

单选题	1. B	2. B	3. A	4. B	5. D	6. A	7. D	8. B	9. A	10. A
	11. A	12. D	13. A	14. D	15. A					
多选题	1. BC	2. AB	3. ABC	4. BCE	5. ABCD	6. BD				
判断题	1. Y	2. N	3. Y	4. Y	5. N	6. N	7. Y	8. Y	9. N	10. N

任务 5

光纤连接器制作与通信验证

该训练任务建议用 3 个学时完成学习及过程考核。

5.1 任务来源

进入机房的是塑料护套光缆，而机房的光纤设备是光纤接口。塑料护套光缆的信号传输给光纤设备，需要从光纤配线架跳线到光纤设备，本任务就是通过光纤连接器制作光纤跳线。

5.2 任务描述

用一组光纤连接器的组件，采用磨接的方式制作一条 ST 型光纤连接器，并测试光纤连接器的损耗值是否满足传输要求。

5.3 能力目标

5.3.1 技能目标

完成本训练任务后，你应当能（够）：

1. 关键技能

- 会光纤连接器的散件组装与压接。
- 会光纤连接器的磨接。
- 会光纤跳线测试。

2. 基本技能

- 会光纤缓冲层的剥除。
- 会使用光纤切割工具。
- 会检测制作后的光纤。

5.3.2 知识目标

完成本训练任务后，你应当能（够）：

- 了解光纤连接器的种类及其技术指标。
- 熟悉光纤制作工具箱的使用方法。
- 熟悉 SC 接头的主要部件。

• 熟悉使用测试仪器和解读测试结果。

5.3.3 职业素质目标

完成本训练任务后，你应当能（够）：

• 剥光纤时，废除的玻璃光纤芯，及时放入专用垃圾桶，以免造成安全隐患。

• 按照职业守则要求自己，做到：认真严谨，忠于职守；勤奋好学，不耻不问；钻研业务，勇于创新；爱岗敬业，遵纪守法。

5.4 任务实施

5.4.1 活动一　知识准备

下列知识可以由学员自学或老师讲授完成。

（1）光纤跳线的作用。

（2）光纤跳线和尾纤的区别。

（3）光纤跳线的接头的种类。

5.4.2 活动二　示范操作

1. 活动内容

首先对光纤进行预处理，用光纤显微镜观察其切割端面，然后利用光纤端接工具，制作一个ST型光纤连接器，并通过测试仪DTX-1800测试其损耗。通过本任务熟悉光纤连接器的结构和掌握测试仪DTX-1800的使用方法。

2. 操作步骤

步骤一：元器件检查

• 检查安装工具是否齐全，打开光纤连接器的包装袋，检查连接器的防尘罩是否完整。如果防尘罩不齐全，则不能用来压接光纤。光纤连接器主要由连接器主体、后罩壳、保护套组成，如图5-1所示。

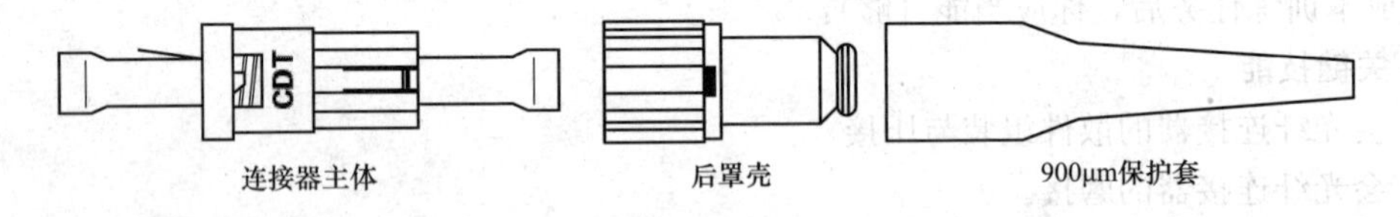

图5-1　光纤连接器组成部件

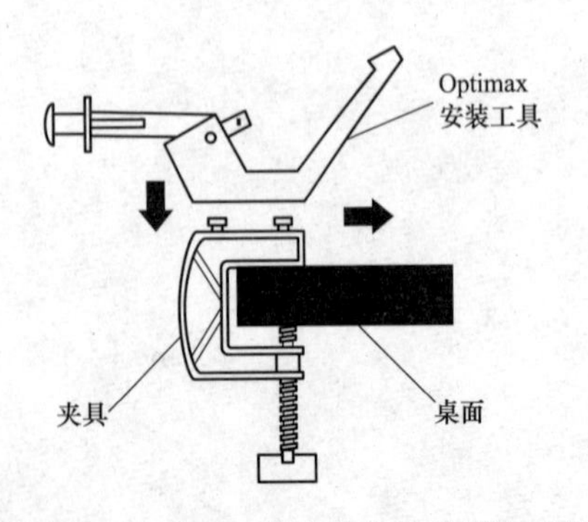

图5-2　在桌面上安装带夹具的安装工具

步骤二：固定夹具

• 将夹具固定在设备台或工具架上，旋转打开安装工具直至听到咔嗒声，接着将安装工具固定在夹具上，如图5-2所示。

步骤三：安装连接器主体

• 拿住连接器主体保持引线向上，将连接器主体插入安装工具，同时推进并顺时针旋转45°，把连接器锁定在如图5-3所示位置上，注意不要取下任何防尘盖。

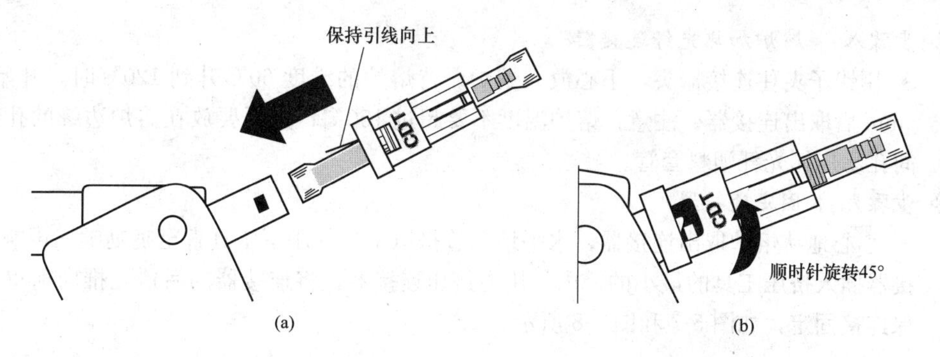

图 5-3 将连接器主体插入安装工具内并固定位置

（a）连接器插入安装工具内；（b）顺时针旋转 45°后固定连接器

步骤四：光纤穿入组件

• 将保护套紧固在连接器后罩壳后部，然后将光纤平滑地穿入保护套和后罩壳组件，如图 5-4 所示。

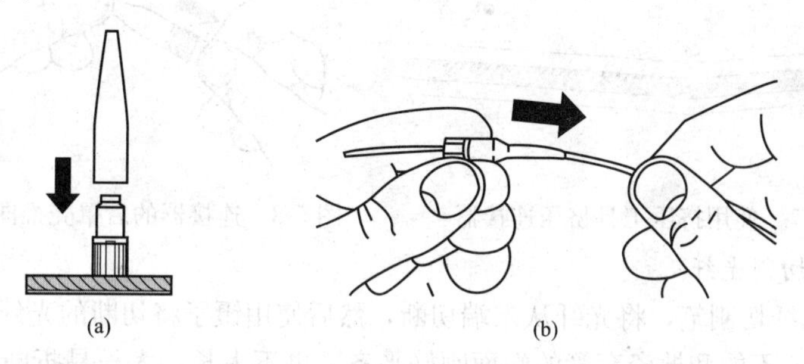

图 5-4 保护套与后罩壳连接成组件并穿入光纤

（a）保护套紧固在后罩壳后面；（b）光纤平滑穿入已固定的后罩壳组件

步骤五：剥光纤

• 使用剥除工具从缓冲层光纤的末端剥除 25mm 的缓冲层，为了确保不折断光纤可按每次 5mm 逐段剥离。剥除完成后，从缓冲层末端测量 9mm 并做上标记，如图 5-5 所示。

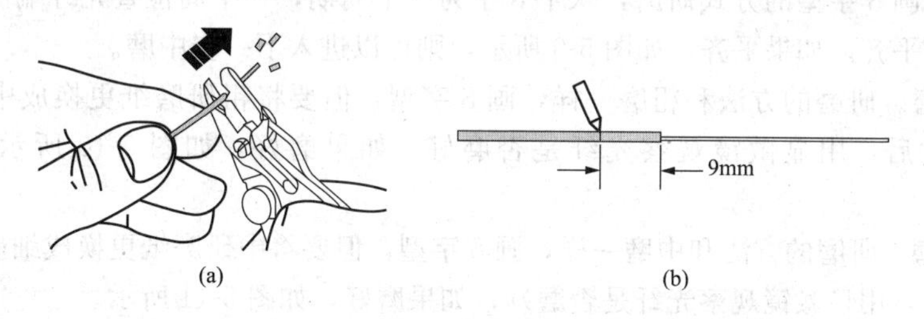

图 5-5 剥除光纤缓冲层并做标记

（a）从末端剥除 40mm 光纤缓冲层；（b）从末端测量 9mm 并做标记

步骤六：清洁剥后裸露的光纤

• 用一块折叠的乙醇擦拭布清洁裸露的光纤两到三次，不要触摸清洁后的裸露光纤，如图 5-6 所示。

步骤七：连接器注胶

• 用小孔医用注射器，将胶注入光纤连接器内。因为注射器的针头没有固定，所以注胶时，用手顶住针头。

图 5-6 用乙醇擦拭布清洁光纤

步骤八：熔炉加热光纤连接器

• 用钳子夹住连接器头，小心放入熔炉。待熔炉的维度 60℃升到 120℃时，开始计时，5min 后取出连接器。注意：熔炉温度不要超过 150℃；光纤要放在熔炉边缘的孔内，中间孔易烧坏光纤塑料套管。

步骤九：固定连接器

• 小心地从熔炉取出连接器，水平地拿着挤压工具并压下工具直至哒哒哒三声响，将连接器插入挤压工具的最小的槽内，用力挤压连接器，将连接器的后罩壳推向前罩壳并确保连接固定，如图 5-7 和图 5-8 所示。

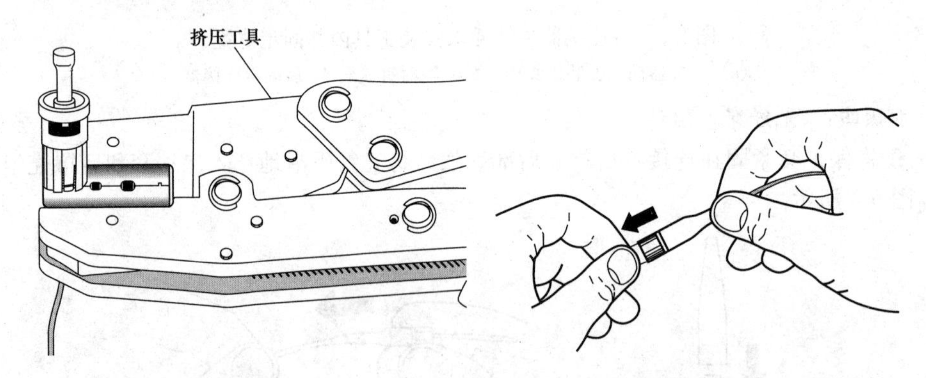

图 5-7 使用挤压工具挤压连接器　　图 5-8 连接器的后罩壳推向前罩壳

步骤十：切割光纤

• 使用光纤切割笔，将光纤从末端切断，然后使用镊子将切断的光纤放入废料盒内。光纤切割时，不能和搪瓷套管的端面刚好平齐。也不太长，太长易折断。最好是露出小于 1mm，确认光纤在端面外面，这样才能保证后面顺利磨研光纤。

步骤十一：研磨光纤连接器

• 粗磨。用粗研磨纸。光滑面放在研磨盘上，研磨纸两面都要浇水。用无尘纸巾清洁研磨纸面的水珠。手握研磨盘，不要握 ST 头，以保证光纤头不被折断，开始研磨，在研磨纸上画 8 字型的方式研磨，八个 8 字为一个周期，一个周检查光纤端面和搪瓷套管端面是否平齐。如果平齐，如图 5-9 所示，则可以进入下一步中磨。

• 中磨。研磨的方法和粗磨一样，画 8 字型，但要将粗研磨纸更换成中研磨纸。一个周期过后，用显微镜观察光纤是否磨好。如果磨好，如图 5-10 所示，进入下一步细磨。

• 细磨。研磨的方法和中磨一样，画 8 字型，但要将中研磨纸更换成细研磨纸。一个周期过后，用显微镜观察光纤是否磨好，如果磨好，如图 5-11 所示。

步骤十二：用显微镜检查光纤端面

• 用无尘纸，将光纤端面清洁。开启显微镜的照明灯，调节焦距，找到光纤端面。判断光纤端面是否符合要求，即在显微镜里可以看到两个圆，外面的灰色大圆是搪瓷套管的端面，里面的小圆是光纤端面。如果小圆是灰色的，则不合格，如果小圆是白色的，则合格，见图 5-11。

步骤十三：以环回模式进行自动测试

• 用“环回”模式来测试光缆绕线盘、未安装光缆的线段及基准测试线。

• 在此模式中，测试仪以单向或双向测量两个波长的损耗、长度及传播延迟。“环回”模式测试光纤所需的装置见图 3-1。

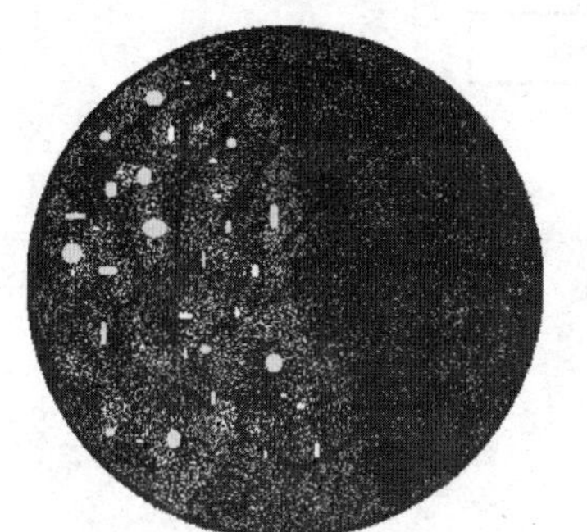

图 5-9　粗磨效果

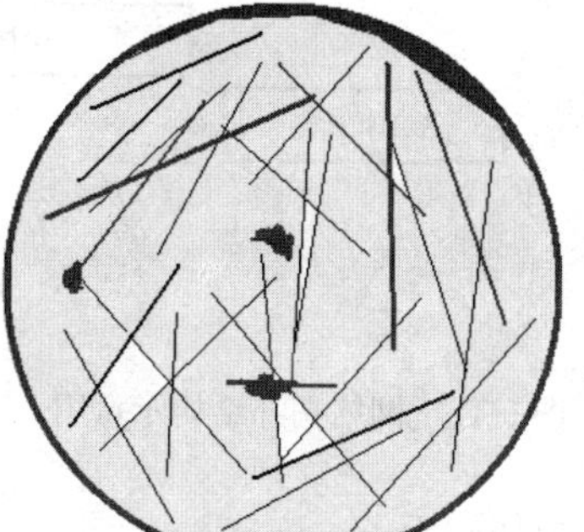

图 5-10　中磨效果

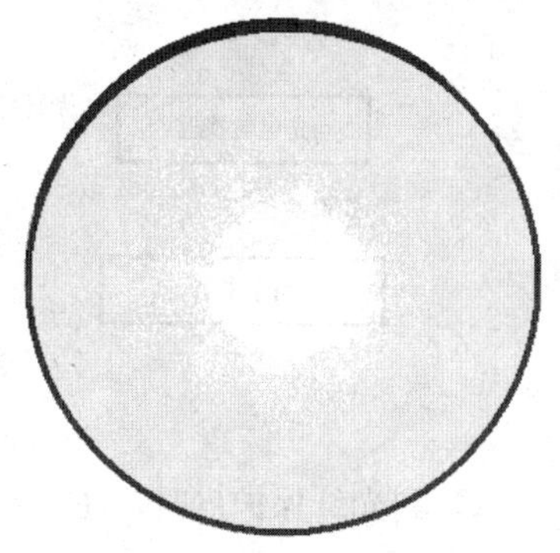

图 5-11　细磨效果

- 开启测试仪及智能远端，等候 5min。如果模块使用前的保存温度高于或低于环境温度，则等待更长时间使模块温度稳定。
- 将旋转开关转至设置挡（SETUP），然后选择：光纤损耗。设置光纤损耗选项卡下面的选项（按→键来查看其他选项卡）。
- 测试极限：选择执行任务所需的测试极限值（TIA-568-C Multimode）。光缆类型：选择通用，OM1 Multimode 62.5。远端端点设置：设置为环路。双向：否。
- 适配器数目：2（输入将在设置参考后被添加至光纤路径的每个方向的适配器）个数及熔接点数：0（输入将在设置参考后被添加至光纤路径的每个方向的熔接个数）。连接器类型：ST（选择用于待测布线的连接器类型。若未列出实际的连接器类型，请选择常规）。测试方法：一个跳接（指包含在损耗测试结果中的适配器数目。如果使用本手册所示的基准及测试连接，请选择模式 B）。
- 将旋转开关转至 SPECIAL FUNCTIONS；接好基准线，如图 3-2 所示，带转轴的 1 接发射端，1 的另一头 2 接接收端，然后选择设置基准。（如果同时连接了光缆模块和双绞线适配器或同轴电缆适配器，接下来选择光缆模块。）
- 设置基准屏幕画面会显示用于所选的测试方法的连接，选择“模式 B”的连接（见图 3-3）。清洁测试仪及基准测试线上的连接器，连接测试仪的输入及输出端口；然后按 TEST 键。测试成功后，将 2 拔下来，将 3 插到接收端，1 和 4 分别接光纤跳线的两个 ST 头，并旋到测试挡，即可以对光纤跳线进行测试。
- 要保存测试结果，按 SAVE 键，选择或建立光纤标识码；然后再按一下 SAVE 键。

5.4.3 活动三　能力提升

在一根光纤两端分别安装光纤连接器，制作一根光纤跳线（考场提供 1 根制作好的光纤跳线），使用电缆认证分析仪测量损耗；用双绞线按 T568A（或 T568B）标准制作 3 根铜缆跳线（考场提供 2 根制作好的铜缆跳线），使用综合布线简易测试仪进行检测；参照图 5-12 网络拓扑结构示意图，通过网络交换机、光电转换器和网络跳线接两台计算机，使用 ping 命令进行网络链路测试，并解读测试数据。

注意事项：

(1) 裸光纤注意保持清洁，不要直接用手接触和直接放在工作台面上。这样才可以保证磨接后，光纤损耗达到规定要求。

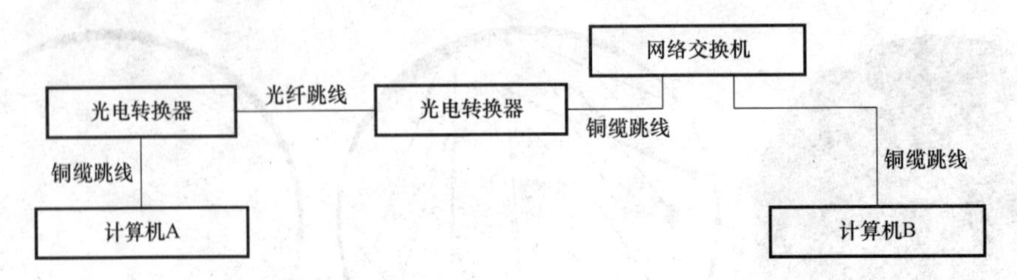

图 5-12　网络拓扑结构示意图

（2）剥光纤保护皮时，注意不要伤到手。

5.5 效果评价

评价标准详见附录。

5.6 相关知识与技能

5.6.1 光缆端接形式

光纤具有高带宽、传输性能优良、保密性好等优点，广泛应用于综合布线系统中。建筑群子系统、干线子系统等经常采用光缆作为传输介质，因此在综合布线工程中往往会遇到光缆端接的场合。光缆端接的形式主要有光缆与光缆的续接、光缆与连接器的连接两种形式。

5.6.2 光纤连接器及光纤接头制作工艺

1. 光纤连接器简介

光纤连接器可分为单工、双工、多通道连接器，单工连接器只连接单根光纤，双工连接器连接两根光纤，多通道连接器可以连接多根光纤。光纤连接器包含光纤接头和光纤耦合器。图 5-13（a）所示为双芯 ST 型连接器连接的方法，两个光纤接头通过光纤耦合器实现对准连接，以实现光纤通道的连接。

在综合布线系统中应用最多的光纤接头是以 2.5mm 陶瓷插针为主的 FC、ST 和 SC 型接头，以 LC、VF-45、MT-RJ 为代表的超小型光纤接头应用也逐步增长。图 5-13（b）所示为常见的光纤接头。

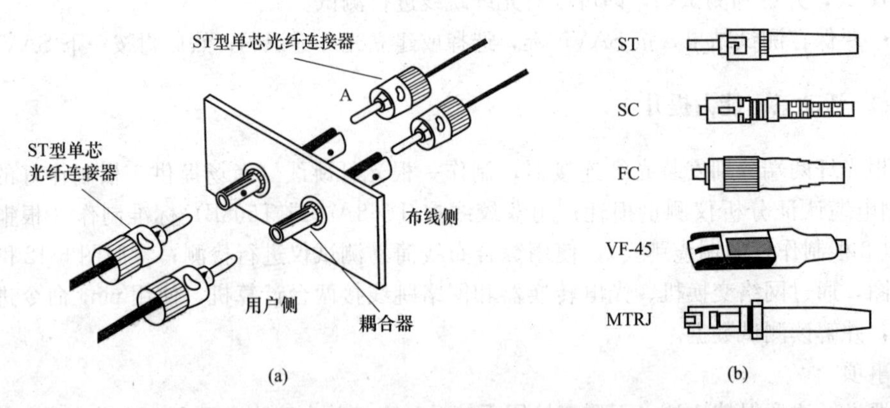

图 5-13　双芯 ST 型连接器连接方法及常用接头

（a）双芯 ST 型连接器连接方法；（b）常见的光纤接头

ST 型连接器是综合布线系统经常使用的光纤连接器，它的代表性产品是由美国贝尔实验室开发研制的 ST Ⅱ型光纤连接器，其光纤接头和光纤耦合器的连接方式如图 5-14 所示。

SC 光纤接头的部件如图 5-15 所示。

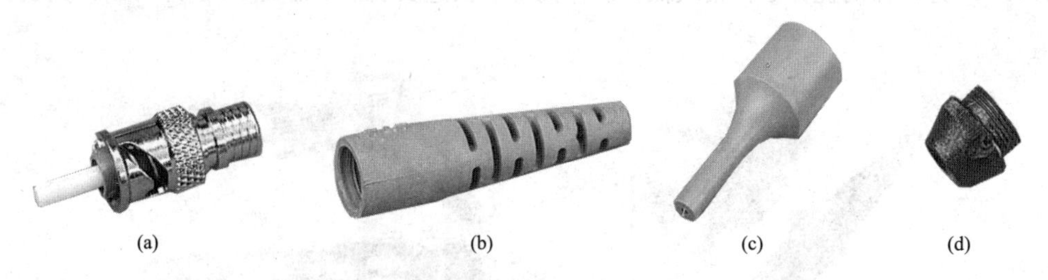

图 5-14　ST Ⅱ型光纤接头的部件

(a) 连接器体；(b) 用于 2.4mm 和 3.0mm 直径的单光纤缆的套管；(c) 缓冲器光纤缆支撑器；(d) 带螺纹帽的扩展器

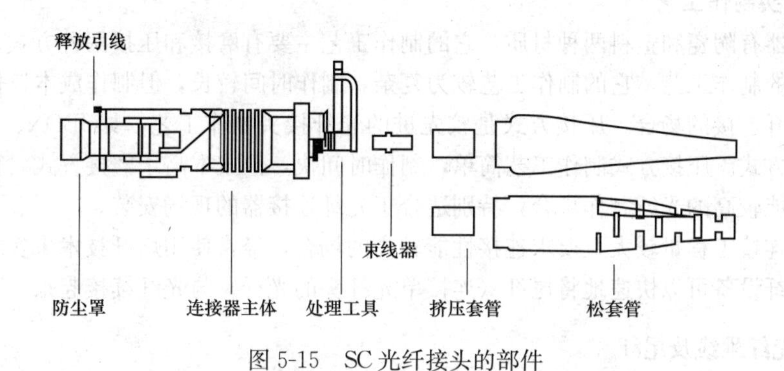

图 5-15　SC 光纤接头的部件

FC 光纤连接器是由日本 NTT 研制，其外部加强方式是采用金属套，紧固方式为螺丝扣。最早的 FC 类型的连接器，采用陶瓷插针的对接端面是平面接触方式。FC 连接器结构简单，操作方便，制作容易，但光纤端面对微尘较为敏感，FC 连接器如图 5-16 所示。

LC 型连接器是由美国贝尔研究室开发出来的，采用操作方便的模块化插孔闩锁机理制成。其所采用的插针和套筒的尺寸是普通 SC 等连接器尺寸的一半，为 1.25mm。目前在单模光纤连接方面，LC 型连接器实际已经占据了主导地位，在多模光纤连接方面的应用也迅速增长。LC 型连接器如图 5-17 所示。

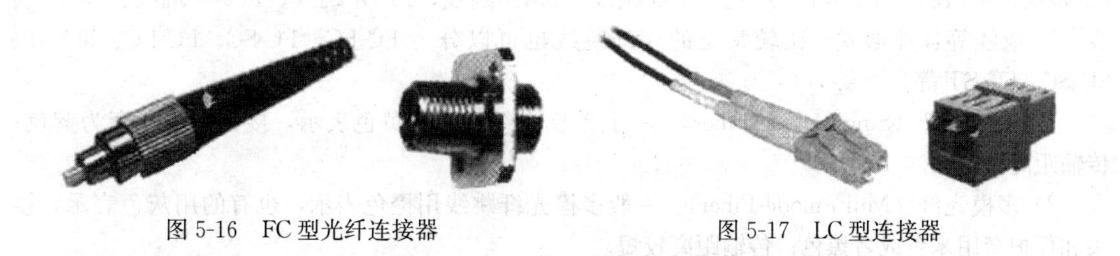

图 5-16　FC 型光纤连接器　　　　图 5-17　LC 型连接器

MT-RJ 光纤连接器是一种超小型的光纤连接器，主要用于数据传输的高密度光纤连接场合。它起步于 NTT 开发的 MT 连接器，成型产品由美国 AMP 公司首先设计出来。它通过安装于小型套管两侧的导向销对准光纤，为便于与光收发装置相连，连接器端面光纤为双芯排列设计。MT-RJ 光纤连接器如图 5-18 所示。

VF-45 光纤连接器是由 3M 公司推出的小型光纤连接器，主要用于全光纤局域网络，如图 5-19 所示。VF-45 连接器的优势是价格较低，制作简易，快速安装，只需要 2min 即可制作完成。

图 5-18　MT-RJ 光纤连接器

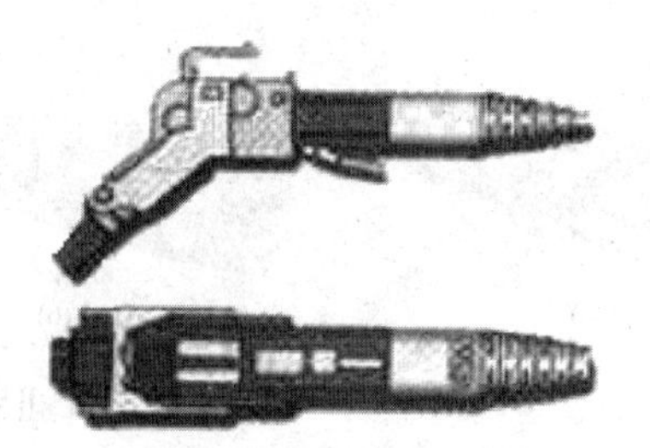

图 5-19　VF-45 光纤连接器

2. 光纤接头制作工艺

光纤连接器有陶瓷和塑料两种材质，它的制作工艺主要有磨接和压接两种方式。磨接方式是光纤接头传统的制作工艺，它的制作工艺较为复杂，制作时间较长，但制作成本较低，目前主要应用于多模光纤连接的场合。压接方式是较先进的光纤接头制作工艺，如 IBDN、3M 的光纤接头均采用压接方式。压接方式制作工艺简单，制作时间快，但成本高于磨接方式，目前主要应用于要求传输性能较高的光纤制作场合，特别适合于光纤连接器的现场安装。

对于光纤连接工程量较大且要求连接性能较高的场合，经常使用熔纤技术来实现光纤接头的制作。使用熔纤设备可以快速地将尾纤（连接单光纤头的光纤）与光纤续接起来。

5.6.3 光纤跳线及尾纤

1. 光纤跳线

光纤跳线是用来做从设备到光纤布线链路的跳接线，如图 5-13 所示。

（1）结构。光纤跳线和同轴电缆相似，只是没有网状屏蔽层。中心是光传播的玻璃芯。在多模光纤中，芯的直径是 15～50μm，大致与人的头发的粗细相当。而单模光纤芯的直径为 8～10μm。芯外面包围着一层折射率比芯低的玻璃封套，以使光纤保持在芯内。再外面的是一层薄的塑料外套，用来保护封套。

（2）类型。光纤跳线按传输媒介的不同可分为常见的硅基光纤的单模、多模跳线，还有其他如以塑胶等为传输媒介的光纤跳线；按连接头结构形式可分为：FC 跳线、SC 跳线、ST 跳线、LC 跳线、MTRJ 跳线、MPO 跳线、MU 跳线、SMA 跳线、FDDI 跳线、E2000 跳线、DIN4 跳线、D4 跳线等各种形式。比较常见的光纤跳线也可以分为 FC-FC、FC-SC、FC-LC、FC-ST、SC-SC、SC-ST 等。

1）单模光纤（Single-mode Fiber）。一般单模光纤跳线用黄色表示，接头和保护套为蓝色；传输距离较长。

2）多模光纤（Multi-mode Fiber）。一般多模光纤跳线用橙色表示，也有的用灰色表示，接头和保护套用米色或者黑色；传输距离较短。

（3）使用注意事项。

1）光纤跳线两端的光模块的收发波长必须一致，也就是说光纤的两端必须是相同波长的光模块，简单的区分方法是光模块的颜色要一致。一般的情况下，短波光模块使用多模光纤（橙色的光纤），长波光模块使用单模光纤（黄色光纤），以保证数据传输的准确性。

2）光纤在使用中不要过度弯曲和绕环，这样会增加光在传输过程的衰减。

3）光纤跳线使用后一定要用保护套将光纤接头保护起来，灰尘和油污会损害光纤的耦合。

4）如果光纤接头被弄脏了的话，可以用棉签蘸酒精清洁，否则会影响通信质量。

（4）特点。光纤跳线的特点为：①插入损耗低；②重复性好；③回波损耗大；④互插性能好；⑤温度稳定性好。

（5）应用。光纤跳线产品广泛运用到：通信机房、光纤到户、局域网络、光纤传感器、光纤通信系统、光纤连接传输设备、国防战备等。适用于有线电视网、电信网、计算机光纤网络及光测试设备。细分下来主要应用于几个方面。①光纤通信系统；②光纤接入网；③光纤数据传输；④光纤 CATV；⑤局域网（LAN）；⑥测试设备；⑦光纤传感器。

（6）施工、安装要点。参见《建筑与建筑群综合布线系统工程验收规范》（GB/T 50312—2000）和《建筑及建筑群综合布线系统工程施工及验收规范》（CECS 89∶97）中要求。

2. 尾纤

尾纤是带有活动连接端子的单芯电缆，是光纤光缆与终端设备的过渡连接线。

3. 光纤跳线和尾纤的区别

光纤跳线用来做从设备到光纤布线链路的跳接线。有较厚的保护层，一般用在光端机和终端盒之间的连接。

尾纤又叫猪尾线，只有一端有连接头，而另一端是一根光缆纤芯的断头，通过熔接与其他光缆纤芯相连，常出现在光纤终端盒内，用于连接光缆与光纤收发器（之间还用到耦合器、跳线等）。

一、单选题

1. 光缆端接的形式有（　　）。

   A. 光缆与大对数电缆的续接　　B. 光缆与同轴电缆的续接
   C. 光缆与五类网络电缆的续接　　D. 光缆与光缆的续接

2. 单模光纤（Single-mode Fiber）一般光纤跳线用（　　）表示。

   A. 白色　　B. 红色　　C. 黑色　　D. 黄色

3. 多模光纤（Single-mode Fiber）一般光纤跳线用（　　）表示。

   A. 蓝色　　B. 橙色　　C. 绿色　　D. 棕色

4. 光纤熔接前，进行光纤预处理中使用的工业酒精的纯度是（　　）。

   A. 50%　　B. 60%　　C. 70%　　D. 99%

5. NVP 值是指（　　）。

   A. 信号在电缆中传输速度与真空中光速之比
   B. 信号在光纤中传输速度与真空中光速之比
   C. 信号在电缆中传输速度与信号在光纤中传输速度之比
   D. 数字信号在电缆中传输速度与模拟信号在电缆中传输速度之比

6. 光纤连接器的作用是（　　）。

   A. 固定光纤　　B. 熔接光纤　　C. 连接光纤　　D. 成端光纤

7. 在综合布线系统中，下面有关光缆布放的描述，说法有误的一项是（　　）。

A. 光缆的布放应平直，不得产生扭绞、打圈等现象，不应受到外力挤压或损伤

B. 光缆布放时应有冗余，在设备端预留长度一般为5～10m

C. 以牵引方式敷设光缆时，主要牵引力应加在光缆的纤芯上

D. 在光缆布放的牵引过程中，吊挂光缆的支点间距不应大于1.5m

8. EIA/TIA 568 B.3规定光纤连接器（适配器）的衰减极限为（　）。

A. 0.3dB　B. 0.5dB　C. 0.75dB　D. 0.8dB

9. 在进行光纤熔接前，下列（　）不需要进行放电试验。

A. 刚接通电源后至接续作业开始前

B. 改变光纤种类时

C. 温度、温度、高原等气压有较大变化时

D. 连续3条光纤熔接未成功时

10. 在综合布线系统测试中，不属于光缆测试的参数是（　）。

A. 回波损耗　B. 近端串扰　C. 衰减　D. 插入损耗

11. 在综合布线系统中，常见的62.5/125μm多模光纤中的125μm是指（　）。

A. 纤芯外径　B. 包层后外径　C. 包层厚度　D. 涂覆层厚度

12. 下列（　）子系统中一般用光纤作为传输介质。

A. 建筑群　B. 配线　C. 工作区　D. 设备间

13. 在综合布线系统中，光缆的选用除了考虑光纤芯数和光纤种类以外，还要根据光缆的使用环境来选择光缆的（　）。

A. 结构　B. 粗细　C. 外护套　D. 大小

14. 在综合布线系统中，下面有关光缆成端端接的描述，说法有误的一项是（　）。

A. 制作光缆成端普遍采用的方法是熔接法

B. 所谓光纤拼接就是将两段光缆中的光纤永久性地连接起来

C. 光纤端接与拼接不同，属非永久性的光纤互连，又称光纤活结

D. 光纤互连的光能量损耗比交叉连接大

15. 下列（　）光纤连接器的插针端面是直径为2.5mm的陶瓷。

A. LC　B. MTRJ　C. FDDI　D. ST

二、多选题

1. 光纤具有（　）好等优点。

A. 高带宽　B. 传输性能优良　C. 保密性　D. 易施工

E. 易弯曲

2. 在综合布线系统中应用最多的光纤接头是以2.5mm陶瓷插针为主的（　）型接头。

A. BC　B. FC　C. ST　D. SC

E. LC

3. SC光纤接头的部件有（　）。

A. 连接器主体　B. 束线器　C. 挤压套管　D. 松套管

E. 热缩套管

4. 光纤跳线按传输媒介的不同可分为（　）。

A. FC跳线　C. ST跳线　C. SC跳线　D. 多模跳线

E. 单模跳线

5. SC光纤接头的部件包括（　）。

A. 连接器主体　　B. 束线器　　　　　C. 挤压套管　　　　D. 松套管

E. 热缩套管

6. ST 光纤接头的部件包括（　　）。

A. 连接器主体

B. 用于 2.4mm 和 3.0mm 直径的单光纤缆的套管

C. 缓冲器光纤缆支撑器

D. 带螺绞帽的扩展器

E. 束线器

三、判断题

1. 建筑群子系统、（配线）干线子系统等经常采用光缆作为传输介质。（　　）

2. 单工连接器只连接单根光纤，双工连接器连接两根光纤，多通道连接器可以连接多根光纤。（　　）

3. FC 光纤连接器是由（中国）NTT 研制，其外部加强方式是采用金属套，紧固方式为螺丝扣。（　　）

4. LC 型连接器是由（日本）贝尔研究室开发出来的，采用操作方便的模块化插孔闩锁机理制成。（　　）

5. MT-RJ 光纤连接器是一种超小型的光纤连接器，主要用于数据传输的高密度光纤连接场合。（　　）

6. VF-45 光纤连接器是由 3M 公司推出的小型光纤连接器，主要用于全光纤局域网络。（　　）

7. 光纤连接器有陶瓷和塑料两种材质，它的制作工艺主要有（磨接和压接）两种方式。（　　）

8. 判断题：光纤跳线和同轴电缆相似，只是没有网状屏蔽层。中心是光传播的玻璃芯。在多模光纤中，芯的直径是 150～500μm，大致与人的头发的粗细相当。（　　）

9. 单模光纤芯的直径为 80～100μm。芯外面包围着一层折射率比芯低的玻璃封套，以使光纤保持在芯内。（　　）

10. 光纤跳线使用后一定要用保护套将光纤接头保护起来，灰尘和油污会损害光纤的耦合。（　　）

参考答案

单选题	1. D	2. D	3. B	4. D	5. C	6. D	7. C	8. C	9. D	10. B
	11. C	12. A	13. C	14. D	15. D					
多选题	1. ABC	2. BCD	3. ABCD	4. DE	5. ABCD	6. ABCD				
判断题	1. Y	2. Y	3. N	4. N	5. Y	6. Y	7. Y	8. N	9. N	10. Y

任务 6

光纤熔接机使用与光纤熔接试验

该训练任务建议用 3 个学时完成学习及过程考核。

6.1 任务来源

光纤熔接机的使用，对使用人员有专业要求，包括使用方法、注意事项、设备维护保养方案。

6.2 任务描述

通过光纤熔接机的使用方法、注意事项、维护保养三个方面，对使用人员进行岗前培训。

6.3 能力目标

6.3.1 技能目标

完成本训练任务后，你应当能（够）：

1. 关键技能

- 会光纤熔接机各功能与操作。
- 会光纤熔接机使用注意事项。
- 会光纤熔接机的维护和保养。

2. 基本技能

- 知晓光纤缓冲层的剥除。
- 熟练使用光纤切割工具。
- 熟悉光纤的物理结构。

6.3.2 知识目标

完成本训练任务后，你应当能（够）：

- 了解光纤熔接机的相关知识。
- 熟悉光纤熔接机的作用。
- 熟悉光纤熔接机的补强。
- 熟悉光纤熔接机的接续流程。

6.3.3 职业素质目标

完成本训练任务后，你应当能（够）：

• 剥光纤时，废除的玻璃光纤芯，及时放入专用垃圾桶，以免造成安全隐患。

• 按照职业守则要求自己，做到：认真严谨，忠于职守；勤奋好学，不耻不问；钻研业务，勇于创新；爱岗敬业，遵纪守法。

6.4 任务实施

6.4.1 活动一　知识准备

下列知识可以由学员自学或老师讲授完成。

（1）影响光纤熔接损耗的本征因素。

（2）影响光纤熔接损耗的非本征因素。

（3）降低光纤熔接损耗的措施。

6.4.2 活动二　示范操作

1. 活动内容

以住友 TYPE-39 光纤熔接机为例，首先认识光纤熔接机的各个部分及功能，然后用两条光纤进行熔接实验，需要做放电试验，接续部位加热补强。实验完成后，阐述操作注意事项，维护注意事项。

2. 操作步骤

步骤一：认识光纤熔接机的各个部分

- 光纤熔接机的标准配置，如图 6-1 所示。
- 光纤熔接机各部分名称及功能，如图 6-2 所示。
- 光纤熔接机键盘各功能键说明，如图 6-3 所示。
- 光纤熔接机 V 型槽周边元件说明，如图 6-4 所示。
- 光纤熔接机的加热补强器，如图 6-5 所示。
- 光纤熔接机输入和输出口，如图 6-6 所示。

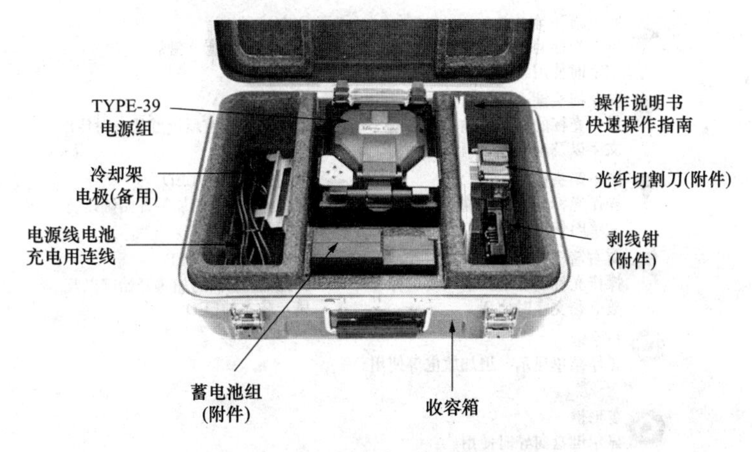

图 6-1　光纤熔接机的标准配置

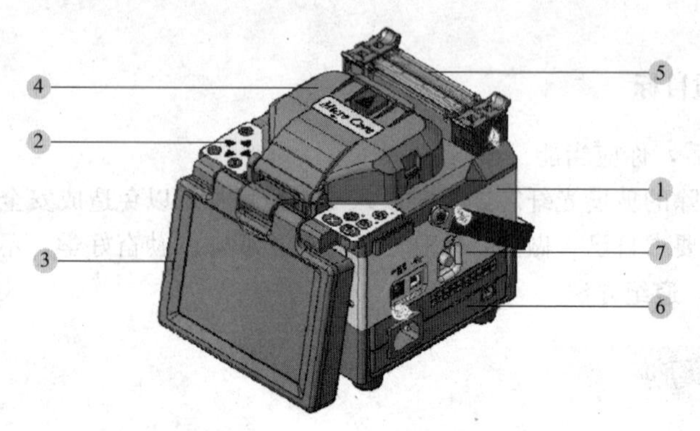

① 光纤融接机TYPE-39

② 键盘
电源接入、开始接续及补强、进行各种功能设定的操作键。

③ 显示器
可显示光纤图像、图像处理结果及菜单画面。

④ 防风盖
在各种环境下保持融接性能的安定和安全性。

⑤ 加热补强器
对光纤保护套管进行热收缩的装置。分前排和后排共2个。

⑥ 电源/蓄电池插槽
可插入电源组或蓄电池组的插槽。

⑦ 输出输入面板
加热式剥线钳用DC输出、USB插口的面板

图 6-2　光纤熔接机各部分名称及功能

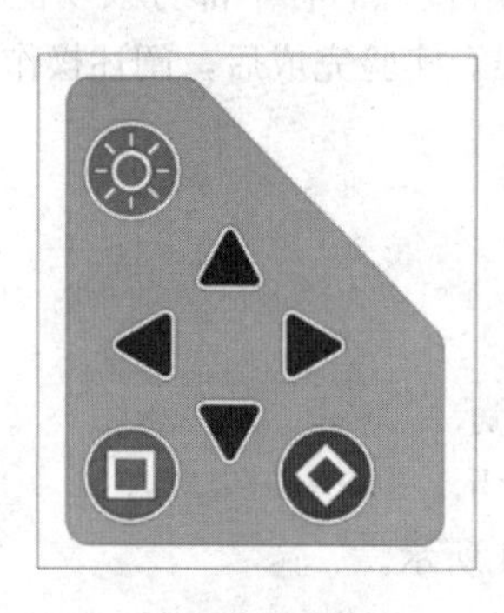

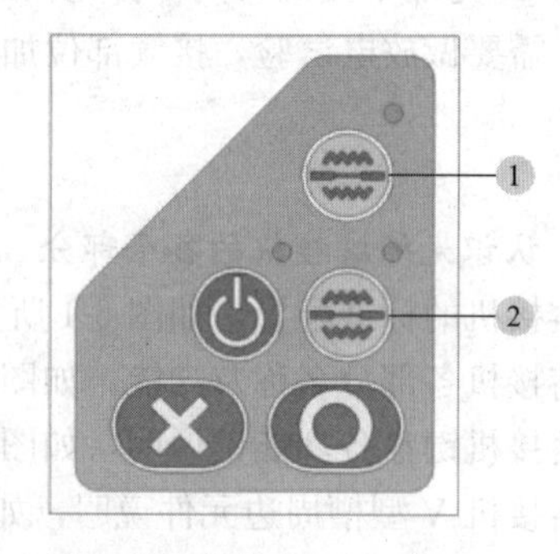

亮度调整键
调整显示器亮度的操作键。

向上箭头键
操作光标的移动，输入数值或文字时使用。

向左箭头键
操作光标的移动，输入数值或文字以及返回上一画面时使用。

向下箭头键
操作光标的移动，输入数值或文字时使用。

向右箭头键
操作光标的移动，输入及选择数值、文字时使用。

口字键
操作菜单显示、追加放电等使用。

菱形键
显示键盘向导时使用。

电源开关/LED
开关电源的操作键。LED可显示电源的状态。

O键(启动键)
启动接续的操作键。

X键(复位键)
中止接续或重新设置状态时使用。

加热器开关①/LED
补强器(后排)的加热开始键以及显示状态的LED。

加热器开关②/LED
补强器(前排)的加热开始键以及显示状态的LED。

图 6-3　光纤熔接机键盘各功能键说明

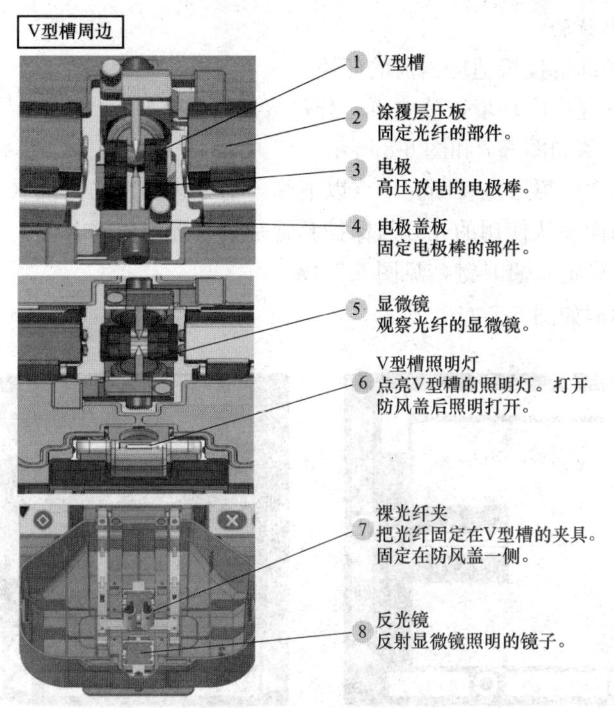

图 6-4　光纤熔接机 V 型槽周边元件说明

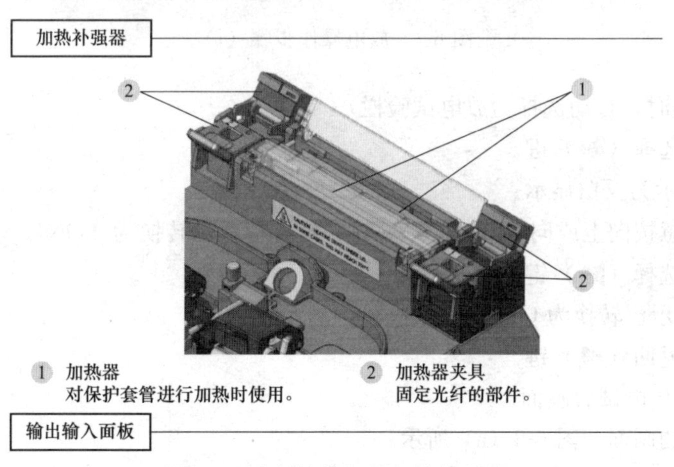

图 6-5　光纤熔接机的加热补强器

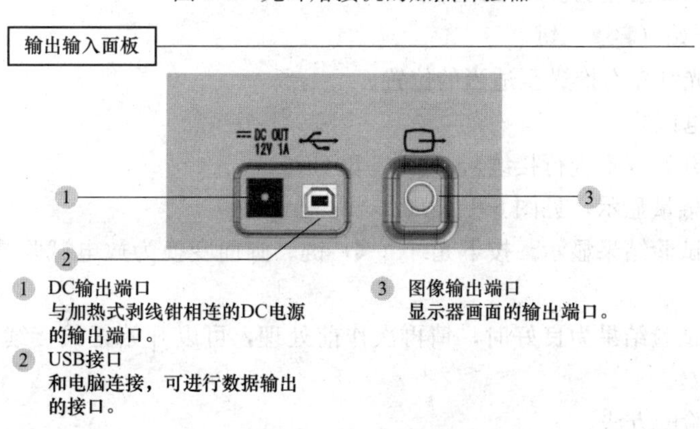

图 6-6　光纤熔接机输入和输出口

步骤二：放电试验

- 目的：让光纤熔接机适应当前的环境。
- 作用：更好地适应环境，放电更充分，熔接效果更好。
- 放电操作步骤如图 6-7 和图 6-8 所示。

（1）把已经剥去涂覆层且切断完毕（以下称『前处理』）的光纤（左右）放置好。在原点复位完成画面确认使用的光纤与保护套管是否与设定值吻合。

（2）按下条件设定（◎）键，见图 6-7（a）。

（3）显示的画面如图 6-7（b）所示。

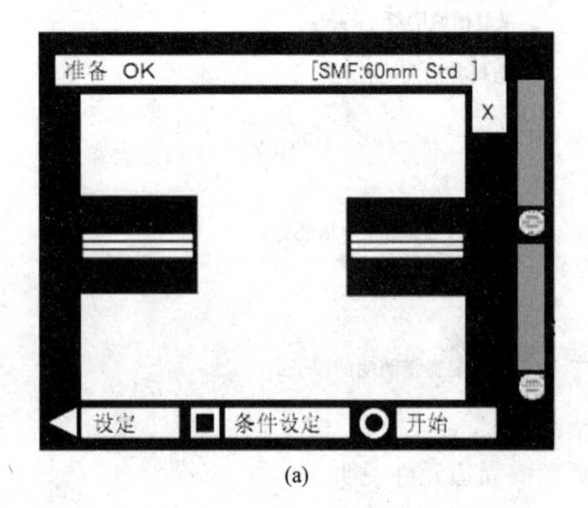

(a)

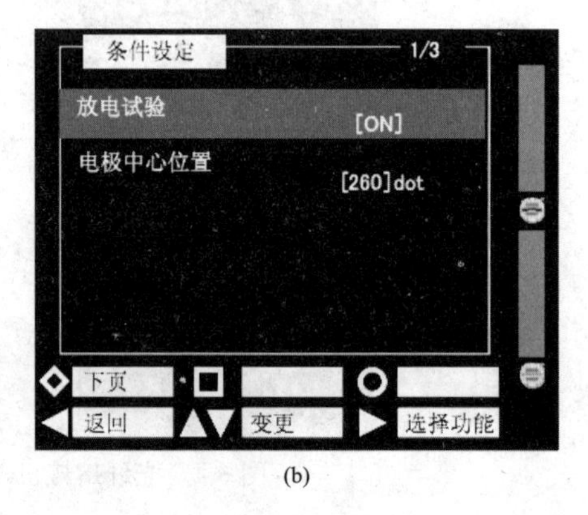

(b)

图 6-7 放电操作步骤（1）

（画面变换时，自动选择为放电试验栏）

（4）按下选择（▶）键。

- OFF 显示为反白显示

（5）可任意按向上或向下（▲▼）键，使光标显示转换为『ON』。

（6）按下选择（▶）键。

- 确认显示已转换为 OFF→ON

（7）按下返回（◀）键。

- 转换为放电试验画面。

（8）显示的画面如图 6-8（a）所示。

- 请确认画面的左上『放电试验准备 OK』。

（9）按下开始（◎）键。

- 左右的光纤左右推进至适当的位置。
- 开始放电试验。

（10）放电开始（不进行接续），见图 6-8（b）。

（11）光纤融量显示，见图 6-8（c）。

（12）放电试验结果显示。按下光纤（◀）键。画面变换为放电试验结果显示，见图 6-8（d）。

（13）放电试验结果为良好时，请再次作前处理，可以开始正式接续。打开防风盖，原点自动复位。

- 放电实验的方法。

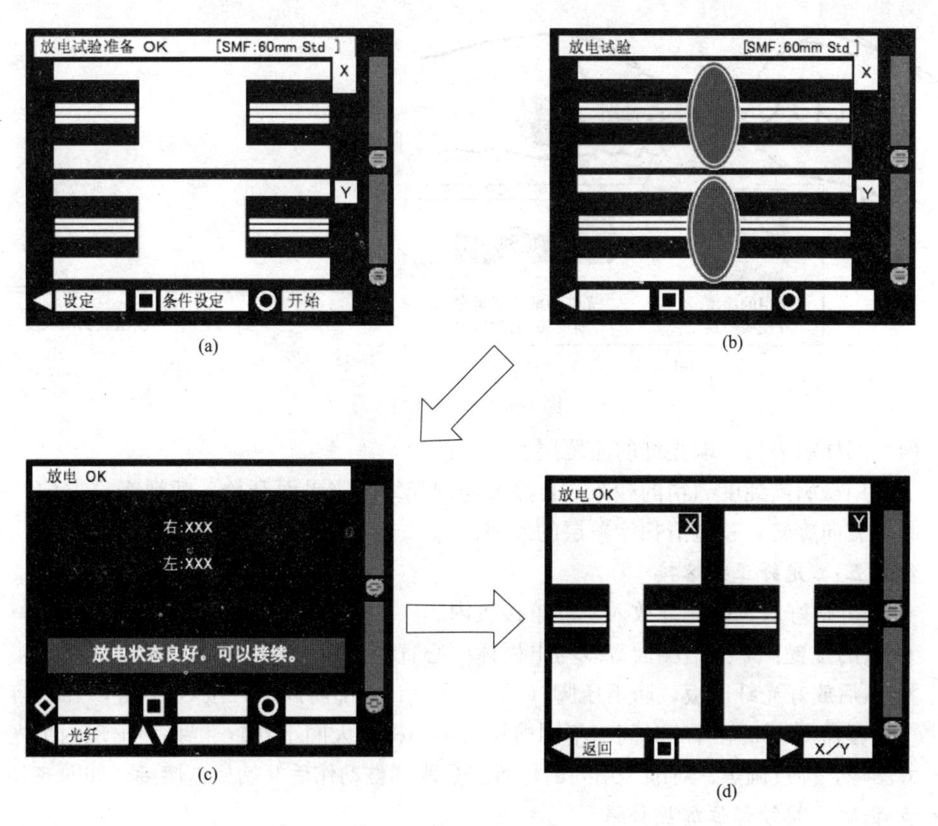

(a) (b) (c) (d)

图 6-8　放电操作步骤（2）

（1）加入光纤，选择“放电实验”功能，按“SET”键即可，屏幕显示出放电强度，直到出现“放电 OK”为止。

（2）空放电，按 ARC 键。

（3）放电次数：过程会出现“放电过强，放电过弱”，直到放电 OK 止。

（4）放电条件：位置改变时（一般超过 300kM）需要做放电实验。

海拔变化时（一般超过 1000m）需要做放电实验。

在更换电极后一定需要做放电实验，纬度变化时，不是每次熔接前都要做放电实验。

步骤三：选择热缩套管

• 确认所熔接的光纤类型和需要加热的热缩套管类型。

• 光纤类型：在熔接模式中选择 SMF、MF、DSF、NZDF 等。

• 热缩套管类型：在加热模式中选择，一般热缩套管分 40、60mm 两种，当然也有生产厂家按照自己生产的光纤熔接机来定做热缩套管。

步骤四：备制光纤

• 用光纤剥线钳剥除一段裸光纤出来，用酒精棉来清洁干净，然后用光纤切割刀来切割，切割长度按照上面参数来确定，切割刀上面有尺寸刻度，注意保持切割的端面保持垂直状态，误差一般是 2°以内，1°以内，注意先清洁后切割。

• 放置热缩套管，在切割前做完这个动作，如图 6-9 所示。

（1）使用剥线钳（JR-25）剥去光纤涂覆层，使用的涂覆外径要与剥线钳的槽一致。

（2）光纤前部对准 40mm 刻度线。

（3）涂覆层要剥去 40mm，如图 6-9（b）所示。

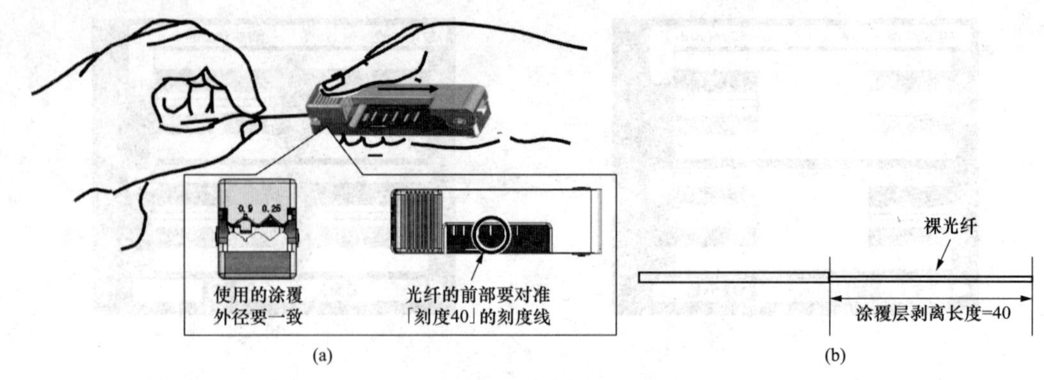

图 6-9　备制光纤

（4）同样剥去另一端光纤的涂覆层。

（5）用浸满高纯度酒精的纱布，自涂覆与裸光纤的交界面开始，朝裸光纤方向，一边按圆周方向旋转，一边清扫涂覆层的碎屑。

步骤五：光纤正式熔接

- 光纤切好后，把光纤放入光纤熔接机内。
- 放的位置：V 型槽端面直线与电极棒中心直线中间 1/2 的地方。
- 然后放好光纤压板，防下压脚（另一侧同），盖上防风盖，按 SET 键，开始熔接，整个过程需要 15s 左右的时间（不同熔接机不一样，大同小异），屏幕上出现两个光纤的放大图像，经过调焦、对准一系列的位置、焦距调整动作后开始放电熔接，如图 6-10 所示。

步骤六：接续部位加热补强

- 熔接完成后，把热缩套管放在需要固定的部位，把光纤的熔接部位防在热缩套管的正中央，一定要放在中间，给他一定的张力，注意不要让光纤弯曲，拉紧，压放入加热槽，盖上盖，按键 HEAT，下面指示灯会亮起，持续 90s 左右，机器会发出警告加热过程完成，同时指示灯也会不停地闪烁，拿出冷却，熔接过程结束。图 6-11 所示为接续部位加热补强。

步骤七：在操作过程常注意的问题

- 清洁，光纤熔接机的内外，光纤的本身，重要的就是 V 型槽，光纤压脚等部位。
- 切割时，保证切割端面 89°±1°，近似垂直，在把切好的光纤放在指定位置的过程中，光纤的端面不要接触任何地方，碰到则需要重新清洁和切割。强调先清洁后切割。
- 放光纤在其位置时，不要太远也不要太近，宜在 1/2 处。
- 在熔接的整个过程中，不要打开防风盖。
- 加热热缩套管，过程学名叫接续部位的补强，加热时，光纤熔接部位一定要放在正中间，加一定张力，防止加热过程出现气泡，固定不充分等现象，强调的是加热过程和光纤的熔接过程可以同时进行，加热后拿出时，不要接触加热后的部位，温度很高，避免发生危险。
- 整理工具时，注意碎光纤头，防止危险，光纤是玻璃丝，很细而且很硬。

步骤八：一般的日常维护注意的问题

- 保洁工具（常用）：棉花，棉签棒，光纤本身，空气气囊、酒精（要求同上）需要清洁的部位。

（1）光纤压脚：用棉花棒蘸酒精按同一方向擦拭。

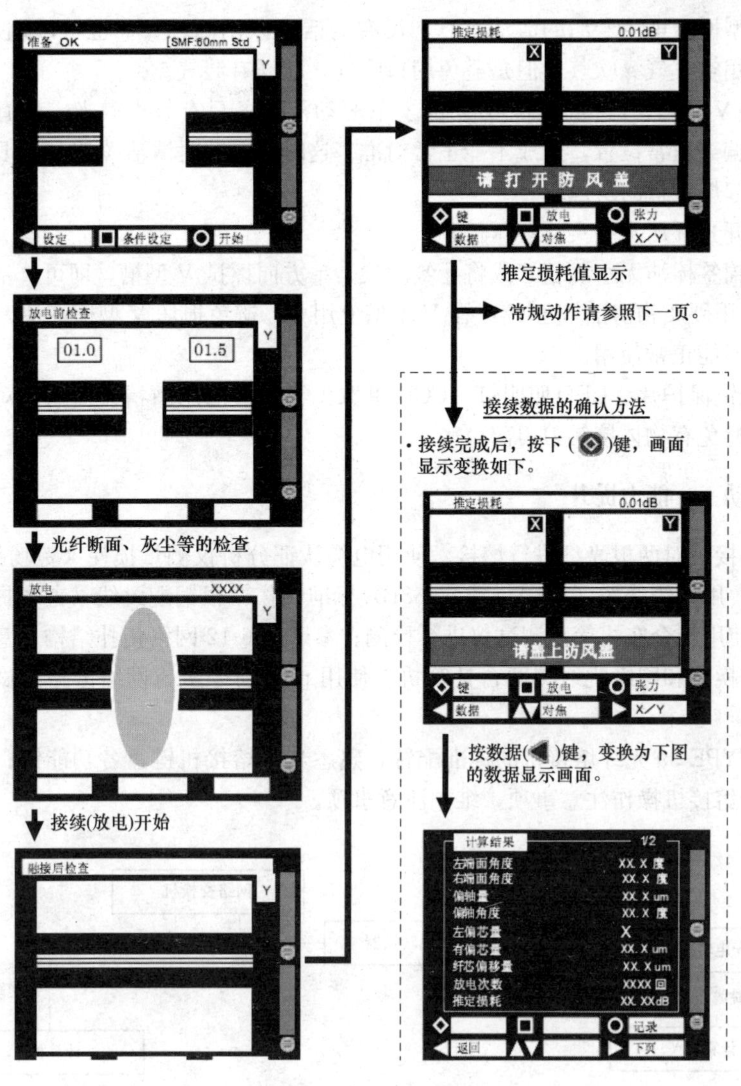

图 6-10 光纤熔接

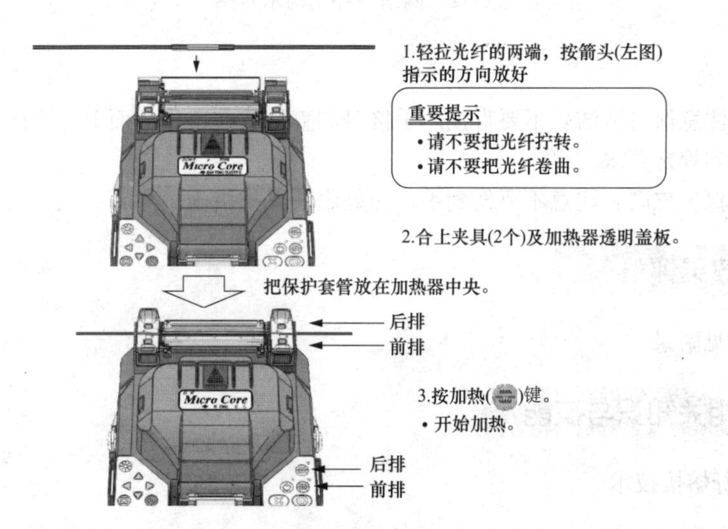

图 6-11 接续部位加热补强

（2）V型槽：可用专门的清洁工具，没有的话可以用酒精棒，也可以用裸光纤来清洁，一般多用空气气囊吹气，但是避免用口吹气，那样有湿气。

• 清洁V型槽：熔接机调芯方向的上下驱动范围各只有数十微米，稍有异物就会使光纤图像偏离正常位置，造成不能正常对准。这时候需及时清洁V型槽，具体过程如下：

（1）掀起熔接机的防风罩。

（2）打开光纤压头和夹持器压板。

（3）用棉签棒沾无水酒精（或将牙签削尖）单方向擦拭V型槽，即可。

• 切忌用硬质物清洁V型槽或在V型槽上用力，避免损坏V型槽或使V型槽失准，造成仪表不能正常使用。

• 反光镜保护片、LED照明灯、CCD摄像头等的清洁用酒精棒擦拭，对于光纤切割刀同上，避免有物体接触刀刃部位。

6.4.3 活动三　能力提升

通过光纤熔接机对两根光纤进行熔接，使用电缆认证分析仪测量损耗（考场提供一根SC接头的光纤跳线）；用双绞线按T568A（或T568B）标准制作3根铜缆跳线（考场提供2根制作好的铜缆跳线），使用综合布线简易测试仪进行检测；参照图6-12网络拓扑结构示意图，通过网络交换机、光电转换器和网络跳线接两台计算机，使用ping命令进行网络链路测试，并解读测试数据。

熟悉住友TYPE-39光纤熔接机的标准配置，熟悉光纤熔接机键盘各功能键；执行光纤熔接实验；阐述光纤熔接机操作注意事项，维护注意事项。

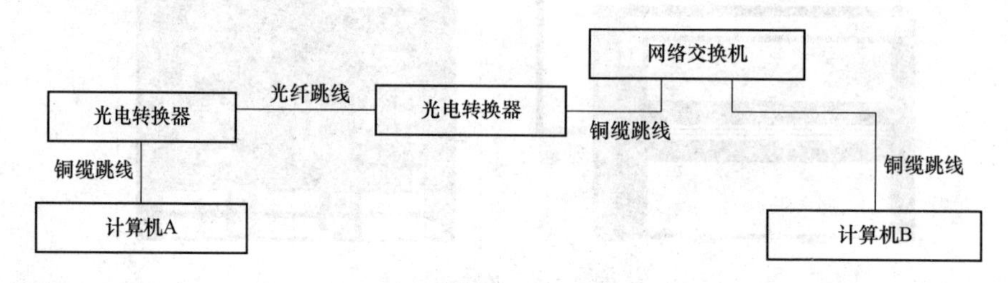

图6-12　网络拓扑结构示意图

注意事项：

（1）裸光纤注意保持清洁，不要直接用手接触和直接放在工作台面上。这样才可以保证磨接后，光纤损耗达到规定要求。

（2）剥光纤保护皮时，注意不要伤到手、做好眼睛保护措施。

6.5 效果评价

评价标准详见附录。

6.6 相关知识与技能

6.6.1 光纤熔接技术

光纤传输具有传输频带宽、通信容量大、损耗低、不受电磁干扰、光缆直径小、重量轻、原材料来源丰富等优点，因而正成为新的传输媒介。光在光纤中传输时会产生损耗，这种损耗主要是由光纤自身的传输损耗和光纤接头处的熔接损耗组成。光缆一经定购，其光纤自身的传输损耗也基本确定，而光纤接头处的熔接损耗则与光纤的本身及现场施工有关。努力降低光纤接头处的熔接损耗，则可增大光纤中继放大传输距离和提高光纤链路的衰减裕量。

6.6.2 影响光纤熔接损耗的主要因素

影响光纤熔接损耗的因素较多，大体可分为光纤本征因素和非本征因素两类。

1. 光纤本征因素是指光纤自身因素

主要有：光纤模场直径不一致、两根光纤芯径失配、纤芯截面不圆、纤芯与包层同心度不佳。其中光纤模场直径不一致影响最大，按 CCITT（国际电报电话咨询委员会）建议，单模光纤的容限标准如下。

（1）模场直径：（9～10μm）±10%，即容限约±1μm；

（2）包层直径：（125±3）μm；

（3）模场同心度误差≤6%，包层不圆度≤2%。

2. 影响光纤接续损耗的非本征因素，即接续技术

（1）轴心错位。单模光纤纤芯很细，两根对接光纤轴心错位会影响接续损耗。当错位 1.2μm 时，接续损耗达 0.5dB。

（2）轴心倾斜。当光纤断面倾斜 1°时，约产生 0.6dB 的接续损耗，如果要求接续损耗≤0.1dB，则单模光纤的倾角应为≤0.3°。

（3）端面分离。活动连接器的连接不好，很容易产生端面分离，造成连接损耗较大。当熔接机放电电压较低时，也容易产生端面分离，此情况一般在有拉力测试功能的熔接机中可以发现。

（4）端面质量。光纤端面的平整度差时也会产生损耗，甚至气泡。

（5）接续点附近光纤物理变形。光缆在架设过程中的拉伸变形，接续盒中夹固光缆压力太大等，都会对接续损耗有影响，甚至熔接几次都不能改善。

（6）其他因素的影响。接续人员操作水平、操作步骤、盘纤工艺水平、熔接机中电极清洁程度、熔接参数设置、工作环境清洁程度等均会影响到熔接损耗的值。

6.6.3 降低光纤熔接损耗的措施

（1）一条线路上尽量采用同一批次的优质名牌裸纤。对于同一批次的光纤，其模场直径基本相同，光纤在某点断开后，两端间的模场直径可视为一致，因而在此断开点熔接可使模场直径对光纤熔接损耗的影响降到最低程度。所以要求光缆生产厂家用同一批次的裸纤，按要求的光缆长度连续生产，在每盘上顺序编号并分清 A、B 端，不得跳号。敷设光缆时须按编号沿确定的路由顺序布放，并保证前盘光缆的 B 端要和后一盘光缆的 A 端相连，从而保证接续时能在断开点熔接，并使熔接损耗值达到最小。

（2）光缆架设按要求进行。在光缆敷设施工中，严禁光缆打小圈及折、扭曲，3km 的光缆必须 80 人以上施工，4km 必须 100 人以上施工，并配备 6～8 部对讲机；另外“前走后跟，光缆上肩”的放缆方法，能够有效地防止打背扣的发生。牵引力不超过光缆允许的 80%，瞬间最大牵引力不超过 100%，牵引力应加在光缆的加强件上。敷放光缆应严格按光缆施工要求，从而最低限度地降低光缆施工中光纤受损伤的概率，避免光纤芯受损伤导致的熔接损耗增大。

（3）挑选经验丰富训练有素的光纤接续人员进行接续。现在熔接大多是熔接机自动熔接，但接续人员的水平直接影响接续损耗的大小。接续人员应严格按照光纤熔接工艺流程图进行接续，并且熔接过程中应一边熔接一边用OTDR测试熔接点的接续损耗。不符合要求的应重新熔接，对熔接损耗值较大的点，反复熔接次数以3～4次为宜，多根光纤熔接损耗都较大时，可剪除一段光缆重新开缆熔接。

（4）接续光缆应在整洁的环境中进行。严禁在多尘及潮湿的环境中露天操作，光缆接续部位及工具、材料应保持清洁，不得让光纤接头受潮，准备切割的光纤必须清洁，不得有污物。切割后光纤不得在空气中暴露时间过长尤其是在多尘潮湿的环境中。

（5）选用精度高的光纤端面切割器来制备光纤端面。光纤端面的好坏直接影响到熔接损耗大小，切割的光纤应为平整的镜面，无毛刺，无缺损。光纤端面的轴线倾角应小于1°，高精度的光纤端面切割器不但提高光纤切割的成功率，也可以提高光纤端面的质量。这对OTDR测试不着的熔接点（即OTDR测试盲点）和光纤维护及抢修尤为重要。

（6）正确使用熔接机。熔接机的功能就是把两根光纤熔接到一起，所以正确使用熔接机也是降低光纤接续损耗的重要措施。根据光纤类型正确合理地设置熔接参数、预放电电流、时间及主放电电流、主放电时间等，并且在使用中和使用后及时去除熔接机中的灰尘，特别是夹具、各镜面和V型槽内的粉尘和光纤碎末的去除。每次使用前应使熔接机在熔接环境中放置至少15min，特别是在放置与使用环境差别较大的地方（如冬天的室内与室外），根据当时的气压、温度、湿度等环境情况，重新设置熔接机的放电电压及放电位置，以及使V型槽驱动器复位等调整。

6.6.4 光纤接续点损耗的测量

光损耗是度量一个光纤接头质量的重要指标，有几种测量方法可以确定光纤接头的光损耗，如使用光时域反射仪（OTDR）或熔接接头的损耗评估方案等。

1. 熔接接头损耗评估

某些熔接机使用一种光纤成像和测量几何参数的断面排列系统。通过从两个垂直方向观察光纤，计算机处理并分析该图像来确定包层的偏移、纤芯的畸变、光纤外径的变化和其他关键参数，使用这些参数来评价接头的损耗。依赖于接头和它的损耗评估算法求得的接续损耗可能和真实的接续损耗有相当大的差异。

2. 使用光时域反射仪（OTDR）

光时域反射仪（Optical Time Domain Reflectometer，OTDR）又称背向散射仪，其原理是往光纤中传输光脉冲时，由于在光纤中散射的微量光，返回光源侧后，可以利用时基来观察反射的返回光程度。由于光纤的模场直径影响它的后向散射，因此在接头两边的光纤可能会产生不同的后向散射，从而遮蔽接头的真实损耗。如果从两个方向测量接头的损耗，并求出这两个结果的平均值，便可消除单向OTDR测量的人为因素误差。然而，多数情况是操作人员仅从一个方向测量接头损耗，其结果并不十分准确，事实上，由于具有失配模场直径的光纤引起的损耗可能比内在接头损耗自身大10倍。

6.6.5 光纤熔接机使用流程

光纤熔接机主要由熔接机主机、按键控制面板、防风盖子、加热槽、高清显示屏、提手等几个部分组成，如图6-13所示。

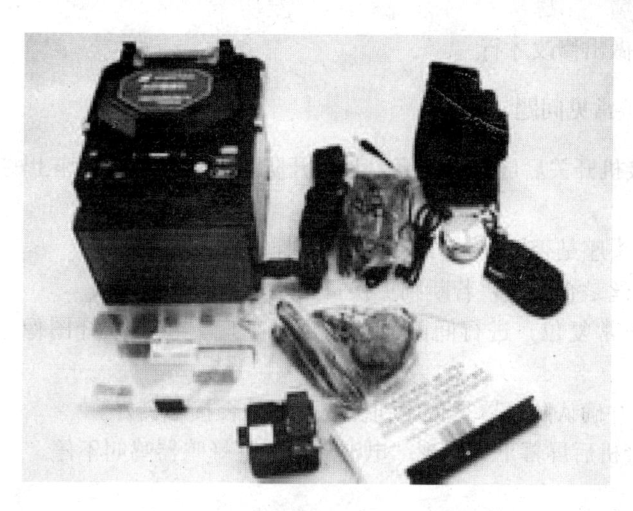

图 6-13　光纤熔接机主要组成部分

光纤熔接机的使用流程如下。

（1）开剥光缆，并将光缆固定到盘纤架上。常见的光缆有层绞式、骨架式和中心束管式光缆，不同的光缆要采取不同的开剥方法，剥好后要将光缆固定到盘纤架。

（2）分别将光纤穿过热缩管。将不同束管、不同颜色的光纤分开，穿过热缩管。熔接完成后，可以用热缩管保护光纤熔接头。

（3）打开熔接机电源，选择合适的熔接方式。熔接机的供电电源有交流和直流两种，要根据供电电源的种类来合理开关。75Ω 的同轴电缆使用的光纤有常规型单模光纤和色散位移单模光纤，工作波长也有 1310nm 和 1550nm 两种，所以要根据系统使用的光纤和工作波长来选择合适的熔接方式。

（4）制备光纤端面。光纤端面制作的好坏将直接影响接续质量，所以在熔接前，必须首先做合格的端面。用专用的剥线工具剥去涂覆层，再用沾用酒精的清洁麻布或棉花在裸纤上擦拭几次，使用精密光纤切割刀切割光纤，对 0.25mm（外涂层）光纤，切割长度为 8～16mm，对 0.9mm（外涂层）光纤，切割长度只能是 16mm。

（5）放置光纤。将光纤放在熔接机的 V 型槽中，小心压上光纤压板和光纤夹具，要根据光纤切割长度设置光纤在压板中的位置，并正确地放入防风罩中。

（6）接续光纤。按下接续键后，光纤相向移动，移动过程中，产生一个短的放电清洁光纤表面，当光纤端面之间的间隙合适后熔接机停止相向移动，设定初始间隙，熔接机测量，并显示切割角度。在初始间隙设定完成后，开始执行纤芯或包层对准，然后熔接机减小间隙（最后的间隙设定），高压放电产生的电弧将左边光纤熔到右边光纤中，最后微处理器计算损耗并将数值显示在显示器上。如果估算的损耗值比预期的要高，可以再次放电，放电后熔接机仍将计算损耗。

（7）移出光纤并用加热器加固光纤。打开防风罩，将接机同时存储熔接数据。其中包括：熔接模式、数据、估算损耗等。将光纤从熔接机上取出，再将热缩管放在裸纤中心，放到加热器中加热，完毕后从加热器中取出光纤。操作时，由于温度很高，不要触摸热缩管和加热器的陶瓷部分。

（8）盘纤并固定。将接续好的光纤盘到光纤收容盘上，固定好光纤、收容盘、接头盒、终端盒等，光纤熔接完成。

（9）光纤熔接机的易损件为放电的电极。每个厂家提供的建议也不同，但基本上是放电 4000～5000 次的样子就要更换电极了。或是自己做一下处理，重新打磨，但是长度会发生变化相应的熔接参数也会做出修改才行。

6.6.6 光纤熔接常见问题

• 开启光纤熔接机开关后屏幕无光亮，且打开防风罩后发现电极座上的水平照明不亮。

解决方法：

(1) 检查电源插头座是否插好，若不好则重新插好。

(2) 检查电源熔丝是否断开，若断则更换备用熔丝。

• 光纤能进行正常复位，进行间隙设置时屏幕变暗，没有光纤图像，且屏幕显示停止在“设置间隙”。

解决方法：检查并确认防风罩是否压到位或簧片是否接触良好。

• 开启光纤熔接机后屏幕下方出现“电池耗尽”且蜂鸣器鸣叫不停。

解决方法：

(1) 本现象一般出现在使用电池供电的情况下，只需更换供电电源即可。

(2) 检查并确认电源熔丝盒是否拧紧。

• 光纤能进行正常复位，进行间隙设置时光纤出现在屏幕上但停止不动，且屏幕显示停止在“设置间隙”。

解决方法：

(1) 按压“复位”键，使系统复位。

(2) 打开防风罩，分别打开左、右压板。顺序进行下列检查：

(3) 检查是否存在断纤。

(4) 检查光纤切割长度是否太短。

(5) 检查载纤槽与光纤是否匹配。并进行相应的处理。

• 光纤能进行正常复位，进行间隙设置时光纤持续向后运动，屏幕显示“设置间隙”及“重装光纤”。

解决方法：可能是光学系统中显微镜的目镜上灰尘沉积过多所致，用棉签棒擦拭水平及垂直两路显微镜的目镜，用眼观察无明显灰尘，即可再试。

• 光纤能进行正常复位，进行间隙设置时开始显示“设置间隙”，一段时间后屏幕显示“重装光纤”。

解决方法：

(1) 按压“复位”键，使系统复位。

(2) 打开防风罩，分别打开左、右压板。顺序进行下列检查：

(3) 检查是否存在断纤。

(4) 检查光纤切割长度是否短。

(5) 检查载纤槽与光纤是否匹配。并进行相应的处理。

• 自动工作方式下，按压“自动”键后可进行自动设置间隙、进行粗、精校准，但肉眼可在监视屏幕上观察到明显错位时，开始进行接续。

解决方法：

检查待接光纤图像上是否存在缺陷或灰尘，可根据实际情况用沾酒精棉球重擦光纤或重新制作光纤端面。

• 按压“加热”键，加热指示灯闪亮后很快熄灭同时蜂鸣器鸣叫。

解决方法：

（1）光纤熔接机会自动检查加热器插头是否有效插入。如果未插或未插好，请插好后即可。

（2）长时间持续加热是加热器会出现热保护而自动切断加热，可稍等一些时间再进行加热。

• 光纤进行自动校准时，一光纤上下方向运动不停，屏幕显示停止在“校准”。

解决方法：

（1）按压“复位”键使系统复位。

（2）检查 Y/Z 两方向的光纤端面位置偏差是否小于 0.5mm，如果小于则进行下面操作，否则送交工厂修理。

（3）检查裸纤是否干净，若不干净则处理之。

（4）清洁 V 型槽内沉积的灰尘。

（5）用手指轻敲小压头，确定小压头是否压实光纤，若未压实则处理之。即可再试。

• 光纤能进行正常复位，进行间隙设置时开始显示“设置间隙”，一段时间后屏幕显示“左光纤端面不合格”。

解决方法：

（1）肉眼观察屏幕中光纤图像，若左光纤端面质量确实不良，则可重新制作光纤端面后再试。

（2）肉眼观察屏幕中光纤图像，若左光纤端面质量尚可，可能是“端面角度”项的值设的较小之故，若想强行接续时，可将“端面角度”项的值设大既可。

（3）若幕显示“左光纤端面不合格”时屏幕变暗，且显示字符为白色。

（4）检查确认光纤熔接机的防风罩是否有效按下，否则处理之。

（5）打开防风罩，检查防风罩上顶灯的两接触簧片是否变形，若有变形则处理之。

• 光纤能进行正常复位，进行自动接续时放电时间过长。

解决方法：

进入放电参数菜单，检查是否进行有效放电参数设置，此现象是由于没对放电参数进行有效设置所致。

• 进行放电实验时，光纤间隙的位置越来越偏向屏幕的一边。

解决方法：

这是由于光纤熔接机进行放电实验时，同时进行电流及电弧位置的调整。当电极表面沉积的附着物使电弧在电极表面不对称时，会造成电弧位置的偏移。如果不是过分偏向一边，可不以理会。如果使用者认为需要处理，可采用以下办法处理。

（1）进入维护菜单，进行数次“清洁电极”操作。

（2）在不损坏电极尖的前提下，用单面刮胡刀片顺电极头部方向轻轻刮拭，然后进行数次“清洁电极”操作。

• 进行放电接续时，使用工厂设置的（1～5）放电程序均不可用，整体偏大或偏小。

解决方法：

这是由于电极老化，光纤与电弧相对位置发生变化或操作环境发生了较大变化所致。分别处理如下：

（1）电极老化的情况。检查电极尖部是否有损伤，若无则进行“清洁电极”操作。若电极尖部有损伤则更换电极。

（2）光纤与电弧相对位置发生变化的情况。进入“维护方式”菜单，按压“电弧位置”，打开防风罩可以观察光纤与电弧相对位置，若光纤不在电中部则可进行数次“清洁电极”操作，再观察光纤与电弧相对位置是否变化，若不变则为稳定位置。

(3) 操作环境发生了很大变化。处理过程如下：

1) 进行放电实验，直到连续3～5次“放电电流适中”。

2) 进入放电参数菜单，检查放电电流值。

3) 整体平移电流（预熔电流、熔接电流、修复电流），使“熔接电流”值为“138 (0.1mA)”。

4) 按压“参数”键，返回一级菜单状态。

5) 取3) 中电流平移量，反方向修改“电流偏差”项的值。

6) 确认无误后可按压“确认”键存储。

7) 按压“参数”键退出菜单状态，即可。

• 进行多模光纤接续时，放电过程中总是有气泡出现。

解决方法：

这主要是由于多模光纤的纤芯折射率较大所致，具体处理过程如下：

(1) 以工厂设置多模放电程序为模板（即将“放电程序”项的值设定为小于“5”），并确认。

(2) 进行放电实验，直到出现3次“放电电流适中”。

(3) 进行多模光纤接续，若仍然出现气泡则进行放电参数的修改，修改的过程如下：

1) 进入放电参数菜单。

2) 将“预熔时间”值以0.1s步距进行试探增加。

3) 接续光纤，若仍起气泡则继续增加“预熔时间”值，直到接续时不起泡为止（前提是光纤端面质量符合要求）。

4) 若接续过程不起泡而光纤变细则需减小“预熔电流”。

6.6.7 光纤熔接机的基本参数

住友TYPE-39光纤熔接机的基本参数如下：

(1) 适用光纤：SM（单模）、MM（多模）及DS（色散位移）光纤以及NZ-DS（非零色散位移，即G.655光纤）。

(2) 实际平均损耗：0.02dB (SM)、0.01dB (MM)、0.04dB (DS)、0.04dB (NZDS) 接续时间：平均9s（标准SM）。

(3) 加热时间：平均35s

(4) 接续结果的存储：可刻在内置存储器中保存2000个最新接续结果。

(5) 光纤显示方式：X轴和Y轴独立显示，或同时显示X/Y轴。

(6) 尺寸/质量：$150(W)\times150(D)\times150W(H)$/2.8kg。

(7) 操作环境：－10～＋50℃（温度），0～95%（湿度），0～5000m（海拔）存储环境：－40～80℃（温度），0～95%（湿度）。

(8) 光纤切割长度：8～16mm，16mm（标准）被覆光纤直径250μm或8～16mm（选用）被覆光纤直径250～1000μm。

(9) 热缩套管：40或60mm和一系列微型保护管。

(10) 语言显示：20种语言可选。

(11) 电源交流：使用ADC-11，交流输入电压100～240V直流：使用BTR-06S，电压为13.2V，4.5Ah，充满电后可熔接/加热最少60次（选件）使用BTR-06L，电压为13.2V，9.0Ah，充满电后可熔接/加热最少120次。

(12) 视频输出接口：有。

6.6.8 熔接机维护保养事项

(1)“放电检查”：执行此项功能主要用在接续损耗增大的时候。因熔接机的放电强度及时间会根据电极的使用时间、外间环境的改变而有所变化，所以我们要选择合适的参数，执行这项检查，其参数将会自动的最优化，以方便客户的操作、保证熔接质量。

(2) 电极维护：关闭电源，松开结合器的螺丝，取出电极。不要让电极尖接触任何东西，按照说明书上的指示对电极进行清洁。注：在每次使用熔接机之前，请先检查电极有无污染、磨损或损坏的情况发生，要清除电极上面的灰尘或其他颗粒，可以将结合装置中的电极移开。必须更换电极的情况电极弯曲。电极的尖端已经被磨成圆形。在放电过程中出现异常的噪声或电弧。出现图像错误报警。

(3) 清洁物镜和反光镜。

1) 如果物镜被污染和损坏可能会引起机器不能运作或损耗不正确，如果出现这种情况，首先要检查物镜和反光镜是否损坏，然后对其进行清洁。

2) 关闭电源，将电极取走。

3) 用蘸有纯酒精的优质棉签清洁物镜和反光镜表面，注意不要划伤镜面。

(4) 清洁 V 型槽和光纤压脚。如果 V 型槽或者光纤压脚上面有灰尘或污垢，则会使光纤在熔接过程中产生偏移，导致光纤的损耗增大或无法进行接续关闭电源，用特制的清洁工具清洁 V 型槽。用蘸有纯酒精的棉签清洁光纤压脚。

一、单选题

1. 单模光纤纤芯很细，两根对接光纤轴心错位会影响接续损耗。当错位 1.2μm 时，接续损耗达（　　）。

A. 0.5dB　　B. 1.0dB　　C. 1.5dB　　D. 2.5dB

2. 当光纤断面倾斜 1°时，约产生 0.6dB 的接续损耗，如果要求接续损耗≤0.1dB，则单模光纤的倾角应为（　　）。

A. ≤0.1　　B. ≤0.2　　C. ≤0.3　　D. ≤0.6

3. 下列（　　）是光纤熔接机。

A. TYPE-39　　B. DTX-1800　　C. DSP-4300　　D. Fluke 68X

4. 下图表示（　　）光纤连接器。

A. SC　　B. ST　　C. LC　　D. FC

5. 下图表示（　　）光纤连接器。

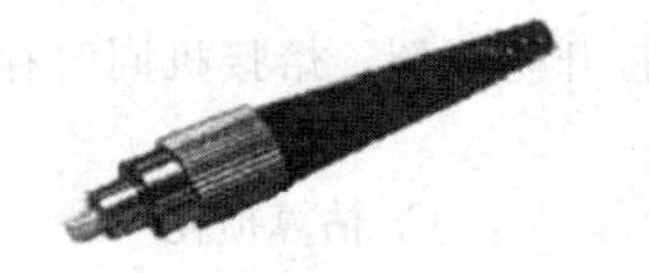

A. SC　　B. ST　　C. LC　　D. FC

6. 定义光纤布线系统部件和传输性能指标的标准是（　　）。

A. ANSI/TIA/EIA568-B.1　　B. ANSI/TIA/EIA568-B.2

C. ANSI/TIA/EIA568-B.3　　D. ANSI/TIA/EIA-568-A

7. 为了提高传输效率，综合布线系统光纤信道应采用标称波长为（　　）nm 的多模光纤。

A. 1310 与 1500　　B. 850 与 1550　　C. 800 与 1300　　D. 850 与 1300

8. 下列参数中，（　　）不是描述光纤通道传输性能的指标参数。

A. 光缆衰减　　B. 光缆波长窗口参数　　C. 回波损耗　　D. 光缆芯数

9. 衰减通常以负的分贝数来表示，即－10dB 比－4dB 信号弱，其中 6dB 的差异表示二者的信号强度相差（　　）倍。

A. 2　　B. 3　　C. 4　　D. 5

10. HDTDX 技术主要针对（　　）故障进行精确定位。

A. 各种导致串扰的　　B. 有衰减变化的

C. 回波损耗　　D. 有阻抗变化的

11. 下列（　　）是影响衰减的主要因素之一。

A. 高温效应　　B. 集肤效应　　C. 串扰效应　　D. 特性阻抗

12. 回波损耗是衡量（　　）参数。

A. 阻抗一致性的　　B. 抗干扰特性的　　C. 连通性的　　D. 物理长度的

13. 常用的 NVP 值是（　　）。

A. 0.53　　B. 0.69　　C. 0.99　　D. 1

14. 当综合布线系统区域内存在电磁干扰场强大于（　　）时，应采取防护措施。

A. 2V/m　　B. 3V/m　　C. 4V/m　　D. 5V/m

15. 在综合布线系统中，（　　）用于配线架到交换设备和信息插座到计算机的连接。

A. 理线架　　B. 跳线　　C. 110C 连接块　　D. 尾纤

二、多选题

1. 降低光纤熔接损耗的措施（　　）。

A. 一条线路上尽量采用同一批次的优质名牌裸纤

B. 光缆架设按要求进行

C. 挑选经验丰富训练有素的光纤接续人员进行接续

D. 接续光缆应在整洁的环境中进行

E. 选用精度高的光纤端面切割器来制备光纤端面

2. 光纤熔接机主要由（　　）等几个部分组成。

A. 熔接机主机　　B. 按键控制面板　　C. 防风盖子　　D. 加热槽

E. 高清显示屏

3. 在进行光纤熔接前，下列（　　）需要进行放电试验。

A. 刚接通电源后至接续作业开始前　　B. 改变光纤种类时

C. 温度、温度、高原等气压有较大变化时　　D. 连续 3 条光纤熔接未成功时

E. 外部电压不稳定时

4. 移出光纤并用加热器加固光纤，打开防风罩，熔接机同时存贮熔接数据，其中包括：（　　）。

A. 熔接模式　　B. 数据　　C. 估算损耗　　D. 湿度

E. 温度

5. 在综合布线系统中，回波损耗（RL）只在布线系统中的（　　）级采用。

A. A　　B. C　　C. D　　D. E

E. F

6. 根据当时的（　　）环境情况，重新设置熔接机的放电电压及放电位置，以及使V型槽驱动器复位等调整。

A. 气压　　B. 温度　　C. 湿度　　D. 室内

E. 室外

三、判断题

1. 活动连接器的连接不好，很容易产生端面分离，造成连接损耗较大。（　　）

2. 当熔接机放电电压较低时，也容易产生端面分离，此情况一般在有拉力测试功能的熔接机中可以发现。（　　）

3. 光纤端面的平整度差时也会产生损耗，甚至气泡。（　　）

4. 光缆在架设过程中的拉伸变形，接续盒中夹固光缆压力太大等，都会对接续损耗有影响，甚至熔接几次都不能改善。（　　）

5. 接续人员操作水平、操作步骤、盘纤工艺水平、熔接机中电极清洁程度、熔接参数设置、工作环境清洁程度等均会影响到熔接损耗的值。（　　）

6. 要求光缆生产厂家用同一批次的裸纤，按要求的光缆长度连续生产，在每盘上顺序编号并分清A、B端，可以跳号。（　　）

7. 敷设光缆时须按编号沿确定的路由顺序布放，并保证前盘光缆的B端要和后一盘光缆的B端相连，从而保证接续时能在断开点熔接，并使熔接损耗值达到最小。（　　）

8. 光纤能进行正常复位，进行间隙设置时屏幕变暗，没有光纤图像，且屏幕显示停止在“设置间隙”。解决方法：检查并确认防风罩是否压到位或簧片是否接触良好。（　　）

9. 光纤能进行正常复位，进行间隙设置时光纤持续向后运动，屏幕显示“设置间隙”及“重装光纤”。解决方法：可能是光学系统中显微镜的目镜上灰尘沉积过多所致，用棉签棒擦拭水平及垂直两路显微镜的目镜，用眼观察无明显灰尘，即可再试。（　　）

10. 自动工作方式下，按压“自动”键后可进行自动设置间隙、进行粗、精校准，但肉眼可在监视屏幕上观察到明显错位时，开始进行接续。解决方法：检查待接光纤图像上是否存在缺陷或灰尘，可根据实际情况用沾酒精棉球重擦光纤或重新制作光纤端面。（　　）

参考答案

单选题	1. A	2. C	3. A	4. C	5. D	6. C	7. D	8. D	9. A	10. A
	11. B	12. A	13. A	14. B	15. B					
多选题	1. ABCDE	2. ABCDE	3. ABC	4. ABC	5. BCDE	6. ABC				
判断题	1. Y	2. Y	3. Y	4. Y	5. Y	6. N	7. N	8. Y	9. Y	10. Y

任务 7

光纤熔接操作与通信验证

该训练任务建议用 3 个学时完成学习及过程考核。

7.1 任务来源

室外光缆进入室内机房与光缆终端盒连接时，室外光缆和尾纤在光缆终端盒内应做光纤熔接，以满足室外光缆的信号通过光缆终端盒传输到机房的光纤设备。

7.2 任务描述

首先对光纤进行预处理，然后对光纤熔接机进行熔接前设置，利用光纤熔接机，将两条尾纤进行熔接、补强和对接续部位测试损耗值，用电缆认证分析仪进行通信测试。

7.3 能力目标

7.3.1 技能目标

完成本训练任务后，你应当能（够）：

1. 关键技能

- 会光纤涂覆层的剥离操作。
- 会光纤的切割操作。
- 会光纤的续接操作与测试。

2. 基本技能

- 会使用光纤熔接机基本功能。
- 熟练使用光纤切割工具。
- 熟知光纤的熔接放置。
- 懂得光纤熔接机的放电实验操作。
- 懂得光纤制作后接续部位的补强。

7.3.2 知识目标

完成本训练任务后，你应当能（够）：

- 会进行光纤熔接机的设置。

- 掌握光纤熔接操作顺序。
- 了解熔接后的检测与评价标准。

7.3.3 职业素质目标

完成本训练任务后，你应当能（够）：

- 剥光纤时，废除的玻璃光纤芯及时放入专用垃圾桶，以免造成安全隐患。
- 遵守系统布线标准规范，养成严谨科学的工作态度。

7.4 任务实施

7.4.1 活动一 知识准备

下列知识可以由学员自学或老师讲授完成。

（1）多模光纤的特点。

（2）单模光纤的特点。

（3）现代通信传输中所使用的光纤光缆的优点。

7.4.2 活动二 示范操作

1. 活动内容

首先对光纤进行预处理，然后对光纤熔接机进行熔接前设置，利用光纤熔接机，对两条光纤进行熔接和对续接部位补强，并利用光纤测试仪 DTX-1800 进行测试。通过本任务熟悉光纤的结构和掌握光纤熔接机的使用方法。

2. 操作步骤

步骤一：光纤的预处理

（1）光纤涂覆层剥离与清洁。

- 拉除线缆护套，如图 7-1 所示。
- 使用剥线钳（JR-25）剥去光纤涂覆层。
- 涂覆层要剥去的长度为 40mm（长度不是这样会直接影响熔接结果），用同样方式剥去另一根光纤的涂覆层。如图 7-2 所示。

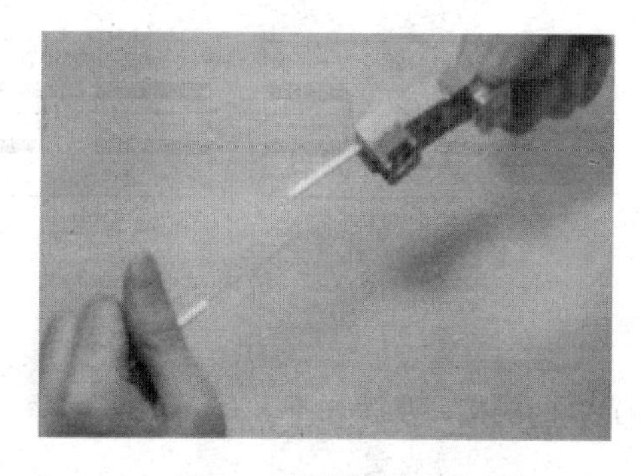

图 7-1 拉除线缆护套

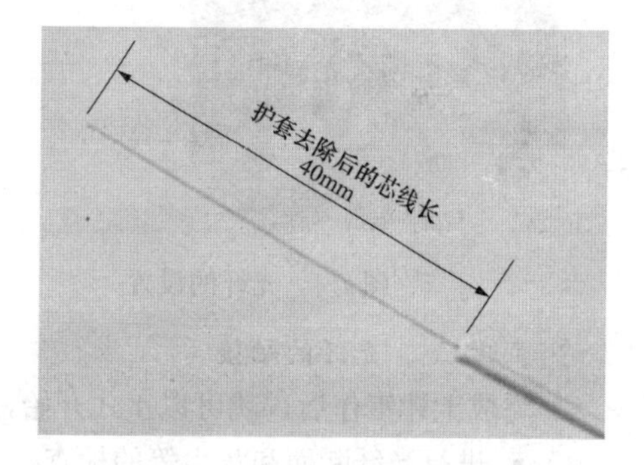

图 7-2 剥去光纤涂覆层

- 用浸满高纯度酒精的纱布，自涂覆与裸光纤的交界面开始，朝裸光纤方向，一边按圆周方向旋转，一边清扫涂覆层的碎屑。

(2) 光纤的切割。

• 使用光纤切割刀的型号为（FC-6S）。

• 把裸光纤放在光纤板上，使用的涂覆层外径要和剥线钳的槽吻合。

• 合上光纤盖板，移动光纤刀片开始切割光纤。如图 7-3 所示。

• 打开上盖板，再打开光纤盖板，取出已经切好的光纤，并把光纤碎屑倒入碎屑盒中。

• 把光纤放置到 TYPE-39 熔接机中（为防止弄脏断切面请马上把光纤放到熔接机中）。

图 7-3　切割光纤示意图

步骤二：光纤的设置

(1) 放置光纤。

• 在涂覆层线夹前部放置光纤涂覆交界处（圆型层线夹），如图 7-4 所示。

• 光纤安放好后，合上涂覆层的夹板。

• 按照同样方法，切断并安置好另一根光纤，合上防风盖，然后进行放电实验或正式续接。

(2) 放电试验。

• 下列情况，必须在作业前进行放电试验：①刚接通电源后至接续作业开始前；②改变光纤种类时；③温度、温度、高原等气压有较大变化时；④接续状态不佳时；⑤电极已久用或弄脏以及更换电极后。

• 按下条件设定键，选择放电实验。

• 放电试验结果分析。放电试验结果如图 7-5 所示。

• 只有出现图 7-5（a）所示结果时才进行正式的光纤接续作业，否则继续进行放电试验，直到出现如图 7-5（a）所示结果。

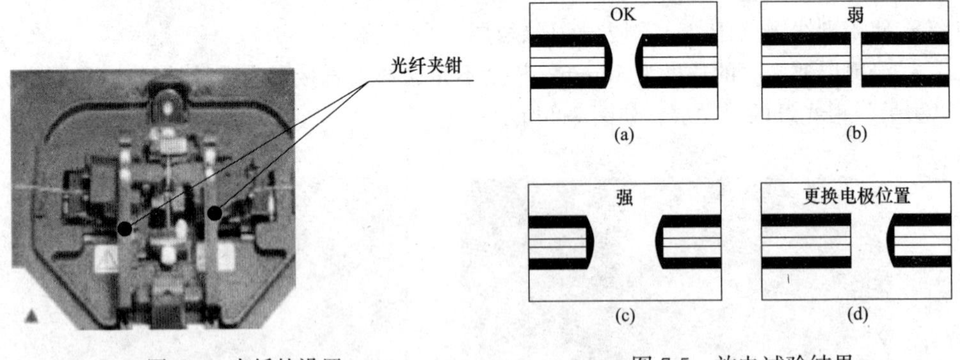

图 7-4　光纤的设置　　图 7-5　放电试验结果

步骤三：光纤的融接

完成上述工作后，就可以正式开始，光纤的融接，步骤如下。

• 进行光纤断面和灰尘等的检查。

• 接续开始（自动）。

• 熔接后的外观检查。

• 张力试验。

➔ 步骤四：接续部位的加热补强

• 轻拉光纤的二端并放入加热器中，并把保护套管放在加热器的中央位置，同时注意不要把光纤拧转，也不要把光纤卷曲，如图 7-6 所示。

• 合上夹具（2 个）及加热器透明盖板，按加热键开始加热。

• 观察液晶屏上的加热补强指示，等到机器发出报警时，补强结束，注意补强刚结束时，保护套管有高温，小心烫伤。加热补强指示如图 7-7 所示。

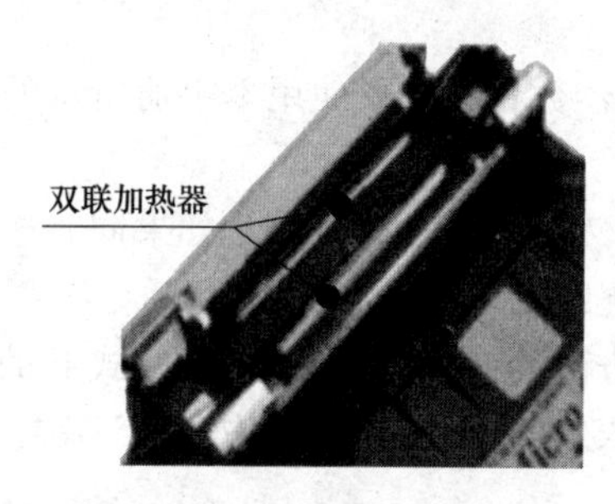

图 7-6　接续部位的加热补强

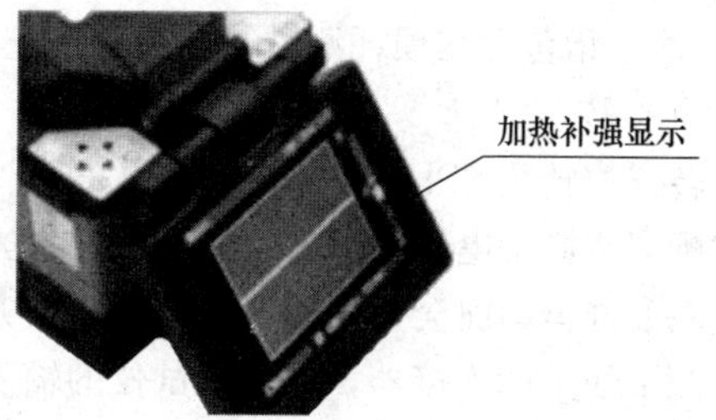

图 7-7　加热补强指示

➔ 步骤五：以环回模式进行自动测试

• 环回模式进行自动测试（单模光纤接头损耗是小于等于 0.2dB，多模光纤接头损耗是小于等于 0.1dB）。

• 用“环回”模式来测试光缆绕线盘、未安装光缆的线段及基准测试线。

• 在此模式中，测试仪以单向或双向测量两个波长的损耗、长度及传播延迟。图 7-8 所示为“环回”模式测试光纤所需的装置。

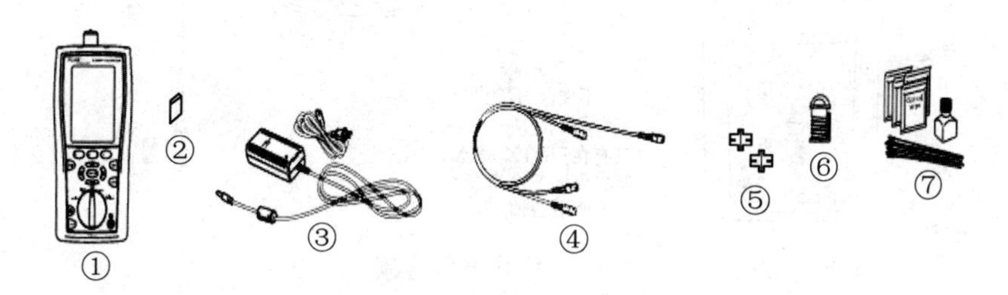

① 带光缆模块和连接适配器的测试仪(根据链路中所用连接器匹配连接适配器)

② 内存卡(可选的)

③ 带电源线的交流适配器(可选的)

④ 基准测试线。匹配待测光缆。长端必须为SC连接器。至于其他连接器，要与链路中所用的连接器匹配。

⑤ 两个适当类型的适配器

⑥ 心轴。建议在使用DTX-MFM2模块测试多模光缆时使用。

⑦ 光纤清洁用品

图 7-8　“环回”模式测试光纤所需的装置

（1）开启测试仪及智能远端，等候 5min。如果模块使用前的保存温度高于或低于环境温度，则等待更长时间使模块温度稳定。

（2）将旋转开关转至设置，然后选择光纤损耗。设置光纤损耗选项卡下面的选项（按→键来查看其他选项卡）。

1）光缆类型：选择待测的光纤类型。

2）测试极限：选择执行任务所需的测试极限值。按 F1 更多键来查看其他极限值列表。

3）远端端点设置：设置为环回模式。

4）双向：如果您需要双向测试光纤，启用此选项。

5）适配器数目及熔接点数：输入将在设置参考后被添加至光纤路径的每个方向的适配器及熔接数，本任务熔接点数是一。

6）连接器类型：选择用于待测布线的连接器类型。若未列出实际的连接器类型，请选择常规。

7）测试方法：指包含在损耗测试结果中的适配器数目。如果使用本手册所示的基准及测试连接，请选择模式 B。

（3）将旋转开关转至 SPECIAL FUNCTIONS；然后选择设置基准。如果同时连接了光缆模块和双绞线适配器或同轴电缆适配器，接下来选择光缆模块。

（4）设置基准屏幕画面会显示用于所选的测试方法的连接。如图 7-9 为模式 B 的连接。清洁测试仪及基准测试线上的连接器，连接测试仪的输入及输出端口；然后按 TEST 键。

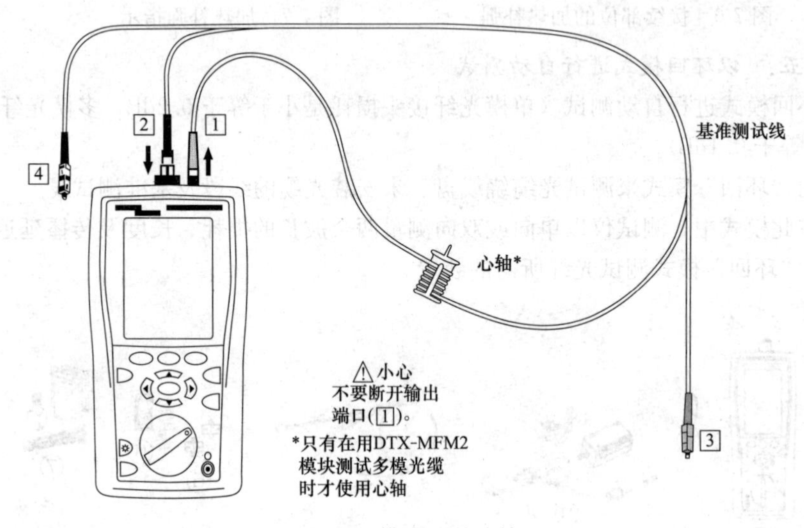

图 7-9　模式 B 的连接

步骤六：测试光纤跳线

将基准测试线与测试仪的输出端口断开，重新设置基准以确保测量值有效。将熔接的光纤跳线连接到测试仪。

• 清洁待测布线上的连接器；然后连接至布线。测试仪会显示用于所选测试方法的连接。用“方法 B”的连接。

• 将旋转开关转至 AUTOTEST。确认介质类型设置为光纤损耗。如果需要，按 J 键更换介质来更改。

• 按 P 键。

• 如果启用了双向测试，测试仪会提示要在测试半途切换光纤。切换适配器（而不是测试仪端口）的光纤。

• 要保存测试结果，按 N 键，选择或建立光纤标识码；然后再按一下 N 键。

• 将旋转开关转至 AUTOTEST。确认介质类型设置为光纤损耗。如果需要，按 F1 键更换介质来更改。

- 按 TEST 键。
- 如果启用了双向测试，测试仪会提示要在测试半途切换光纤。切换适配器（而不是测试仪端口）的光纤。
- 要保存测试结果，按 SAVE 键，选择或建立光纤标识码；然后再按一下 SAVE 键。

7.4.3 活动三 能力提升

首先对光纤进行预处理，然后对光纤熔接机进行熔接前设置，利用光纤熔接机，对两条光纤进行熔接和对续接部位补强，并利用光纤测试仪 DTX-1800 进行测试。通过本任务熟悉光纤的结构和掌握光纤熔接机的使用方法。

注意事项：

(1) 熔接机会通过电弧放电，所以不要在可能产生可燃气体的地方或装置有防爆器械的地方使用。以免引发火灾或爆炸事故。请勿触摸放电中的电极，以免烫伤或触电。

(2) 请勿将电池放入或浸泡在水中或海水里。电池内的保护装置一旦损坏，再充电时的电流或电压会发生异常，造成电池内部发生异常化学反应，引发发热、破裂或火灾。

(3) 请勿在火源旁边等高温场所内使用或放置电池。以免造成发热、破裂或火灾。

(4) 电池本身有（+）（−）极方向。在连接到充电器或融接机上时请勿用蛮力。如果连接时颠倒正负极，电池充电会发生异常，电池内部会发生异常化学反应，可能造成发热、破裂或火灾。

7.5 效果评价

评价标准详见附录。

7.6 相关知识与技能

7.6.1 光纤的简介

光纤是由玻璃、塑料和晶体等对某个波长范围透明的材料制造的能传输光的纤维。由中心部分的纤芯和环绕在纤芯外面的包层组成，芯的折射率比包层的高。光特性由光纤横截面上折射率分布所决定，分布一般呈圆对称形，仅与径向坐标 r 有关，用符号表示。光纤呈圆柱状直径从几 μm 到几百 μm。光从纤维端面进入后即束缚在纤维内曲折地向前传播其传输原理可用几何光学或波动光学解释。制造光纤时，一般先用原料做成坯棒或块材，然后拉制成细而长的纤维。

光纤的特征和性能有以下几方面。

(1) 几何和结构参数，如芯径、外径、数值孔径、芯/包层相对折射率差、折射率分布、涂覆层厚度等。

(2) 光传输特性，如工作波长，传输损耗和带宽、色散以及偏振特性。

(3) 环境特性，如高低温特性、抗微弯和弯曲特性、辐射特性、氢效应、抗疲劳特性和机械筛选强度等。

此外，单模光纤的参数还包括零色散波长和截止波长等。光纤的分类是一个很复杂的问题，因为存在许多分类标准，例如工作波长、模式、折射率分布、材料及纤维形态和结构均可作为分类的标准。

7.6.2 光纤数值孔径

入射到光纤端面的光并不能全部被光纤所传输，只是在某个角度范围内的入射光才可以。这个角度 α 的正弦值就称为光纤的数值孔径（$NA=\sin\alpha$），多模光纤 NA 的范围一般为 0.18～0.23，所以一般有 $\sin\alpha=\alpha$，即光纤数值孔径 $NA=\alpha$。有时，为了便于表达式简便，数值孔径也有如下表达式：$NA=n\sin\alpha$（n 为介质折射率）。不同厂家生产的光纤的数值孔径不同。

在光学中，数值孔径是表示光学透镜性能的参数之一。用放大镜把太阳光汇聚起来，能点燃纸张就是一个典型例子。若平行光线照射在透镜上，并经过透镜聚焦于焦点处时，假设从焦点到透镜边缘的仰角为 θ，则取其正弦值，称之为该透镜的数值孔径。

7.6.3 多模光纤

多模光纤可传播多种模式电磁波的光纤。其特点是可根据横截面折射率分布不同可分阶跃型多模光纤和梯度（渐变）型多模光纤。前者模间色散大，传输的信息容量较小；后者模间色散小，可传输的信息容量较大。多模光纤芯径较大，一般为 50μm 或 62.5μm，其数值孔径为 0.275。与单模光纤相比，芯径大得多，制造较容易，使用较方便，例如容易相互熔接，容易与无源器件、光源和光检测器件配接使用。但色散大得多，传输容量较小。

7.6.4 单模光纤

只能传导单一基模的光纤。圆芯折射阶跃分布的光纤维持单模传输出的条件是规一化频率值小于等于 2.405，还有其他折射率分布。表征单模光纤除了用与多模光纤相同的一些传输性能指标和结构指标外，还应包括截止波长、零色散波长和模斑尺寸。在实用中，单模光纤的抗弯曲和微弯特性是重要的，单模光纤的制造工艺、熔接和耦合技术已经成熟，其品种繁多，应用广泛，产量已超过多模光纤。除普通单模光纤外，还有具有特殊色散特性和偏振特性的单模光纤。制造单模光纤的材料有以二氧化硅为基础的玻璃及重金属氟化物玻璃。各种单模光纤可分别在高速率通信系统、局部地区网线路和传感器等器件中应用。

7.6.5 现代通信传输中使用的光纤光缆的优点

1. 损耗低

如若使光线穿过数厘米厚的窗玻璃，就将损耗掉一半的能量；如若使光线通过诸如天体望远镜之类的光学透镜，则穿过数米后，其能量减少一半；然而，当光波在光纤中传输时，假设光波长为 1.55nm，那么经传输 15km 以后，输入的光能量才减少一半。可见光纤的损耗是很低的。

2. 频带宽

金属电缆中，除了有直流电阻损耗外，还有称之为趋肤效应的高频损耗，以及介质的漏电引起的介质损耗，致使金属电缆工作频带不能很宽。以同轴电缆为例，当传输的信号频率在 10MHz 左右时，每传输 1km，大约就要损失信号功率的一半（能量减半）。可见，金属电缆的频率特性较差，频带较窄。对于光纤来说，光纤的带宽与光纤的折射率分布、纤芯直径大小和光纤材料的不同种类而有较大的差异。例如，石英系单模光纤（SM 型光纤），其带宽可达数十 GHz·km 以上，可见频带是非常宽的。

3. 线径细

光纤只有发丝那样的粗细，即便光纤成缆以后光缆也可以做得很细。无论在任何使用场合，与金属电缆相比光缆的占空可以得到大幅度的改善。

4. 质量小

光纤的主要材料为石英玻璃，其密度只为铜的1/4，成缆之后也很轻，便于敷设施工。

此外，由于光纤损耗低、频带宽，故使用光缆传输可以减少中继器的数量，甚至可以完全不经过中继器即可将大量信息长距离地传输到对方，从而可使传输成本显著降低。

随着ISDN业务的逐渐普及，今后图像、高速传真、高速数据等这些高速、宽带传输业务的需求势必不断增加，光纤正是可以满足这些要求的最为有效的传输手段。

另外，因为光缆比较细，质量比较轻，所以在光缆的运输和敷设等作业中，工作效率和经济效益均较高。同时，由于容易实现长距离敷设，故链路中的每段光缆都比较长，从而减少了接续点的个数，进一步提高了系统的可靠性。

由上可见，光缆必将代替以往使用的金属电缆，并且目前就已广泛地应用于各种传输线路中。

7.6.6 介质的折射率

根据光的折射性质可知，当光在空气和水，空气和玻璃等不同物质中传播时，在其交界面上，光将发生折射而改变先进方向。那么方向改变多少，有多大的折射比例，这要根据形成的介质组合的不同而不同。如何介质确定了，则折射比例也就决定了，表示这个折射比例的尺度称为折射率。通常是以光线从空气入射某种介质时的折射比例来定义该介质的折射率。

折射现象是因光在不同介质跌传播速度不同而产生的。在空气中，光的速度约为3×10^8m/s。而在介质中光传播速度降低。例如在水中，光速大约是空气中光速的3/4，在玻璃中大约是2/3，在宝石中大约是2/5。

7.6.7 光纤传送声音

为了用光传送声音，首先要像在普通电话通信中那样，先把声音信号（声音的强弱）变为电信号（电压或电流的强弱），然后将此信号不失真地进行传送。然而在光通信中，还要将这个电信号再变换成光信号（光的强弱），并使用光纤作为传输媒质将这个光信号传送到远方。在光纤传输的接收端，则把这个光信号先转变成电信号，然后再将电信号还原成声音信号，这样就实现了通话。

产生光载波，并把电信号变换成光信号的器件即为发光器件。光纤通信中使用的半导体发光器件有发光二极管（LED）和半导体激光二极管（LD）。把光信号变换成电信号的器件称之为光电检测器件。光纤通信中使用的半导体光电检测器有PIN光电二极管和雪崩光电二极管(APD)。

当然实际的光纤通信系统，并不是如上所述的简单组合。数字通信中，是先将声音转变为数字信号从而转变成电信号的ON（通）和OFF（断），然后再将这个信号以光的有无形式，经光纤传送至接收端。

7.6.8 光通信中激光的使用

激光的发光波长近于单一，也就是说时间相干性很高的光。另一方面，光纤中光的损耗与光纤中所传输光波的工作波长有关。因此，在光纤通信中可以选择与光纤损耗小的工作波长范围相适应的激光光源。

另外，光波长不同，石英玻璃的折射率也不相同，所以光在石英玻璃纤维中传输时，光波传输速度也因光波长的不同而异。因此对于一个包含有各种光波长的光脉冲来说，在光纤中传输时，由于传输速度的不同，光脉冲必将产生时间展宽，这样在一定时间内就不能传输更多的光脉冲。由此，高速率（或宽频带）信息的长距离传输就受到限制。以此观点出发，具有时间相干性很高的激光更适合于大容量长距离的光纤通信。另外，由于激光的空间相干性好，可以用透镜将光聚集成一点，这样可以使激光耦合到芯径极细的光纤里实现良好的耦合。再则，激光光束相位相同，具有很强的光强，可以增加无中继传输距离。

由上可见，时间、空间相干性都高的激光自然是十分适合于光纤通信的。

7.6.9 光纤损耗

光纤损耗是指光纤每单位长度上的衰减，单位为 dB/km。光纤损耗的高低直接影响传输距离或中继站间隔距离的远近，因此，了解并降低光纤的损耗对光纤通信有着重大的现实意义。

1. 光纤的吸收损耗

这是由于光纤材料和杂质对光能的吸收而引起的，它们把光能以热能的形式消耗于光纤中，是光纤损耗中重要的损耗，吸收损耗包括以下几种。

（1）物质本征吸收损耗。这是由于物质固有的吸收引起的损耗。它有两个频带，一个在近红外的 8～12μm 区域里，这个波段的本征吸收是由于振动。另一个物质固有吸收带在紫外波段，吸收很强时，它的尾巴会拖到 0.7～1.1μm 波段里去。

（2）掺杂剂和杂质离子引起的吸收损耗。光纤材料中含有跃迁金属如铁、铜、铬等，它们有各自的吸收峰和吸收带并随它们价态不同而不同。由跃迁金属离子吸收引起的光纤损耗取决于它们的浓度。另外，OH^- 离子的存在也产生吸收损耗，OH^- 离子的基本吸收极峰在 2.7μm 附近，吸收带在 0.5～1.0μm 范围。对于纯石英光纤，杂质引起的损耗影响可以不考虑。

解决方法有：①光纤材料化学提纯，比如达到 99.9999999%的纯度；②制造工艺上改进，如避免使用氢氧焰加热（汽相轴向沉积法）。

（3）原子缺陷吸收损耗。光纤材料由于受热或强烈的辐射，它会受激而产生原子的缺陷，造成对光的吸收，产生损耗，但一般情况下这种影响很小。

2. 光纤的散射损耗

光纤内部的散射，会减小传输的功率，产生损耗。散射中最重要的是瑞利散射，它是由光纤材料内部的密度和成分变化而引起的。

光纤材料在加热过程中，由于热骚动，使原子得到的压缩性不均匀，使物质的密度不均匀，进而使折射率不均匀。这种不均匀在冷却过程中被固定下来，它的尺寸比光波波长要小。光在传输时遇到这些比光波波长小，带有随机起伏的不均匀物质时，改变了传输方向，产生散射，引起损耗。另外，光纤中含有的氧化物浓度不均匀以及掺杂不均匀也会引起散射，产生损耗。

3. 波导散射损耗

这是由于交界面随机的畸变或粗糙所产生的散射，实际上它是由表面畸变或粗糙所引起的模式转换或模式耦合。一种模式由于交界面的起伏，会产生其他传输模式和辐射模式。由于在光纤中传输的各种模式衰减不同，在长距离的模式变换过程中，衰减小的模式变成衰减大的模式，连续的变换和反变换后，虽然各模式的损失会平衡起来，但模式总体产生额外的损耗，即由于模式的转换产生了附加损耗，这种附加的损耗就是波导散射损耗。要降低这种损耗，就要提高光纤制造工艺。对于拉得好或质量高的光纤，基本上可以忽略这种损耗。

4. 光纤弯曲产生的辐射损耗

光纤是柔软的，可以弯曲，可是弯曲到一定程度后，光纤虽然可以导光，但会使光的传输途径改变。由传输模转换为辐射模，使一部分光能渗透到包层中或穿过包层成为辐射模向外泄漏损失掉，从而产生损耗。当弯曲半径大于5～10cm时，由弯曲造成的损耗可以忽略。

5. 引起光纤损耗的因素

光纤的损耗因素主要有吸收损耗、散射损耗和其他损耗。这些损耗又可以归纳为本征损耗、制造损耗和附加损耗等。

（1）本征损耗。本征损耗是指光纤材料固有的一种损耗，是无法避免的，它决定了光纤的损耗极限。石英光纤的本征损耗包括光纤的本征吸收和瑞利散射造成的损耗。本征吸收是石英材料本身固有的吸收，包括红外吸收和紫外吸收。红外吸收是由于分子震动引起的，它在1500～1700nm波长区对光纤通信有影响；紫外吸收是由于电子跃迁引起的，它在700～1100nm波长区对光纤通信有影响。瑞利散射是由于光纤折射率在微观上的随机起伏所引起的，这种材料折射率的不均匀性使光波产生散射。瑞利散射在600～1600nm波段对光纤通信产生影响。

（2）光纤制造损耗。光纤制造损耗是在制造光纤的工艺过程中产生的，主要由光纤中不纯成分的吸收（杂质吸收）和光纤的结构缺陷引起。杂质吸收中影响较大的是各种过渡金属离子和OH^-离子导致的光的损耗。其中OH^-离子的影响比较大，它的吸收峰分别位于950nm、1240mm和1390nm，对光纤通信系统影响较大。随着光纤制造工艺的日趋完善，过渡金属的影响已不显著，最好的工艺已可以使OH^-离子在1390nm处的损耗降低到0.04dB/km，甚至小到可忽略不计的程度。此外，光纤结构的不完善也会带来散射损耗。

（3）附加损耗。附加损耗是在光纤成缆之后出现的损耗，主要是由于光纤受到弯曲或微弯时，使得光产生了泄漏，造成光损耗。

除上述3类损耗外，在光纤的使用中还会存在连接损耗、耦合损耗，如果光纤中入射光功率超出某值时还会有非线性效应带来的散射损耗。

6. 光纤的损耗特性曲线——损耗谱

将上述三类损耗相加就可以得到总的损耗，它是一条随波长而变化的曲线，叫作光纤损耗的损耗特性曲线——损耗谱。

从石英光纤的损耗谱曲线可以看到光纤通信所使用的3个低损耗“窗口”，即低损耗谷，它们分别是850nm波段（短波长波段）、1310nm波段和1550nm波段（长波长波段）。目前，光纤通信系统主要工作在1310nm波段和1550nm波段上，尤其是1550nm波段，长距离大容量的光纤通信系统多工作在这一波段。

7.6.10 熔接机参数

（1）适用光纤：SM（单模）、MM（多模）及DS（色散位移）光纤以及NZ-DS（非零色散位移，即G.655光纤）。

（2）实际平均损耗：0.02dB（SM）、0.01dB（MM）、0.04dB（DS）、0.04dB（NZDS）接续时间：平均9s（标准SM）。

（3）加热时间：平均35s。

（4）接续结果的存储：可刻在内置存储器中保存2000个最新接续结果。

（5）光纤显示方式：X轴和Y轴独立显示，或同时显示X/Y轴。

（6）尺寸/重量：150（*W*）×150（*D*）×150*W*（*H*）/2.8kg。

（7）操作环境：－10～＋50℃（温度），0～95%（湿度），0～5000m（海拔）存储环境：－40～80℃（温度），0～95%（湿度）。

（8）光纤切割长度：8～16mm，被覆光纤直径250μm16mm（标准）或8～16mm（选用），被覆光纤直径 250μm～1000μm。

（9）热缩套管：40 或 60mm 和一系列微型保护管。

（10）语言显示：20 种语言可选。

（11）电源交流：使用 ADC-11，交流输入电压 100～240V 直流：使用 BTR-06S，电压为 13.2V，4.5Ah，充满电后可熔接/加热最少 60 次（选件）使用 BTR-06L，电压为 13.2V，9.0Ah，充满电后可熔接/加热最少 120 次。

（12）视频输出接口：有。

7.6.11 熔接机维护保养事项

（1）“放电检查”。执行此项功能主要用在接续损耗增大的时候。因熔接机的放电强度及时间会根据电极的使用时 间、外间环境的改变而有所变化，所以要选择合适的参数，执行这项检查，其参数将会自动的最优化，以方便客户的操作、保证熔接质量。

（2）电极维护。关闭电源，松开结合器的螺丝，取出电极。不要让电极尖接触任何东西，按照说明书上的指示对电极进行清洁。注：在每次使用熔接机之前，请先检查电极有无污染、磨损或损坏的情况发生，要清除电极上面的灰尘或其他颗粒，可以将结合装置中的电极移开。必须更换电极的情况如下：①电极弯曲；②电极的尖端已经被磨成圆形；③在放电过程中出现异常的噪声或电弧；④出现图像错误报警。

（3）清洁物镜和反光镜。

1）如果物镜被污染和损坏可能会引起机器不能运作或损耗不正确，如果出现这种情况，首先要检查物镜和反光镜是否损坏，然后对其进行清洁。

2）关闭电源，将电极取走。

3）用蘸有纯酒精的优质棉签清洁物镜和反光镜表面，注意请不要划伤镜面。

（4）清洁 V 型槽和光纤压脚。如果 V 型槽或者光纤压脚上面有灰尘或污垢，则会使光纤在熔接过程中产生偏移，导致光纤的损耗增大或无法进行接续。此时应关闭电源，用特制的清洁工具清洁 V 型槽，用蘸有纯酒精的棉签清洁光纤压脚。

一、单选题

1. 光纤的环境特性是（　　）。

A. 工作波长　　B. 传输损耗　　C. 抗微弯　　D. 带宽

2. 光纤的光传输特性是（　　）。

A. 芯径　　B. 外径　　C. 数值孔径　　D. 工作波长

3. 光纤几何和结构参数是（　　）。

A. 低温特性　　B. 抗微弯　　C. 弯曲特性　　D. 涂覆层厚度

4. 在空气中，光的速度为（　　）。

A. 3×10^8m/s　　B. 6×10^8m/s　　C. 30×10^8m/s　　D. 60×10^8m/s

5. 光纤按芯数分，可以分为（　　）。

A. 中心束管式　　B. 层绞式　　C. 带状式　　D. 单芯和多芯

6. 在综合布线系统中，光纤按结构可分为（　　）。

A. 两芯　　B. 带状式　　C. 扁平式　　D. 架空式

7. 在进行光纤熔接前，下列（　　）需要进行放电试验。

A. 温度、湿度、高原等气压有较大变化时 B. 连续 3 条光纤熔接未成功时
C. 连续 5 条光纤熔接未成功时 D. 外部电压不稳定时

8. 在综合布线系统中，（　　）光纤是按端面划分。

A. PC　B. APC　C. MT　D. ST

9. 直径为 2.5mm 的陶瓷插针光纤连接器是（　　）。

A. LC　B. FC　C. MTRJ　D. PC

10. 在综合布线系统中，电信间内温度应为（　　）。

A. 5～10℃　B. 10～20℃　C. 20～30℃　D. 30～40℃

11. 在综合布线系统中，OS1 单模光缆在标称的波长 1550nm 传播时，每 km 的最大衰减值为（　　）。

A. 0.5dB　B. 1.0dB　C. 1.50dB　D. 10.0dB

12. 在综合布线系统中，光纤信道 OF-300 支持的应用长度不应小于（　　）。

A. 10m　B. 100m　C. 300m　D. 500m

13. 综合布线系统光纤信道多模光纤的标称波长为（　　）。

A. 85nm 和 130nm　B. 850nm 和 1300nm
C. 85nm 和 1300nm　D. 850nm 和 1000nm

14. 在综合布线系统某次测试频率为 100MHz 的系统测试中，某 D 级信道所测得的回波损耗（RL）为（　　）dB，该信道合格。

A. 9.6　B. 9.8　C. 11.0　D. 15.0

15. 下列参数中，（　　）不是描述光纤通道传输性能的指标参数。

A. 光缆衰减　B. 光缆波长窗口参数　C. 回波损耗　D. 光缆结构

二、多选题

1. 光纤几何和结构参数有（　　）。

A. 芯径　B. 外径　C. 数值孔径　D. 涂覆层厚度
E. 工作波长

2. 光纤的光传输特性有（　　）。

A. 工作波长　B. 传输损耗　C. 带宽　D. 色散
E. 数值孔径

3. 光纤的环境特性有（　　）。

A. 低温特性　B. 抗微弯　C. 弯曲特性　D. 辐射特性
E. 色散

4. 现代通信中的传输使用光纤光缆的优点（　　）。

A. 损耗低　B. 频带宽　C. 线径细　D. 重量轻
E. 无衰减

5. 光纤的吸收损耗（　　）。

A. 物质本征吸收损耗　B. 掺杂剂和杂质离子引起的吸收损耗
C. 原子缺陷吸收损耗　D. 光纤的散射损耗
E. 波导散射损耗

6. 熔接机电极维护事项包括（　　）。

A. 关闭电源　B. 松开结合器的螺丝　C. 取出电极　D. 充电

E. 放电

三、判断题

1. 光纤是由玻璃、塑料和晶体等对某个波长范围透明的材料制造的能传输光的纤维。（　　）

2. 单模光纤的参数包括零色散波长和截止波长。（　　）

3. 可传播多种模式电磁波的光纤。根据横截面折射率分布不同可分阶跃型多模光纤和梯度（渐变）型多模光纤。前者模间色散小，传输的信息容量较大；后者模间色散大，可传输的信息容量较小。（　　）

4. 多模光纤芯径较大，一般为50μm或62.5μm，其数值孔径为0.275NA。（　　）

5. 单模光纤只能传导单一基模的光纤。（　　）

6. 圆芯折射阶跃分布的光纤维持单模传输出的条件是规一化频率值等于2.405。（　　）

7. 制造单模光纤的材料有以二氧化硅为基础的玻璃及重金属氟化物玻璃。（　　）

8. 表征单模光纤除了用与多模光纤相同的一些传输性能指标和结构指标外，还应包括截止波长、零色散波长和模斑尺寸。（　　）

9. 光纤损耗的高低直接影响传输距离或中继站间隔距离的远近，因此，了解并降低光纤的损耗对光纤通信有着重大的现实意义。（　　）

10. 光纤内部的散射，会增加传输的功率，产生损耗。

单选题	1. C	2. D	3. D	4. A	5. D	6. B	7. A	8. A	9. B	10. C
	11. B	12. C	13. B	14. C	15. D					
多选题	1. ABCD	2. ABCD	3. ABCD	4. ABCD	5. ABC	6. ABC				
判断题	1. Y	2. Y	3. N	4. Y	5. Y	6. N	7. Y	8. Y	9. Y	10. N

任务 8

光电转换及信息点综合布线系统缆线连接与系统测试

该训练任务建议用 6 个学时完成学习及过程考核。

8.1 任务来源

光电转换应用在以太网电缆无法覆盖，需要使用光纤来延长传输距离的实际网络环境中，且通常定位于宽带城域网的接入层应用；同时把光纤最后一公里线路连接到城域网和更外层的网络。

8.2 任务描述

通过光电转换器搭建光电转换系统。在此基础上用交换机、计算机组建局域网，测试网络属性。

8.3 能力目标

8.3.1 技能目标

完成本训练任务后，你应当能（够）：

1. 关键技能

- 会综合布线系统（光电）链路搭建。
- 会综合布线系统光电转换链路测试。
- 会综合布线系统光电转换链路图的绘制。

2. 基本技能

- 熟知双绞线远距离的传输要求。
- 熟知计算机 IP 地址的设置要求。
- 掌握交换机的工作原理。

8.3.2 知识目标

完成本训练任务后，你应当能（够）：

- 了解光电转换原理及其相关知识。
- 熟悉计算机 PING 命令的使用。
- 熟悉光纤跳线制作要求。
- 熟悉双绞线网络跳线制作要求。

8.3.3 职业素质目标

完成本训练任务后，你应当能（够）：

- 光电转换链路，跳线连接多，注意连接处正确，确保链路通信正常。
- 认识综合布线的综合性、系统性原理。

8.4 任务实施

8.4.1 活动一 知识准备

下列知识可以由学员自学或老师讲授完成。

（1）光纤收发器的定义。

（2）光纤收发器的作用。

（3）光纤收发器的特点。

8.4.2 活动二 示范操作

1. 活动内容

根据光电转换链路的系统原理图和实物连接图，制作信息插座模块（568B）、安装信息插座、制作网络跳线（568B）、24 口配线架电缆端接，从而组建光电转换布线系统。交换机、计算机通过光电转换布线系统组建局域网，设置计算机网络属性，并用 Ping 命令检测网络属性。

2. 操作步骤

➜ 步骤一：网络信息模块的制作

- 参照“双绞线布线系统连接和信息插座端接试验”任务操作。

➜ 步骤二：信息插座的安装

- 参照“双绞线布线系统连接和信息插座端接试验”任务操作。

➜ 步骤三：网络跳线的制作

- 参照“双绞线布线系统连接和信息插座端接试验”任务操作。

➜ 步骤四：24 口配线架电缆端接

- 参照“大对数铜缆端接操作与试验测试”任务操作。

➜ 步骤五：光电转换布线系统（检测网络属性）

- 根据光电转换布线系统原理图（见图 8-1）和光电转换布线系统实物连接图（见图 8-2）搭建光电转换链路。

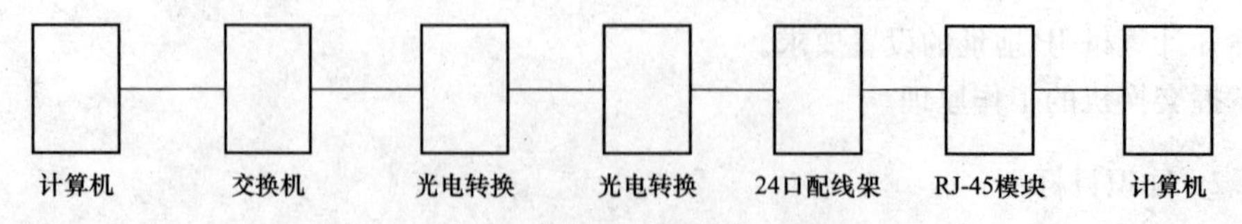

图 8-1 光电转换布线系统原理图

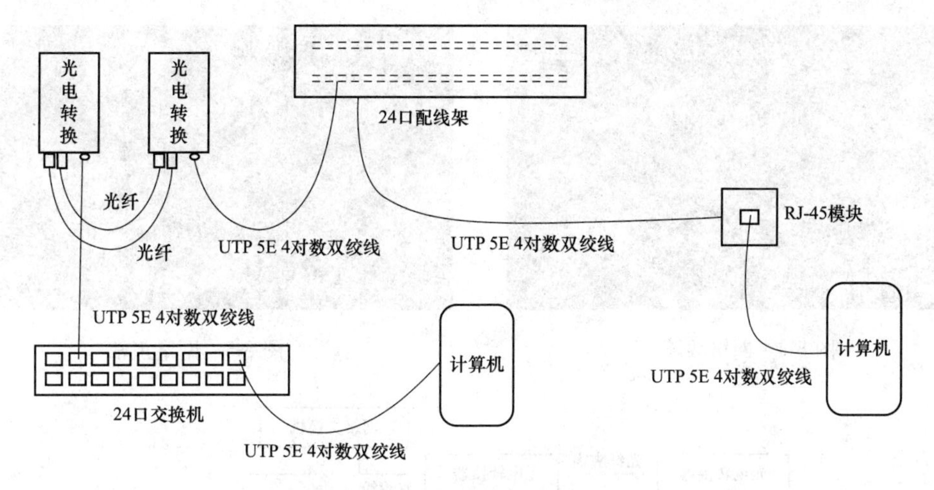

图 8-2　光电转换布线系统实物连接图

步骤六：设置计算机的网络属性

• 分别设置两台计算机网络属性，保证两台计算机的 IP 地址在同一个段上，如图 8-3 所示。

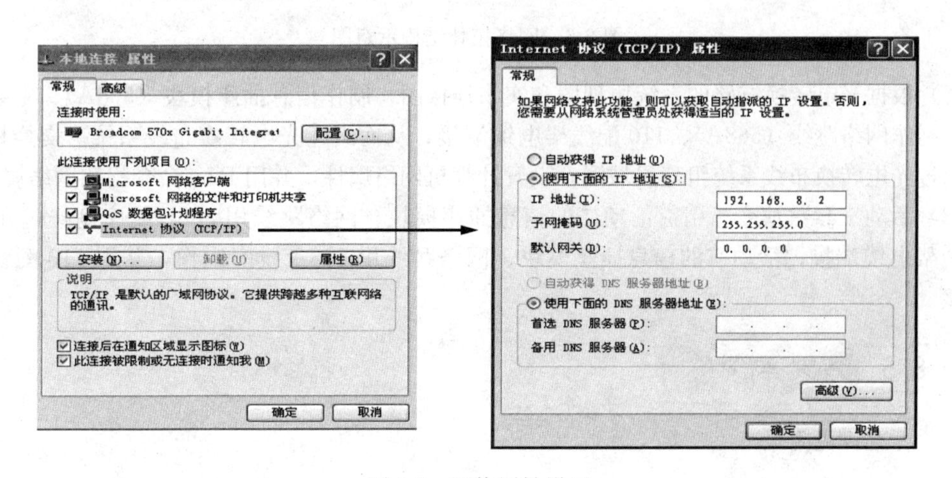

图 8-3　网络属性设置

步骤七：光电链路测试

• 在计算机的运行里，使用 Ping 命令，两台计算机互相 Ping 对方的 IP 地址。如果没有 Ping 通对方计算机，则说明网络故障，如图 8-4 所示。检查光电链路的线缆连接是否正确，测试网络跳线和光纤跳线是否正常，并检查计算机的网络属性是否正确。如果能够 Ping 通对方计算机，则网络正常，如图 8-5 所示。

8.4.3 活动三　能力提升

(1) 根据图 8-6 网络拓扑结构示意图完成综合布线系统的缆线连接与系统测试。要求图中所涉及的所有双绞线链接均由考生裁剪和敷设缆线，并结合设备端口需求制作水晶头或安装信息模块（要求将信息插座安装在底盒及插座面板上），通过网络交换机和光电转换器将两个终端信息点的链路接通两台计算机，使用 Ping 命令进行网络链路测试，并解读测试数据。

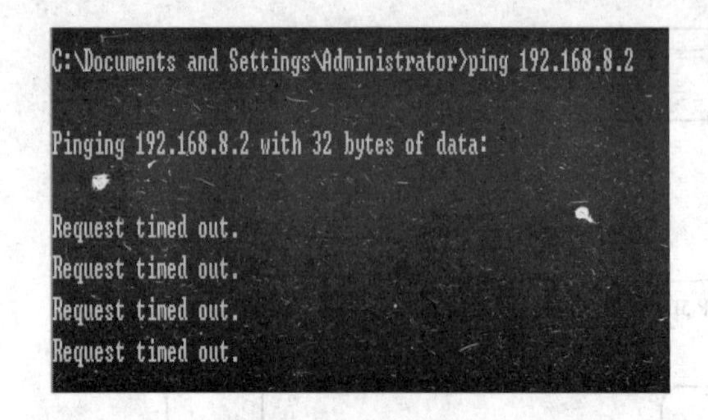

图 8-4 网络故障

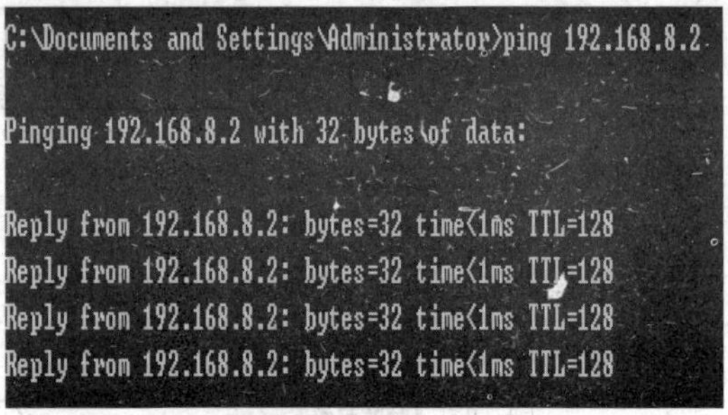

```
C:\Documents and Settings\Administrator>ping 192.168.8.2

Pinging 192.168.8.2 with 32 bytes of data:

Reply from 192.168.8.2: bytes=32 time<1ms TTL=128
Reply from 192.168.8.2: bytes=32 time<1ms TTL=128
Reply from 192.168.8.2: bytes=32 time<1ms TTL=128
Reply from 192.168.8.2: bytes=32 time<1ms TTL=128
```

图 8-5 网络正常

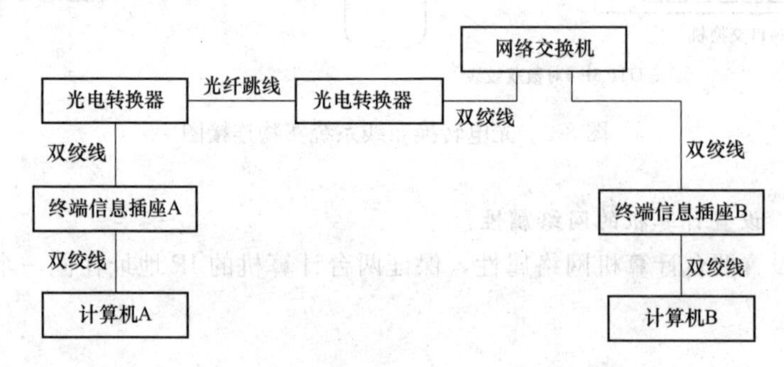

图 8-6 网络拓扑结构示意图

（2）根据光电转换链路的系统原理图和实物连接图，制作信息插座模块（568A）、安装信息插座、制作网络跳线（568A）、110 配线架电缆端接，从而组建光电转换布线系统。交换机、计算机通过光电转换布线系统组建局域网，设置计算机网络属性，并用 Ping 命令检测网络属性。

（3）活动三参数演变指引。活动二的信息插座模块、网络跳线用 568B 线序制作，并用 24 口配线架电缆端接；活动三的信息插座模块、网络跳线用 568A 线序制作，并用 110 配线架电缆端接。

8.5 效果评价

评价标准详见附录。

8.6 相关知识与技能

8.6.1 光电转换器简介

千兆光纤收发器（又名光电转换器）是一种快速以太网，其数据传输速率达 1Gbit/s，仍采用 CSMA/CD 的访问控制机制并与现有的以太网兼容，在布线系统的支持下，可以使原来的快速以太网平滑升级并能充分保护用户原来的投资。千兆网技术已成为新建网络和改造的首选技术，由此对综合布线系统的性能要求也提高。

8.6.2 光电转换器能特点

（1）光口配置灵活，支持 SC/ST/LC，单模/多模。

（2）低压冗余直流双电源供电或交流供电。

（3）IP30 防护等级。

（4）工作温度可支持－40～75℃。

8.6.3 光电转换器技术标准

（1）IEEE 标准：802.3 10Base-T。

（2）802.3u 100BaseT（X）和 100BaseFX。

（3）802.3ab 1000Base-T。

（4）802.3z 1000Base-X。

（5）802.3x 流量控制。

（6）交换方式：存储转发。

（7）MAC 地址：8K。

（8）广播风暴：自动广播风暴抑制。

（9）流控：全双工流控，半双工背压控制。

8.6.4 光电转换器收发器

千兆以太网的标准由 IEEE802.3 制定，目前有 802.3z 和 802.3ab 两个布线标准。其中 802.3ab 是基于双绞线的布线标准，使用 4 对 5 类 UTP，最大传输距离为 100m。而 802.3z 是基于光纤通道的标准，使用的媒体有以下 3 种。

（1）1000Base-LX 规范：该规范为长距离使用的多模和单模光纤的参数。其中多模光纤传输距离为 300(550)m，单模光纤的传输距离为 3000m。该规范要求使用价格相对昂贵的长波激光收发器。

（2）1000Base-SX 规范：该规范为短距离使用的多模光纤的参数，使用多模光纤和低成本的短波 CD（compactdisc）或 VCSEL 激光器，其传输距离为 300(550)m。

（3）1000BASE-CX 规范：使用短距离的屏蔽双绞线 STP，其传输距离为 25m，主要用于在配线间使用短跳线电缆把高性能的服务器和高速外设相连。

8.6.5 光电转换器线缆选型

综合布线系统包含建筑群布线子系统、建筑物主干布线子系统、水平布线子系统（包含工作区电缆）三大布线子系统。千兆网综合布线系统除具有一般快速以太网综合布线系统设计的特点之外，更重要的是要合理选择 UTP、光缆及接插件。

1. 光缆的选择

光缆主要用于建筑群布线子系统，对抗干扰要求高或建筑物主干距离超过 100m 的场合也用光缆作为建筑物主干布线子系统。选择光缆应根据实际距离并结合 802.3z 规范进行。在满足技术要求的前提下再考虑经济问题。

2. 双绞线的选择

双绞线在三大综合布线子系统中所占比例最大，它的使用在很大程度上决定了综合布线系统的性能，必须合理选用。

8.6.6 光电转换器原理

由香农定理知，信道带宽与信道容量之间的关系为

$$C = W\log_2(1 + S/N) \tag{8-1}$$

式中：C 表示信道容量，bit/s；W 表示信道宽度；N 表示噪声功率；S 表示信号功率；S/N 表

示信噪比。

由式（8-1）可知，可通过提高信道带宽和信噪比两方式来提高信道容量。可供选择的支持高速网络应用的双绞线有5类、超5类和6类，其最大带宽分别为100MHz、100MHz和200MHz。由于千兆网双绞线的布线标准802.3ab是基于使用4对5类UTP制定的，而5类UTP的带宽范围为1/100MHz。因此，仅从带宽角度而言，选择5类双绞线即可满足千兆网应用的要求。

再从信噪比的角度来考虑。千兆网需同时使用UTP的四对电缆进行高速并行数据传输，信号和噪声分别线缆的下列特性参数有关，这些参数如下。

（1）衰减（Attenuation）。衰减指信号沿链路传输的减弱。

（2）回波损耗（RL）。回波损耗是指由于线缆特性阻抗和链路接插件阻抗偏离标准值而导致的对发送信号功率的反射。

（3）近端串扰损耗（NEXT）。近端串扰损耗类似于噪声，是从相邻的一对线上传过来的干扰信号。这种串扰信号是由于UTP中邻近的绕对通过电容或电感耦合过来的。

（4）相邻线对综合串扰（Powersum）。相邻线对综合串扰指在使用UTP四对线对同时传输数据的环境下，其他三对线上的工作信号对另一对线线间串扰总和。设发送信号为T，上述4个特性参数分别用A、R、NE、P表示，则有

$$\text{Singal}(f) = f_1(T、A) \tag{8-2}$$

$$\text{Noise}(f) = f_2(R、NE、P) \tag{8-3}$$

式（8-2）和式（8-3）分别表示接收信号和噪声，两式中的参数A、R、NE、P均为频率f的函数。

由这两个公式知，要提高信噪比，就要选择A、R、N、P等各项参数优良的UTP来提高S，降低N。类别越高的UTP，上述各项参数离标准规定的极限值的富余量就越多，其性能越优良。由于5类UTP的部分参数受施工质量或环境的影响大，往往达不到布线标准的要求，超5类UTP改进了5类UTP的上述缺陷。因此，超5类及6类UTP可以满足信噪的要求。由于6类UTP的性能优于超5类，且6类UTP还能满足将来更高速的网络应用，因此，在目前情况下应首选6类UTP及其配套的接、插件。

8.6.7 光电转换器接口种类

1. 光电转换器接口

（1）RJ-45接口。10/100BaseT（X）or 10/100/1000BaseT（X）自动适应。

（2）光纤接口。1000Base-SX/CX/LHX/EX（SFP插槽、LC接头）。

（3）LED指示灯。电源，端口状态，10/100/1000M。

（4）光电转换器光纤接头。

2. 100BaseFX

（1）距离。

1）多模为2km，1310nm（62.5/125μm）。

2）单模为15km，1310nm（9/125μm）。

（2）最小TX输出。

1）多模为－23.5dBm。

2）单模为－15dBm。

（3）最大TX输出。

1）多模为－14dBm。

2）单模为－8dBm。

（4）RX 灵敏度为＜－35dBm（单模/多模）。

3. 1000BaseSX/LX/LHX/ZX

（1）距离。

1）多模。1000BaseSX 275m 为 850nm（62.5/125μm）；1000BaseLX 550m 为 850nm（62.5/125μm）。

2）单模。1000BaseLX 15km 为 1310nm（9/125μm）；1000BaseLHX 40km 为 1310nm（9/125μm）；1000BaseZX 80km 为 1550nm（9/125μm）。

（2）最小 TX 输出。SFP-1GSXLC 为－9.5dBm；SFP-1GLXLC 为－9.5dBm；SFP-1GLHXLC 为－4dBm；SFP-1GZXLC 为 0dBm。

（3）最大 TX 输出。SFP-1GSXLC 为－4dBm；SFP-1GLXLC 为－3dBm；SFP-1GLHXLC 为＋1dBm；SFP-1GZXLC 为＋5dBm。

（4）RX 灵敏度。SFP-1GSXLC 为 0～－18dBm；SFP-1GLXLC 为－3～－20dBm；SFP-1GLHXLC 为－3～－24dBm；SFP-1GZXLC 为－3～－24dBm。

（5）光电转换器工作环境。

1）操作温度为－10～60℃和－40～75℃（宽温型号）。

2）存储温度为－40～85℃。

3）相对湿度为 5～95℃。

8.6.8 以太网（EtherNet）

以太网最早由 Xerox（施乐）公司创建，于 1980 年 DEC、Intel 和 Xerox 三家公司联合开发成为一个标准。以太网是应用最为广泛的局域网，包括标准的以太网（10Mbit/s）、快速以太网（100Mbit/s）和 10G（10Gbit/s）以太网。它们都符合 IEEE 802.3。

IEEE802.3 标准

IEEE802.3 规定了包括物理层的连线、电信号和介质访问层协议的内容。以太网是当前应用最普遍的局域网技术，它很大程度上取代了其他局域网标准。如令牌环、FDDI 和 ARCNET。历经 100M 以太网在 20 世纪末的飞速发展后，目前千兆以太网甚至 10G 以太网正在国际组织和领导企业的推动下不断拓展应用范围。

常见的 802.3 应用如下。

（1）10M：10base-T（铜线 UTP 模式）。

（2）100M：100base-TX（铜线 UTP 模式）。

（3）100base-FX（光纤线）。

（4）1000M：1000base-T（铜线 UTP 模式）。

8.6.9 以太网分类和发展

1. 标准以太网

开始以太网只有 10Mbit/s 的吞吐量，使用的是带有冲突检测的载波侦听多路访问（CSMA/CD，Carrier Sense Multiple Access/Collision Detection）的访问控制方法。这种早期的 10Mbit/s 以太网称之为标准以太网，以太网可以使用粗同轴电缆、细同轴电缆、非屏蔽双绞线、屏蔽双绞线和光纤等多种传输介质进行连接。并且在 IEEE 802.3 标准中，为不同的传输介质制定了不同的物理层标准，在这些标准中前面的数字表示传输速度，单位是“Mbit/s”，最后的一个数字表示单段网线长度（基准单位是100m），Base表示“基带”的意思，Broad代表“宽带”。

（1）10Base-5使用直径为0.4英寸、阻抗为50Ω粗同轴电缆，也称粗缆以太网，最大网段长度为500m。基带传输方法，拓扑结构为总线型。10Base-5组网主要硬件设备有粗同轴电缆、带有AUI插口的以太网卡、中继器、收发器、收发器电缆、终结器等。

（2）10Base-2使用直径为0.2英寸、阻抗为50Ω细同轴电缆，也称细缆以太网，最大网段长度为185m，基带传输方法，拓扑结构为总线型；10Base-2组网主要硬件设备有细同轴电缆、带有BNC插口的以太网卡、中继器、T型连接器、终结器等。

（3）10Base-T使用双绞线电缆，最大网段长度为100m。拓扑结构为星型；10Base-T组网主要硬件设备有3类或5类非屏蔽双绞线、带有RJ-45插口的以太网卡、集线器、交换机、RJ-45插头等。

（4）1Base-5使用双绞线电缆，最大网段长度为500m，传输速度为1Mbit/s；

（5）10Broad-36使用同轴电缆（RG-59/U CATV），网络的最大跨度为3600m，网段长度最大为1800m，是一种宽带传输方式。

（6）10Base-F使用光纤传输介质，传输速率为10Mbit/s。

2. 快速以太网

随着网络的发展，传统标准的以太网技术已难以满足日益增长的网络数据流量速度需求。在1993年10月以前，对于要求10Mbit/s以上数据流量的LAN应用，只有光纤分布式数据接口（FDDI）可供选择，但它是一种价格非常昂贵的、基于100Mbit/s光缆的LAN。1993年10月，Grand Junction公司推出了世界上第一台快速以太网集线器Fastch10/100和网络接口卡Fast-NIC100，快速以太网技术正式得以应用。随后Intel、SynOptics、3COM、BayNetworks等公司亦相继推出自己的快速以太网装置。与此同时，IEEE802工程组亦对100Mbit/s以太网的各种标准，如100BASE-TX、100BASE-T4、MⅡ、中继器、全双工等标准进行了研究。1995年3月IEEE宣布了IEEE802.3u 100BASE-T快速以太网标准（Fast Ethernet），就这样开始了快速以太网的时代。

快速以太网与原来在100Mbit/s带宽下工作的FDDI相比它具有许多的优点，最主要体现在快速以太网技术可以有效地保障用户在布线基础实施上的投资，它支持3、4、5类双绞线以及光纤的连接，能有效地利用现有的设施。快速以太网的不足其实也是以太网技术的不足，那就是快速以太网仍是基于CSMA/CD技术，当网络负载较重时，会造成效率的降低，当然这可以使用交换技术来弥补。100Mbit/s快速以太网标准又分为：100BASE-TX、100BASE-FX和100BASE-T4三个子类。

（1）100BASE-TX。100BASE-TX是一种使用5类数据级无屏蔽双绞线或屏蔽双绞线的快速以太网技术。它使用两对双绞线，一对用于发送，一对用于接收数据。在传输中使用4B/5B编码方式，信号频率为125MHz。符合EIA586的5类布线标准和IBM的SPT 1类布线标准。使用同10BASE-T相同的RJ-45连接器。它的最大网段长度为100m，支持全双工的数据传输。

（2）100BASE-FX。100BASE-FX是一种使用光缆的快速以太网技术，可使用单模和多模光纤（62.5μm和125μm）。多模光纤连接的最大距离为550m。单模光纤连接的最大距离为3000m。在传输中使用4B/5B编码方式，信号频率为125MHz。它使用MIC/FDDI连接器、ST连接器或SC连接器。它的最大网段长度为150m、412m、2000m或更长至10km，这与所使用的光纤类型和工作模式有关，它支持全双工的数据传输。100BASE-FX特别适合于有电气干扰的环境、较大距离连接，或高保密环境等情况下的适用。

（3）100BASE-T4。100BASE-T4是一种可使用3、4、5类无屏蔽双绞线或屏蔽双绞线的快速以太网技术。100BASE-T4 使用 4 对双绞线，其中的 3 对用于在 33MHz 的频率上传输数据，每一对均工作于半双工模式。第 4 对用于 CSMA/CD 冲突检测。在传输中使用 8B/6T 编码方式，信号频率为 25MHz，符合 EIA586 结构化布线标准。它使用与 10BASE-T 相同的 RJ-45 连接器，最大网段长度为 100m。

3. 千兆以太网

千兆以太网技术作为最新的高速以太网技术，给用户带来了提高核心网络的有效解决方案，这种解决方案的最大优点是继承了传统以太技术价格便宜的优点。千兆技术仍然是以太技术，它采用了与 10M 以太网相同的帧格式、帧结构、网络协议、全/半双工工作方式、流控模式以及布线系统。由于该技术不改变传统以太网的桌面应用、操作系统，因此可与 10M 或 100M 的以太网很好地配合工作。升级到千兆以太网不必改变网络应用程序、网管部件和网络操作系统，能够最大限度地保护投资。此外，IEEE 标准将支持最大距离为 550m 的多模光纤、最大距离为 70km 的单模光纤和最大距离为 100m 的铜轴电缆。千兆以太网填补了 802.3 以太网/快速以太网标准的不足。

为了能够侦测到 64Bytes 资料框的碰撞，千兆以太网（Gigabit Ethernet）所支持的距离更短。千兆以太网支持的网络类型见表 8-1。

表 8-1　　千兆以太网支持的网络类型

传输介质			距离
1000Base-CX	Copper	STP	25m
1000Base-T	Copper	Cat 5 UTP	100m
1000Base-SX	Multi-mode	Fiber	500m
1000Base-LX	Single-mode	Fiber	3000m

千兆以太网技术有两个标准：IEEE802.3z 和 IEEE802.3ab。IEEE802.3z 制定了光纤和短程铜线连接方案的标准。IEEE802.3ab 制定了 5 类双绞线上较长距离连接方案的标准。

（1）IEEE802.3z。IEEE802.3z 工作组负责制定光纤（单模或多模）和同轴电缆的全双工链路标准。IEEE802.3z 定义了基于光纤和短距离铜缆的 1000Base-X，采用 8B/10B 编码技术，信道传输速度为 1.25Gbit/s，去耦后实现 1000Mbit/s 传输速度。IEEE802.3z 具有下列千兆以太网标准。

1）1000Base-SX 只支持多模光纤，可以采用直径为 62.5μm 或 50μm 的多模光纤，工作波长为 770～860nm，传输距离为 220～550m。

2）1000Base-LX 可以支持直径为 9μm 或 10μm 的单模光纤，工作波长范围为 1270～1355nm，传输距离为 5km 左右。

3）1000Base-CX 采用 150Ω 屏蔽双绞线（STP），传输距离为 25m。

（2）IEEE802.3ab。IEEE802.3ab 工作组负责制定基于 UTP 的半双工链路的千兆以太网标准，产生 IEEE802.3ab 标准及协议。IEEE802.3ab 定义基于 5 类 UTP 的 1000Base-T 标准，其目的是在 5 类 UTP 上以 1000Mbit/s 速率传输 100m。IEEE802.3ab 标准的意义主要有两点。

1）保护用户在 5 类 UTP 布线系统上的投资。

2）1000Base-T 是 100Base-T 自然扩展，与 10Base-T、100Base-T 完全兼容。不过，在 5 类 UTP 上达到 1000Mbit/s 的传输速率需要解决 5 类 UTP 的串扰和衰减问题，因此，使 IEEE802.3ab 工作组的开发任务要比 IEEE802.3z 复杂些。

4. 万兆以太网

万兆以太网规范包含在 IEEE 802.3 标准的补充标准 IEEE 802.3ae 中，它扩展了 IEEE 802.3 协议和 MAC 规范，使其支持 10bit/s 的传输速率。除此之外，通过 WAN 界面子层（WIS：WAN interface sublayer），10 千兆位以太网也能被调整为较低的传输速率，如 9.584640Gbit/s（OC-192），这就允许 10 千兆位以太网设备与同步光纤网络（SONET）STS-192c 传输格式相兼容。

（1）10GBASE-SR 和 10GBASE-SW 主要支持短波（850nm）多模光纤（MMF），光纤距离为 2～300m。10GBASE-SR 主要支持“暗光纤”（dark fiber），暗光纤是指没有光传播并且不与任何设备连接的光纤。10GBASE-SW 主要用于连接 SONET 设备，它应用于远程数据通信。

（2）10GBASE-LR 和 10GBASE-LW 主要支持长波（1310nm）单模光纤（SMF），光纤距离为 2m 到 10km（约 32808 英尺）。10GBASE-LW 主要用来连接 SONET 设备时，10GBASE-LR 则用来支持“暗光纤”（dark fiber）。

（3）10GBASE-ER 和 10GBASE-EW 主要支持超长波（1550nm）单模光纤（SMF），光纤距离为 2m 到 40km（约 131233 英尺）。10GBASE-EW 主要用来连接 SONET 设备。10GBASE-ER 则用来支持“暗光纤”（dark fiber）。

（4）10GBASE-LX4 采用波分复用技术，在单对光缆上以四倍光波长发送信号。系统运行在 1310nm 的多模或单模暗光纤方式下。该系统的设计目标是针对 2～300m 的多模光纤模式或 2～10km 的单模光纤模式。

8.6.10 拓扑结构

1. 总线型

总线型拓扑结构所需的电缆较少、价格便宜、管理成本高，不易隔离故障点、采用共享的访问机制，易造成网络拥塞。早期以太网多使用总线型的拓扑结构，采用同轴缆作为传输介质，连接简单，通常在小规模的网络中不需要专用的网络设备，但由于它存在的固有缺陷，已经逐渐被以集线器和交换机为核心的星型网络所代替。

2. 星型

星型拓扑结构管理方便、容易扩展、需要专用的网络设备作为网络的核心节点、需要更多的网线、对核心设备的可靠性要求高。采用专用的网络设备（如集线器或交换机）作为核心节点，通过双绞线将局域网中的各台主机连接到核心节点上，这就形成了星型结构。星型网络虽然需要的线缆比总线型多，但布线和连接器比总线型的要便宜。此外，星型拓扑可以通过级联的方式很方便地将网络扩展到很大的规模，因此得到了广泛的应用，被绝大部分的以太网所采用。

8.6.11 传输介质

以太网可以采用多种连接介质，包括同轴缆、双绞线和光纤等。其中双绞线多用于从主机到集线器或交换机的连接，而光纤则主要用于交换机间的级联和交换机到路由器间的点到点链路上。同轴缆作为早期的主要连接介质已经逐渐趋于淘汰。

注意区分双绞线中的直通线和交叉线两种连线方法。

（1）以下连接应使用直通电缆：交换机到路由器以太网端口、计算机到交换机、计算机到集线器。

（2）交叉电缆用于直接连接 LAN 中的下列设备：交换机到交换机、交换机到集线器、集线器到集线器、路由器到路由器的以太网端口连接、计算机到计算机、计算机到路由器的以太网端口。

练习与思考

一、单选题

1. 单个（　　）的分配面积可按 5～10m^2 约算，每个配置一个计算机接口、一个电话机接口或视频终端设备接口。

A. 工作区　　B. 水平布线子系统　　C. 垂直干线子系统　　D. 设备间子系统

2. 802.3ab 是基于双绞线的布线标准，使用 4 对 5 类 UTP，最大传输距离为（　　）。

A. 50m　　B. 100m　　C. 150m　　D. 250m

3. 光缆主要用于建筑群布线子系统，对抗干扰要求高或建筑物主干距离超过（　　）的场合也用光缆作为建筑物主干布线子系统。

A. 60m　　B. 90m　　C. 100m　　D. 120m

4. 由于千兆网双绞线的布线标准（　　）是基于使用 4 对 5 类 UTP 制定的。

A. 802.3a　　B. 802.3b　　C. 802.3ab　　D. 802.3z

5. 信号沿链路传输的减弱称为（　　）。

A. 衰减　　B. 回波损耗　　C. 近端串扰损耗　　D. 相邻线对综合串扰

6. 由于线缆特性阻抗和链路接插件阻抗偏离标准值而导致的对发送信号功率的反射称为（　　）。

A. 衰减　　B. 回波损耗　　C. 近端串扰损耗　　D. 相邻线对综合串扰

7. 类似于噪声，是从相邻的一对线上传过来的干扰信号，其信号是由于 UTP 中邻近的绕对通过电容或电感耦合过来的称为（　　）。

A. 衰减　　B. 回波损耗　　C. 近端串扰损耗　　D. 相邻线对综合串扰

8. 多模光纤连接的最大距离为 550m，使用光缆的快速以太网技术，可使用单模和多模光纤（62.5μm 和 125μm）的是（　　）。

A. 以太网　　B. 广域网　　C. 100BASE-FX　　D. 100BASE-T4

9. 一种可使用 3、4、5 类无屏蔽双绞线或屏蔽双绞线的快速以太网技术的是（　　）。

A. 互联网　　B. 广域网　　C. 100BASE-FX　　D. 100BASE-T4

10. 注意区分双绞线中的直通线和交叉线两种连线方法，应使用直通电缆连接的是（　　）。

A. 交换机到交换机　　B. 交换机到集线器
C. 集线器到集线器　　D. 计算机到集线器

11. 交叉电缆用于直接连接 LAN 中的下列设备（　　）。

A. 交换机到路由器以太网端口　　B. 计算机到交换机
C. 计算机到集线器　　D. 交换机到交换机

12. 由施工方自行组织，按照设计所要达到的标准对工程所有链路进行测试，确保每一条链路都符合标准要求，称为（　　）。

A. 验证测试　　B. 认证测试　　C. 自我认证测试　　D. 第三方认证测试

13. 直流环路电阻会消耗一部分信号，并将其转变成热量的即为（　　）。

A. 衰减　　B. 近端串扰　　C. 直流电阻　　D. 特性阻抗

14. 通信信道的品质是由它的（　　）描述的，（　　）是在考虑到干扰信号的情况下，对数据信号强度的一个度量。

A. 衰减串扰比　　B. 电缆特性　　C. 传播时延　　D. 线对间传播时延差

15. 在频率1MHz时，D、E、F级布线系统的最大插入损耗（　　）dB。

A. 4.0　　B. 5.5　　C. 5.8　　D. 4.2

二、多选题

1. 下面描述光电转换器能特点正确的是（　　）。

A. 光口配置灵活，支持SC/ST/LC，单模/多模

B. 低压冗余直流双电源供电或交流供电

C. IP30防护等级

D. 工作温度可支持－40～75℃

E. 只能用于光纤传输

2. 千兆以太网的标准由IEEE802.3制定，目前有（　　）两个布线标准。

A. 802.3a　　B. 802.3b　　C. 802.3ab　　D. 802.3z

E. 802.3az

3. 千兆网需同时使用UTP的4对电缆进行高速并行数据传输，信号和噪声分别线缆的下列特性参数有关，这些参数是（　　）。

A. 相邻线对综合串扰　　B. 近端串扰损耗

C. 特性阻抗　　D. 衰减

E. 回波损耗

4. 以太网是应用最为广泛的局域网，符合IEEE802.3标准的包括（　　）。

A. 以太网　　B. 快速以太网　　C. 10G以太网　　D. 局域网

E. 城域网

5. 100Mbit/s快速以太网标准又分为（　　）。

A. 100BASE-TX　　B. 100BASE-FX　　C. 100BASE-T4　　D. 环型网

E. 网状网

6. 光纤收发器分类，按工作层次/速率分类有（　　）。

A. 100M以太网光纤收发器　　B. 10/100M自适应以太网光纤收发器

C. 单纤光纤收发器　　D. 多模光纤收发器

E. 单模光纤收发器

三、判断题

1. 千兆光纤收发器（又名光电转换器）是一种快速以太网，其数据传输速率达1Gbit/s，仍采用CSMA/CD的访问控制机制并与现有的以太网兼容。（　　）

2. IEEE802.3规定了包括物理层的连线、电信号和介质访问层协议的内容。（　　）

3. 万兆以太网规范包含在IEEE 802.3标准的补充标准IEEE 802.3ae中，它扩展了IEEE 802.3协议和MAC规范，使其支持10Gbit/s的传输速率。（　　）

4. 10GBASE-LX4采用波分复用技术，在单对光缆上以4倍光波长发送信号。（　　）

5. 星型拓扑结构图，所需的电缆较少、价格便宜、管理成本高，不易隔离故障点、采用共享的访问机制，易造成网络拥塞。（　　）

6. 总线型拓扑结构图，管理方便、容易扩展、需要专用的网络设备作为网络的核心节点、需要更多的网线、对核心设备的可靠性要求高。（　　）

7. 按所需光纤可分为单纤光纤收发器和双纤光纤收发器。（　　）

8. 按结构来分，可以分为桌面式（独立式）光纤收发器和机架式光纤收发器。（　　）

9. 机架式（模块化）光纤收发器：安装于16槽机箱，采用集中供电方式。（　　）

10. 全双工方式是指使用同一根传输线既作接收又作发送，虽然数据可以在两个方向上传送，但通信双方不能同时收发数据。（　　）

参考答案

单选题	1. A	2. B	3. C	4. C	5. A	6. B	7. C	8. C	9. D	10. D
	11. D	12. C	13. C	14. B	15. A					
多选题	1. ABCD	2. CD	3. ABDE	4. ABC	5. ABC	6. AB				
判断题	1. Y	2. Y	3. Y	4. Y	5. N	6. N	7. Y	8. Y	9. Y	10. N

任务 9

LinkWare电缆管理软件的安装与使用

该训练任务建议用 3 个学时完成学习及过程考核。

9.1 任务来源

LinkWare 电缆管理软件在使用前，需要对使用人员进行培训，包括软件安装培训，软件功能应用培训。以便工作人员熟练掌握 LinkWare 电缆管理软件。

9.2 任务描述

通过 LinkWare 电缆管理软件的安装，掌握其功能与应用。

9.3 能力目标

9.3.1 技能目标

完成本训练任务后，你应当能（够）：

关键技能：

- 能 LinkWare 电缆管理软件安装。
- 会 LinkWare 管理计算机和测试仪 DTX-1800 的连接。
- 会 LinkWare 电缆管理软件应用。

基本技能：

- 了解综合布线各个系统测试规范。
- 了解综合布线各个系统施工范围。
- 了解测试仪 DTX-1800 的基本使用方法。

9.3.2 知识目标

完成本训练任务后，你应当能（够）：

- 了解 LinkWare 安装的环境。
- 熟悉 LinkWare 电缆管理软件的安装方法。
- 熟悉 LinkWare 电缆管理软件的基本应用。
- 熟悉 LinkWare 电缆管理软件的使用范围。

9.3.3 职业素质目标

完成本训练任务后，你应当能（够）：

- 遵守系统调试标准规范，养成严谨科学的工作态度。
- 尊重他人劳动，不窃取他人成果。
- 养成总结训练过程和结果的习惯，为下次训练总结经验。
- 养成团结协作精神。
- 使用测试仪 DTX-1800 时，不将激光对着人的眼睛。

9.4 任务实施

9.4.1 活动一　知识准备

下列知识可以由学员自学或老师讲授完成。

（1）DTX 系列电缆认证分析仪（DTX）的功能。

（2）LinkWare 电缆管理软件的功能。

（3）LinkWare 电缆管理软件的数据管理能力。

9.4.2 活动二　示范操作

1. 活动内容

安装 LinkWare 软件，导入测试仪的测试数据，并生成 PDF 格式的报告，软件升级。

2. 操作步骤

步骤一：LinkWare 软件安装

- 进行 LinkWare 软件安装，如图 9-1 所示，勾选“I accept the terms of the License Agreement”（我同意协议）。
- 进行 LinkWare 软件安装，如图 9-2 所示，选择安装路径。
- 进行 LinkWare 软件安装，如图 9-3 所示，安装完成。

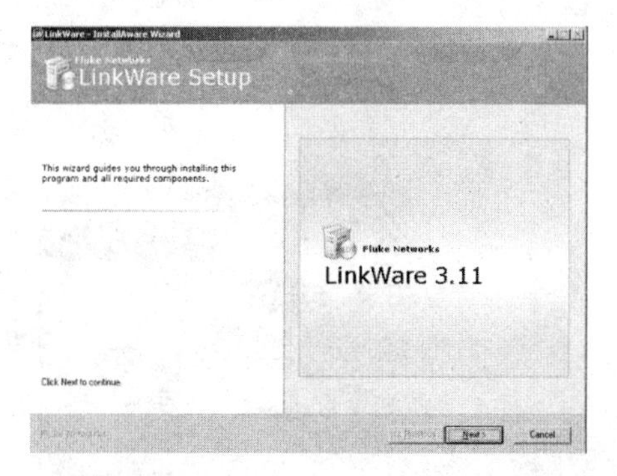

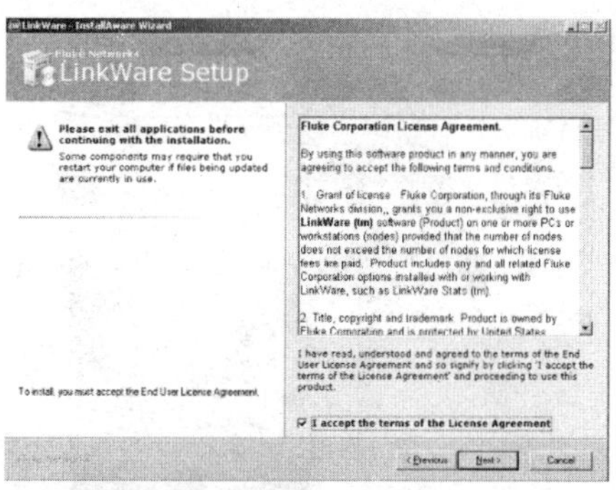

图 9-1　勾选 I accept（我同意协议）

步骤二：LinkWare 软件设置语言

- 设置软件语言为“中文”，设置长度传换单位为“米”，如图 9-4 所示。

步骤三：LinkWare 软件导入测试仪 DTX-1800 数据

- 如图 9-5 所示，导入测试仪 DTX-1800 数据。

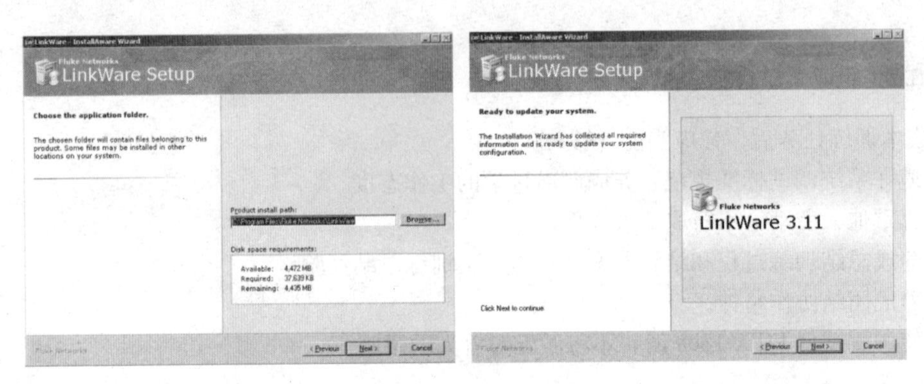

图 9-2　选择安装路径

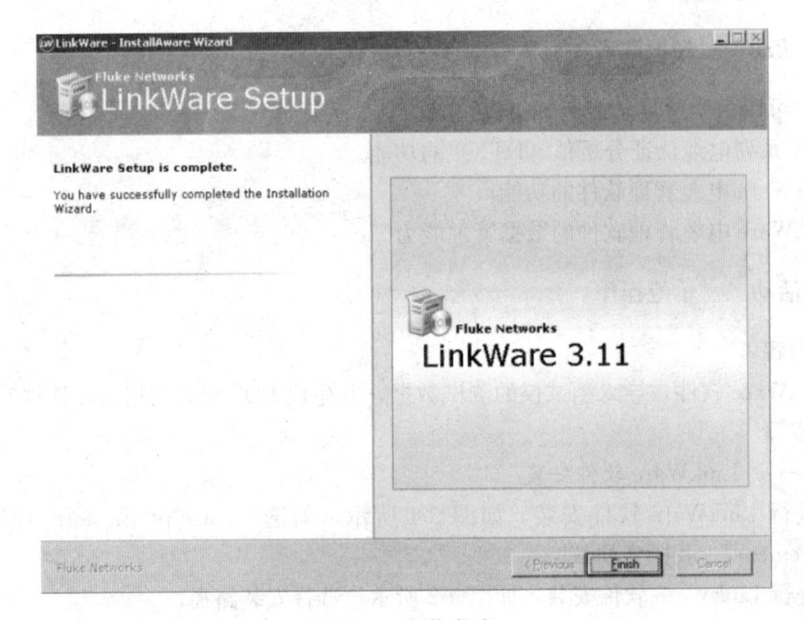

图 9-3　安装完成

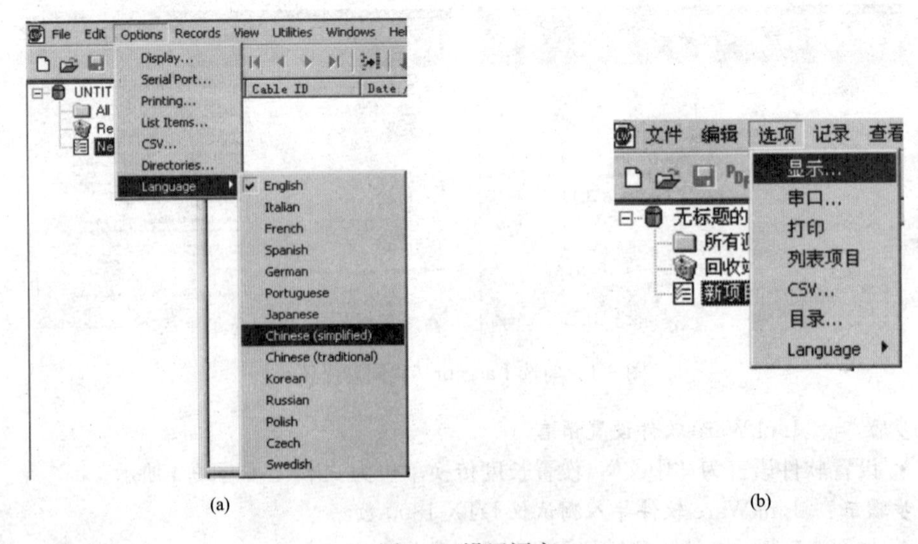

图 9-4　设置语言

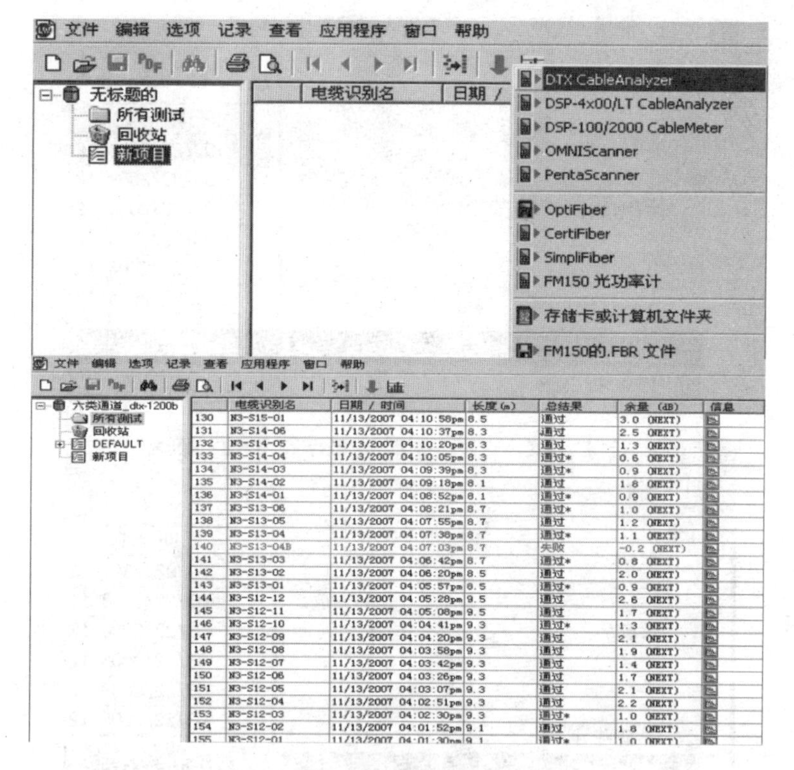

图 9-5　导入测试仪 DTX-1800 数据

步骤四：LinkWare 软件生成 PDF 各式报告

- 如图 9-6 所示，生成 PDF 各式报告。

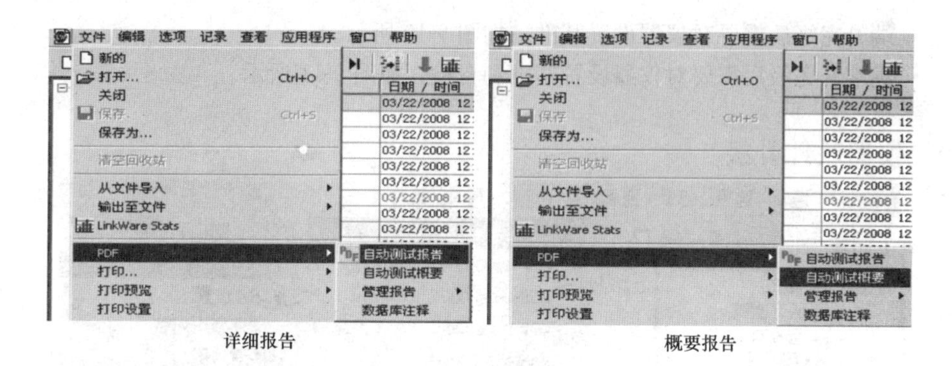

图 9-6　生成 PDF 各式报告

步骤五：LinkWare 软件生成 TXT 各式文件

- 如图 9-7 所示，生成 TXT 各式报告。

步骤六：LinkWare 软件升级

- LinkWare 软件升级，选择“软件升级”选项，导入升级程序，如图 9-8 所示，选择“软件升级”选项，导入升级程序。
- LinkWare 软件升级，导入升级程序后，参照图 9-9 的方式连接（主机连接 DTX-PLA002），远端连接（DTX-CHA001A），开机后一起会提示远端升级，远端升完级后需要对仪器设置基准和自检。

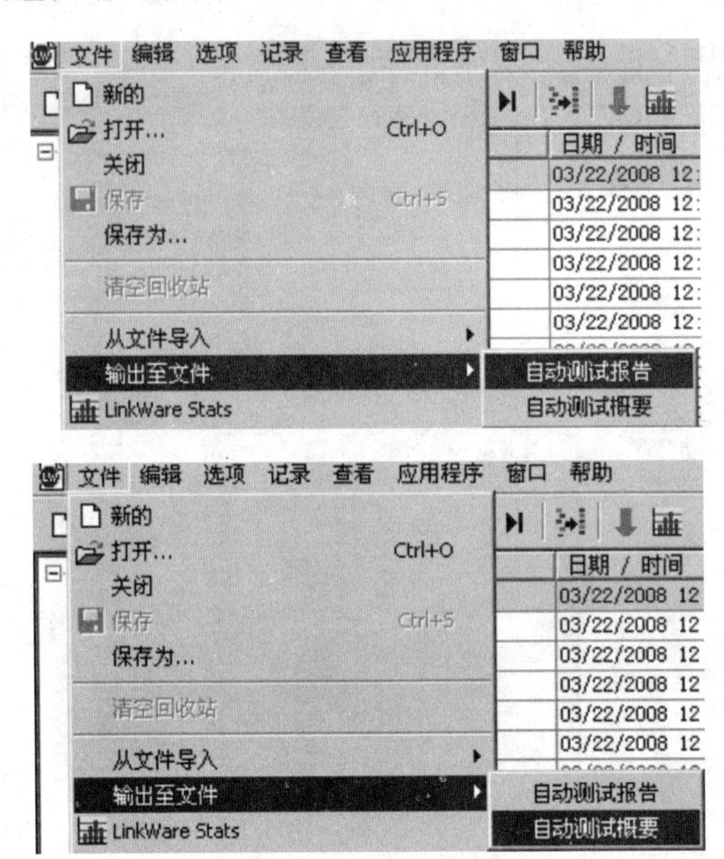

图 9-7 生成 TET 各式报告

- 端升完级后需要对仪器设置基准，如图 9-10 所示。
- 远端升完级后需要对仪器设置基准和自检，如图 9-11 所示。

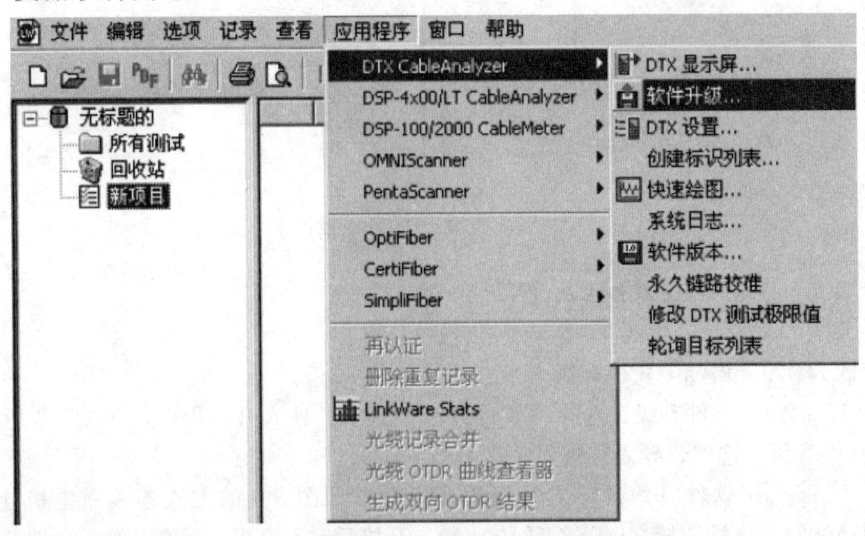

图 9-8 选择“软件升级”选项，导入升级程序（一）

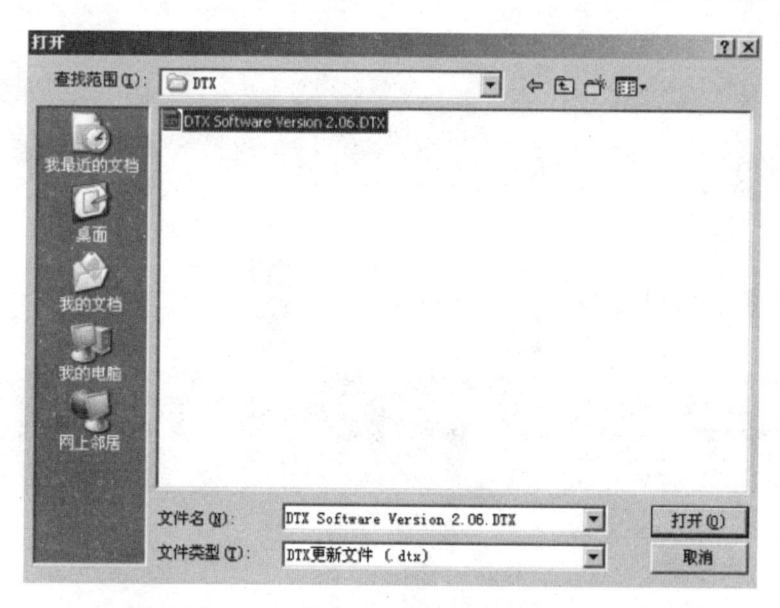

图 9-8　选择“软件升级”选项，导入升级程序（二）

图 9-9　主机和远端机的连接

图 9-10　设置基准

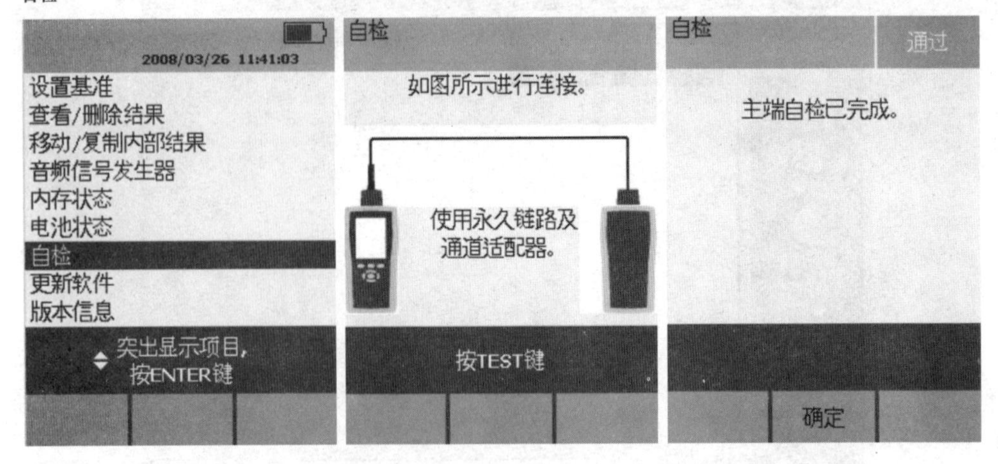

图 9-11 自检

9.4.3 活动三 能力提升

安装 LinkWare 软件，导入测试仪的测试数据，并生成 PDF 格式和电子表格的报告，软件升级。

注意事项：使用测试仪时，不要将激光对着人的眼睛，激光会伤害眼睛。

9.5 效果评价

评价标准详见附录。

9.6 相关知识与技能

DTX（Discontinuous Transmission）即不连续发送。在一个通信过程中，其实移动用户仅有很少的时间用于通话，大部分时间都没有传送话音消息。如果将这些信息全部传送给网络的话，这不但会对系统资源造成浪费而且会使系统内的干扰加重。所以利用语音编码器检测到话音间隙后，在间隙期不发送，这就是所谓的不连续发送。通话时进行 13Kbit/s 编码，停顿期用 500bit/s 编码发送舒适的噪声。

1. 基本简介

DTX 技术是在没有语音信号传输时停止发射无线信号，使干扰降低，来提高系统的效率。

2. 产品功能

测试仪 DTX-1800 是既可满足当前要求而又面向未来技术发展的高技术测试平台。通过提高测试过程中各个环节的性能，这一革新的测试平台极大地缩短了整个认证测试的时间。

测试仪 DTX-1800 完成一次 6 类链路自动测试的时间比其他仪器快 3 倍（进行光缆认证测试时快 5 倍）。而这些仅仅是开始，DTX 系列还具有 IV 级精度、无可匹敌的智能故障诊断能力、900MHz 的测试带宽、12h 的电池使用时间和快速仪器设置，并可以生成详细的中文图形测试报告。

3. 特点认证

（1）铜缆认证。DTX10 千兆铜缆测试解决方案能够测试和认证现有 6 类或新安装的增强型 6 类双绞线布线环境下部署的 10 千兆以太网。DTX10 千兆铜缆测试解决方案采用 DTXCableAnalyzer 系列，具有行业领先的性能、准确性和易用性。

DTX10 千兆铜缆测试解决方案的优点如下。

1）使用相同的用户友好、直观的 DTX 界面简化复杂的外部串扰链路验证。

2）识别同一线束中因链路间串扰而造成的问题电缆的独特解决方案。

3）完全符合行业标准的独特解决方案。

DTX-1800 的外部串扰分析仪套件包括 2 个 DTX-AXTLK1 通信模块、Windows 版 DTXAxTalkAnalyzer™软件、2 个 Cat6A/EA 类永久链路适配器（DTX-PLA002S）、2 个针对外部串扰测量优化到 500MHz（DTX-CHA001AS）的通道适配器、2 个链路端接器（DTX-AXTERM）以及 2 个 RJ-45 到 RJ-45 耦合器。此套件的所有项目都封装在一个单独的便携包中。

（2）光缆认证。DTX 电缆认证分析仪是可完成铜缆和光缆认证的电缆分析仪。只有 DTX 平台能够提供用于基本（T1）光缆认证的板载光缆模块和用于扩展（T2）认证的 DTXCompactOTDR 模块。DTXCompactOTDR 模块具有无可比拟的易用性和丰富的友好功能，以及熟悉的 DTX 电缆认证分析仪界面，从而加速了扩展光缆认证和故障诊断功能。节省的时间是非常可观的，普通的承包商每年也可节省数百小时。

1）基本（T1）光缆认证。DTX 光缆模块提供了一套基本（T1）光缆认证解决方案损耗、长度和极性；按照行业标准验证光缆链路性能；以多种波长测量光损、测量光缆长度及验证极性。用户无需交换主机和远端模块，即能以两种波长在双方向同时测试两根光缆，速度让人难以置信，这种功能只有 FlukeNetworks 才能提供。可互换的连接器适配器使其能够采用满足 TIA/ISO 标准的参考和测试连接用于大多数 SFF（小型紧凑式）光缆连接器。

与其他光缆适配器每次自动测试（Autotest）测量长度和两个损耗测量结果不同，DTX 是唯一一款能够每次自动测试均测量长度和 4 个损耗测量结果-全部在大约 12s 内完成。利用 DTX 光缆模块，用户进行光缆测试的速度要比使用其他产品快 5 倍。

2）扩展（T2）光缆认证。DTXCompactOTDR 提供了扩展（T2）光缆认证能力。它能够注入并分析多模和单模光缆上的跟踪数据，从而检查链路上的每个连接器和接头，确保其满足规定的技术指标和安装质量预期值。

（3）认证布线、验证可用性与链路连接性。随着网络应用的不断发展和带宽需求的不断增长，测试的需求也在不断地增长。无论是要激活新服务、升级新基础设施、进行介质访问控制，还是对布线或链路连通性问题进行故障排除，业界的新最佳实践都建议在验证布线合格性后验证链路连通性和网络可用性，并在一个综合报告中记录结果。这种做法可以让客户确信所交付的网络基础设施处于最佳工作状态。而附带新 DTX 网络服务模块的 FlukeNetworksDTX 系列 CableAnalyzer™就是实践此做法的最好选择。作为业内广泛用于验证链路传输性能的工具，此工具现在还可用于验证和记录有线链路上的网络服务可用性。此工具易于操作，可迅速提供大量有价值的信息。在安装了新链路并需要打开服务时，附带网络服务模块的 DTX 测试仪可以让您在 LinkWare 提供的网线验证记录中记录所有执行过的网络连通性测试，它还可以避免复查维修并减少网络中断时间。

4. 服务模块

（1）验证网络服务可用性。判断电信出口是否有效、确定数据传输速率（10/100/1000Mbit/s 连接）、双工能力以及是否可通过 PoE 供电。

（2）检查链路利用率和错误状况。查看受测链路的以太网利用率（以可用带宽的百分比表示）；确定广播通信以及出现网络错误的情况。

（3）端口识别。采用交换机/集线器指示灯闪烁；验证受测链路是否连接到了正确的端口，或找出已连接工作区出口的位置。

（4）验证链路连通性（最高支持千兆以太网）。使用 DHCP 服务器获取 IP 地址，以 10、100 或 1000Mbit/s 速率 Ping 默认路由器或 DNS 服务器。或者也可以手动分配 IP 地址来 Ping 网络设备。

（5）验证 PoE。验证连接到电源设备链路的可用性以及电压水平，以便为 VoIP、网络摄像头、无线局域网接入点等以太网供电应用提供有源设备。使用 LinkWare 软件，可在一个综合报告中记录有线链路验证测试结果以及网络可用性与链路连通性测试结果。

（6）排除链路故障。判断性能问题的根源是布线还是网络。

5. LinkWare 电缆测试管理软件

测试仪 DTX-1800 使用 LinkWare 电缆测试管理软件节省了管理测试结果的时间，它可以快速地对测试结果通过工作地点、用户、建筑等进行组织、编辑、查看、打印、保存或存档。可以将测试结果合并到现有的数据库中，通过任意数据域或参数进行排序、查找或组织，也可而已将数据导出为 Adobe 的 PDF 文档。

6. 系统测试

（1）测试类型。

1）验证测试。验证测试又称为随工测试，是边施工边测试，主要检测线缆质量和安装工艺，及时发现并纠正所出现的问题，不至于等到工程完工时才发现问题而重新返工，耗费不必要的人力、物力和财力。验证测试不需要使用复杂的测试仪，只要能测试接线图和线缆长度的测试仪。

2）认证测试。认证测试又称为验收测试，是所有测试工作中最重要的环节，是在工程验收时对布线系统的全面检验，是评价综合布线工程质量的科学手段。

a. 认证测试分为自我认证测试和第三方认证测试。

• 自我认证测试。自我认证测试由施工方自行组织，按照设计所要达到的标准对工程所有链路进行测试，确保每一条链路都符合标准要求。

• 第三方认证测试。委托第三方对系统进行验收测试，以确保布线施工的质量。这是对综合布线系统验收质量管理的规范化做法。

图 9-12 简易布线通断测试仪

b. 测试仪表具有最基本的连通性测试功能，主要检测电缆通断、短路、线对交叉等接线图的故障。简易布线通断测试仪是最简单的电缆通断测试仪，包括主机和远端机，测试时，线缆两端分别连接上主机和远端机，根据显示灯的闪烁次序就能判断双绞线 8 芯线的通断情况，如图 9-12 所示。

c. MicroMapper（电缆线序检测仪）是小型手持式验证测试仪，可以方便地验证双绞线电缆的连通性，包括检测开路、短路、跨接、反接以及串绕等问题，如图 9-13 所示。

d. MicroScanner Pro（电缆验证仪）可以检测电缆的通断、电缆的连接线序、电缆故障的位置，从而节省了安装的时间和金钱，如图 9-14 所示。

e. FLUKE620 是一种单端电缆测试仪，进行电缆测试时不需在电缆的另外一端连接远端单元即可进行电缆的通断、距离、串绕等测试，如图 9-15 所示。

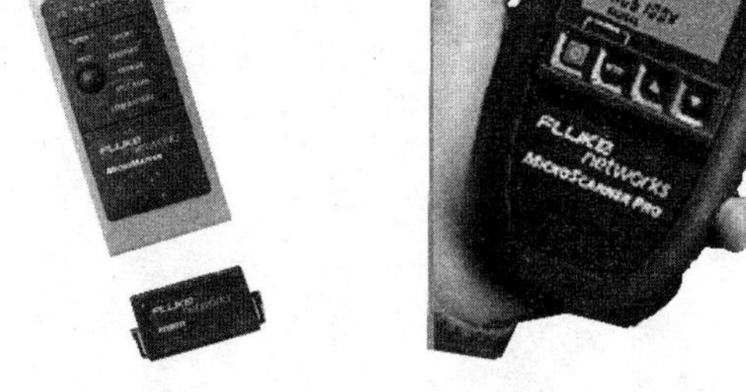

图 9-13　电缆线序检测仪　　图 9-14　电缆验证仪　　图 9-15　单端电缆测试仪

(2) 认证测试标准（以 TIA/EIA 为例）。

1) 1995 年。TSB—67 认证测试标准。

a. 定义了现场测试用的两种测试链路结构。

b. 定义了 3、4、5 类链路需要测试的传输技术参数（包括接线图、长度、衰和近端串音损耗 4 个参数）。

c. 定义了在两种测试链路下各技术参数的标准值（阈值）。

定义了对现场测试仪的技术和精度要求。

2) 1999 年 10 月。TSB-95 认证测试标准。为了保证 5 类电缆信道能支持千兆以太网，《100Ω 4 对 5 类线附加传输性能指南》（TSB-95）中提出了回波损耗、等电平远端串音、等电平远端串音功率和、传播时延和时延偏差等千兆以太网所要求的指标。

3) 1999 年 11 月。568-A5（568-A5—2000）认证测试标准。

a. 定义增强 5 类布线。

b. 568-A5—2000 的所有测试参数都是强制性的，而不是像 TSB-95 那样是推荐性的。

c. 引入了 3dB 原则。3dB 原则就是当回波损耗小于 3dB 时，可以忽略回波损耗（RL）。这一原则适用于 TIA 和 ISO 的标准。同时，当衰减小于 4dB 时，可以忽略近端串扰值，但这一原则只适用于 ISO 11801：2002 标准。

4) 568-B 内容认证测试标准。

a. 把参数“衰减”改名为“插入损耗”。

b. 把测试模型中的“基本链路”（Basic Link）重新定义为“永久链路”（Permanent Link）。

c. 568-B 标准不认可 4 对 4 类双绞线和 5 类双绞线电缆。

d. 接插线、设备线与跳线。

e. 距离变化。

f. 安装规则。

5) 568-B 认证测试标准增编。如 B. 2—10 标准中列出了 6A 类布线从 1～500MHz 带宽的范围内信道的插入损耗、NEXT、PS NEXT、FEXT、ELFEXT、PS ELFEXT、回波损耗、ANEXT、PS ANEXT、PS AELFEXT 等指标参数值。

7. FLUKE 福禄克 DTX1800 测试仪表

（1）测试仪的基本要求。

1）精度是综合布线测试仪的基础，所选择的测试仪既要满足永久链路认证精度，又要满足信道的认证精度。测试仪的精度是有时间限制的，必须在使用一定时间后进行校准。

2）具有精确的故障定位和快速的测试速度并带有远端器的测试仪。使用 6 类电缆时，近端串音应进行双向测试，即对同一条电缆必须测试两次，而带有智能远端器的测试仪可实现双向测试一次完成。

3）测试仪结果可以与 PC 连接在一起，把测试的数据传送到 PC，便于打印输出与保存。

（2）测试仪表的性能要求。

1）测试仪的精度要求。

a. 测试判断临界区。

b. 测试接头误差补偿。

c. 自校表。

2）测试速度要求。

FLUKE DTX1800 电缆认证测试仪最快 9s 可完成一条 6 类链路测试。

3）测试仪故障定位。

4）其他。其他要考虑的方面还有：测试仪应支持近端串扰的双向测试、测试结果可转储打印、操作简单且使用方便，以及支持其他类型电缆的测试。

（3）认证测试环境要求。

1）无环境干扰。

2）测试温度要求。

3）防静电措施。

（4）认证测试仪选择。

1）目前市场上常用的达到Ⅲ级精度的测试仪主要有：福禄克的 Fluke DSP-4x00，Fluke DTX 系列，安捷伦的 Agilent WireScope350 线缆认证测试仪，理想公司的 LANTEK 系列等产品。

2）DTX 电缆认证分析仪目前有 DTX-LT，DTX-1200，DTX-1800 三种型号，前两种型号测试频率带宽为 350MHz，DTX-1800 测试带宽为 900MHz。

（5）测试仪使用说明。

测试仪面板如图 9-16 所示，测试仪侧面结构如图 9-17 所示，测试仪面板远端面板如图 9-18 所示，测试仪面板连接如图 9-19 所示。

图 9-20 所示为永久链路，图 9-21 所示为信道。使用 DTX 测试双绞线链路，已安装的布线系统链路如图 9-22 所示，永链路连接如图 9-23 所示，信道测试连接如图 9-24 所示。

选择 TIA/EIA 标准、测试 UTP CAT 6 永久链路为例介绍测试过程。

1）按绿键启动 DTX，如图 9-25（a）所示，并选择中文或中英文界面。

2）选择双绞线、测试类型和标准。

a. 将旋钮转至 SETUP，如图 9-25（b）所示。

b. 选择“Twisted Pair”。

c. 选择“Cable Type”。

d. 选择“UTP”。

e. 选择“Cat 6 UTP”。

f. 选择“Test Limit”。

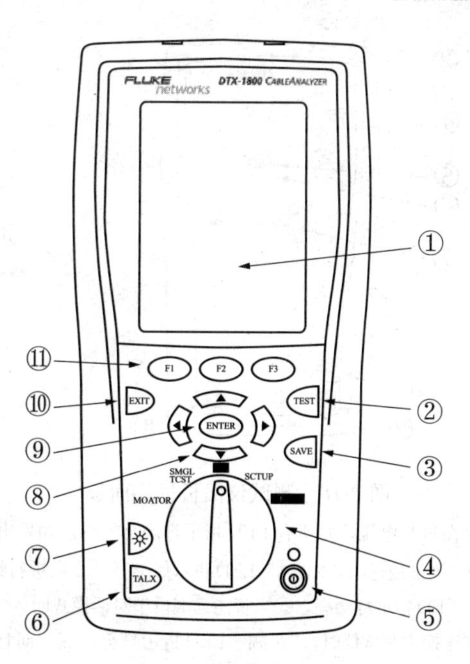

图 9-16 测试仪面板

①带有背光及可调整亮度的 LCD 显示屏幕。②TEST（测试）：开始目前选定的测试。如果没有检测到智能远端，则启动双绞线布线的音频发生器。当两个测试仪均接妥后，即开始进行测试。③SAVE（保存）：将“自动测试”结果保存于内存中。④旋转开关可选择测试仪的模式。⑤◎：开/关按键。⑥TALK（对话）：按下此键可使用耳机来与链路另一端的用户对话。⑦☼：按该键可在背照灯的明亮和暗淡设置之间切换。按住 1s 来调整显示屏的对比度。⑧箭头键可用于导览屏幕画面并递增或递减字母数字的值。⑨ENTER（输入）：“输入”键可从菜单内选择选中的项目。⑩EXIT（退出）：退出当前的屏幕画面而不保存更改。⑪F1 F2 F3：功能键提供与当前的屏幕画面有关的功能。功能显示于屏幕画面功能键之上。

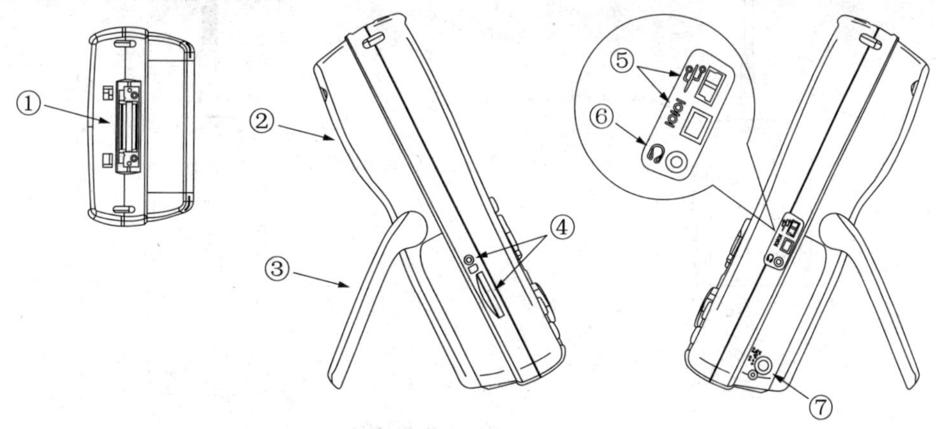

图 9-17 测试仪侧面结构

①双绞线接口适配器连接器。②模块托架盖。推开托架盖来安装可选的模块，如光缆模块。③底座。④DTX-1800 及 DTX-1200：可拆卸内存卡的插槽及活动 LED 指示灯。若要弹出内存卡，朝里推入后放开内存卡。⑤USB（USB 图标）及 RS-232C（IOIOI；DTX-1800，DTX-1200）端口可用于将测试报告上载至 PC 并更新测试仪软件。RS-232C 端口使用 Fluke Networks 供应的定制 DTX 缆线。⑥用于对话模式的耳机插座。⑦交流适配器连接器。将测试仪连接至交流电时，LED 指示灯会点亮。• 红灯：电池正在充电。• 绿灯：电池已充电。• 闪烁的红灯：充电超时。电池没有在 6h 内充足电。请参见“测试仪供电”部分。

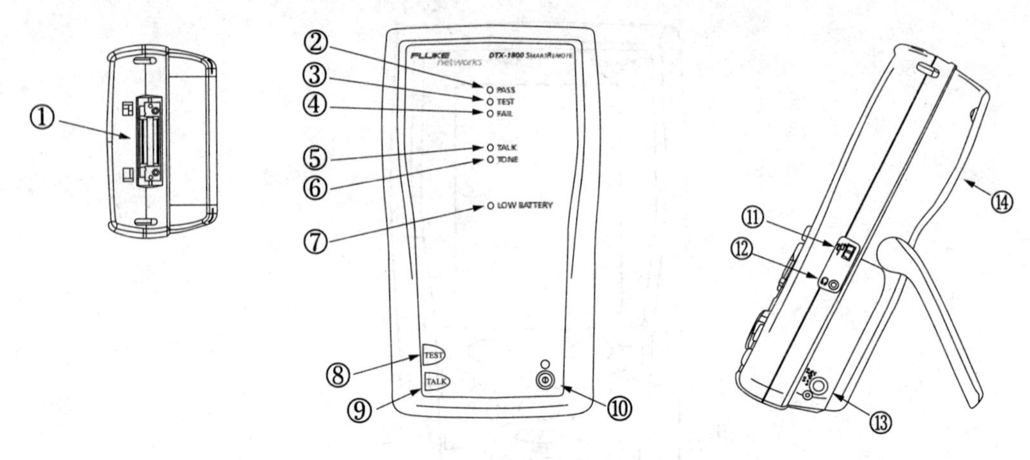

图 9-18　测试仪面板远端面板

⚠小心如果智能远端检测到电缆存在过高电压，则所有 LED 指示灯均会闪烁。如果出现此情况，请立即拔出电缆。

①双绞线接口适配器的连接器。②当测试通过时，“通过”LED 指示灯会亮。③在进行缆线测试时，“测试”LED 指示灯会点亮。④当测试失败时，“失败”LED 指示灯会亮。⑤当智能远端位于对话模式时，“对话”LED 指示灯会点亮。按TALK键来调整音量。⑥当按TEST键但没有连接主测试仪时，“音频”LED 指示灯会点亮，而且音频发生器会开启。⑦当电池电量不足时，“低电量”LED 指示灯会点亮。⑧TEST：如果没有检测到主测试仪，则开始目前在主机上选定的测试将会激活双绞线布线的音频发生器。当连接两个测试仪后便开始进行测试。⑨TALK：按下此键使用耳机来与链路另一端的用户对话。再按一次来调整音量。⑩◎：开/关按键。⑪用于更新 PC 测试仪软件的 USB 端口。⑫用于对话模式的耳机插座。⑬交流适配器连接器。⑭模块托架盖。推开托架盖来安装可选的模块，如光缆模块。

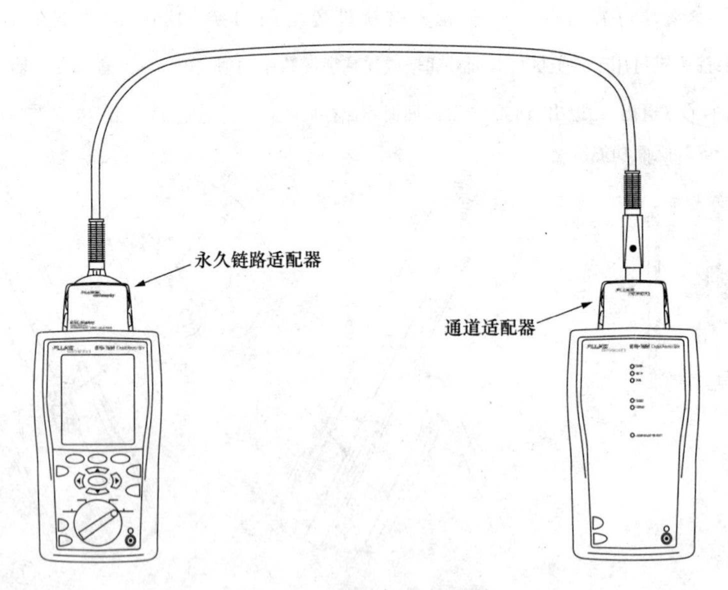

图 9-19　测试仪面板连接

若要设置基准，可执行下列步骤。

①连接永久链路及通道适配器，然后进行连接。②将旋转开关转至 SPECIAL FUNCTIONS（特殊功能），然后开启智能远端。③选中设置基准：然后按ENTER键。如果同时连接了光缆模块及铜缆适配器，接下来选择链路接口适配器。④按TEST键。

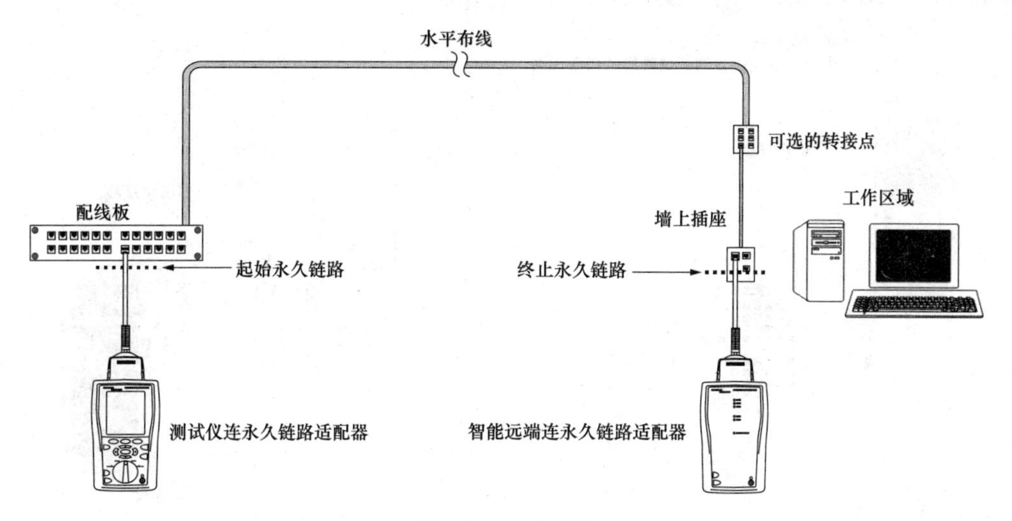

图 9-20　永久链路

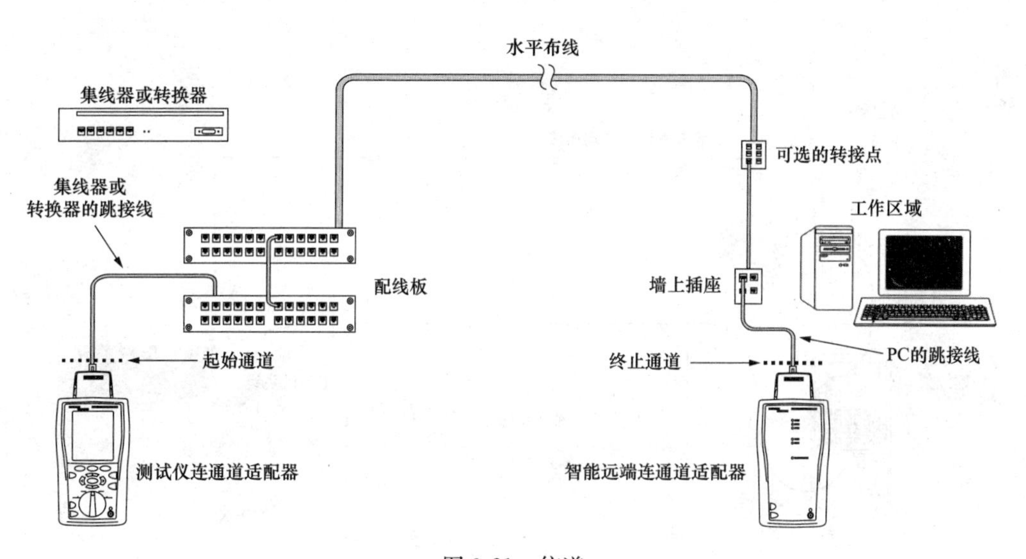

图 9-21　信道

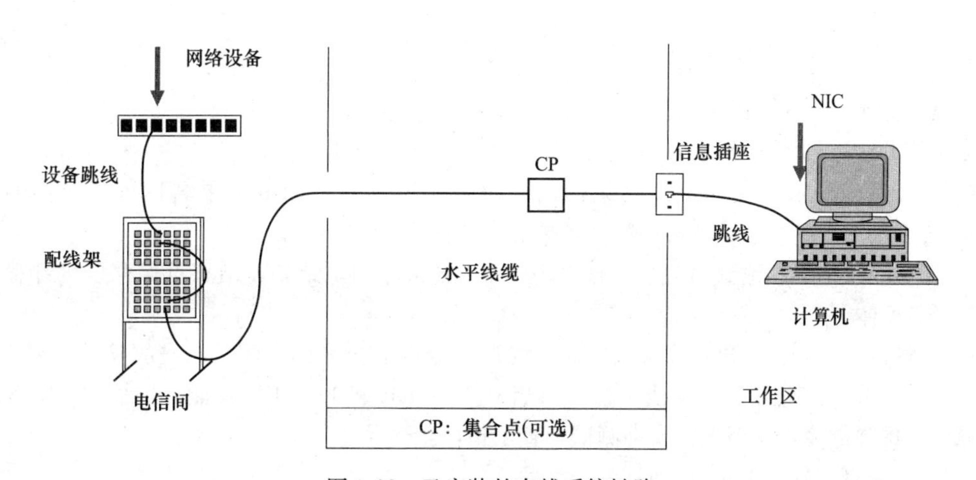

图 9-22　已安装的布线系统链路

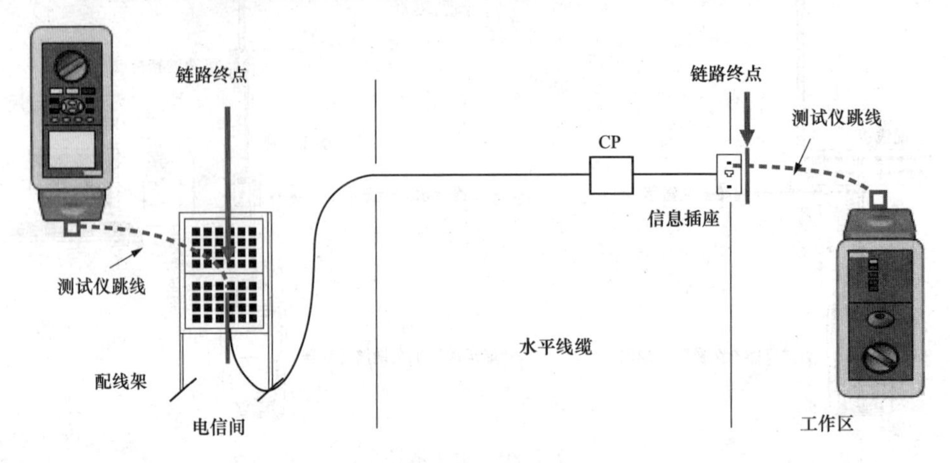

图 9-23 永链路连接

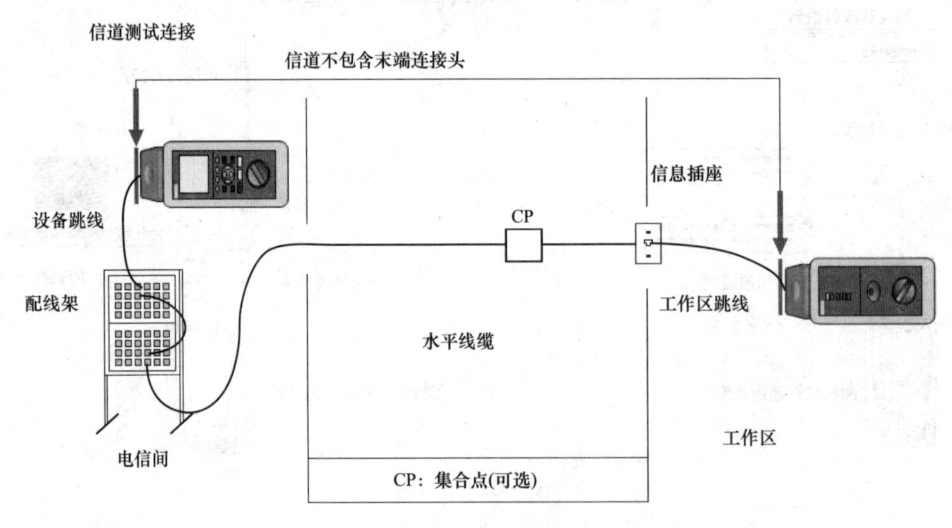

图 9-24 信道测试连接

g. 选择“TIA Cat 6 Perm. Link”，如图 9-25（c）所示。

按 TEST 键，启动自动测试，最快 9s 可完成一条正确链路的测试。

在 DTX 系列测试仪中为测试结果命名，如图 9-26 所示。测试结果名称可以是：①通过 LinkWare 预先下载；②手动输入；③自动递增；④自动序列。

3）保存测试结果。测试通过后，按“SAVE”键保存测试结果，结果可保存于内部存储器和 MMC 多媒体卡。

4）故障诊断。测试中出现“失败”时，要进行相应的故障诊断测试。按故障信息键”（F1 键）直观显示故障信息并提示解决方法，再启动 HDTDR 和 HDTDX 功能，扫描定位故障。查找故障后，排除故障，重新进行自动测试，直至指标全部通过为止。

5）结果送管理软件 LinkWare。

a. 当所有要测的信息点测试完成后，将移动存储卡上的结果送到安装在计算机上的管理软

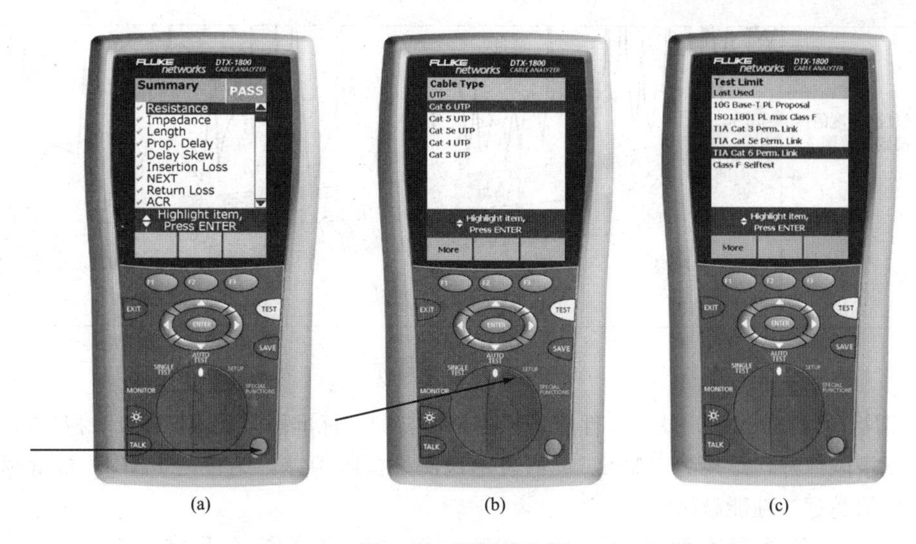

图 9-25　测试操作图

图 9-26　测试结果命名

件 LinkWare 进行管理分析。LinkWare 软件有几种形式提供用户测试报告，如图 9-27 所示为其中的一种。

b. 测试结果用通过（PASS）或失败（FAIL）表示。

c. 长度指标用测量的最短线对的长度表示测试结果；传输延迟和延迟偏离用每线对实测结果和比较结果显示，对于 NEXT、PSNEXT、衰减、ACR、ELFEXT、PSELEXT 和 RL 等用 dB 表示的电气性能指标，用裕量和最差裕量来表示测试结果。

测试仪准确度的
不确定性范围
通过
通过*
失败*
极限
失败
通过*
失败*

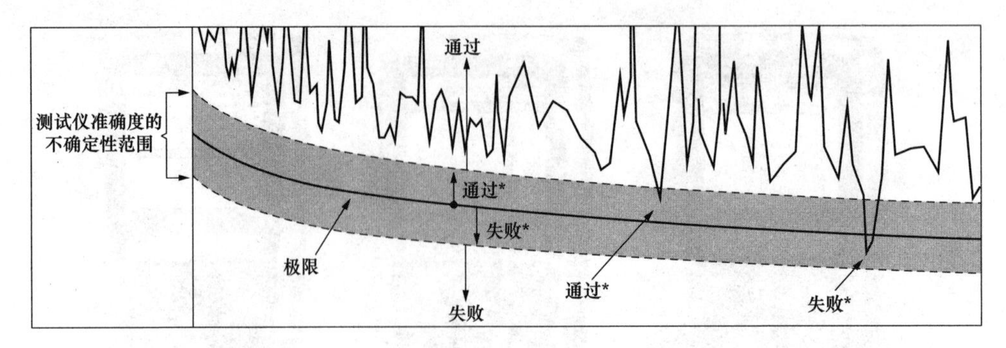

图 9-27　性能指标

d. 所谓裕量（Margin），就是各性能指标测量值与测试标准极限值（Limit）的差值，正裕量表示比测试极限值好，结果为 PASS，负值表示比测试极限值差，结果为 FAIL，裕量越大，说明距离极限值越远，性能越好。

e. 最差情况的裕量有两种情况：①在整个测试频率范围（5E 类至 100MHz，6 类至 250MHz）上距离测试标准极限值最近的点，如图 9-28 所示最差情况的裕量是 3.8dB，发生在约 2.7MHz 处；②所有线对中裕量最差的线对，如图 9-29 所示，最差情况的裕量在 12～78 线对间，值为 6.5dB。最差裕量是综合两种情况来考虑。

dB
NEXT的最差裕量
100
80
实测曲线
裕量+3.8dB
60
40
20
标准曲线
0
0
2.7MHz
50MHz
100

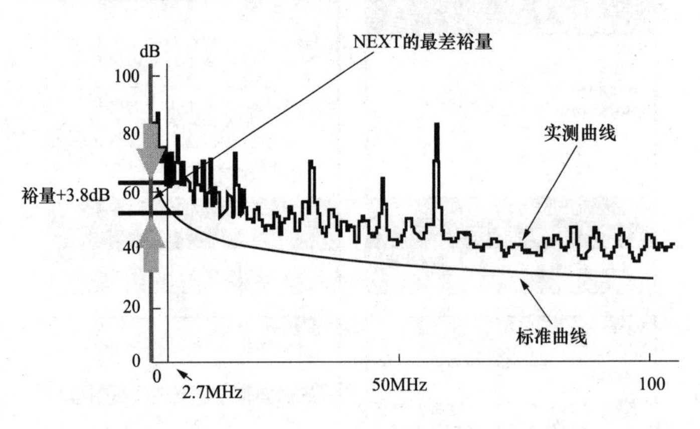

图 9-28　最差情况

6）线缆测试中通过/失败（Pass/Fail）的评估如图 9-30 所示。

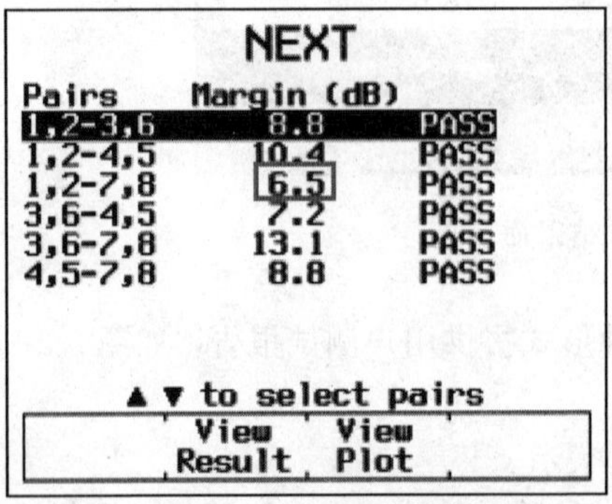

NEXT
Pairs Margin (dB)
1,2-3,6 8.8 PASS
1,2-4,5 10.4 PASS
1,2-7,8 6.5 PASS
3,6-4,5 7.2 PASS
3,6-7,8 13.1 PASS
4,5-7,8 8.8 PASS
▲▼ to select pairs
View Result
View Plot

裕量=6.5dB发生在1,2-7,8线对间

图 9-29　最差线对

测试结果	评估结果
所有测试都Pass	PASS
一个或多个Pass* 所有其他测试都通过	PASS
一个或多个Fail* 其他所有测试都通过	FAIL
一个或多个测试是Fail	FAIL

*表示测试仪可接受的临界值

图 9-30　Pass/Fail 的评估

练习与思考

一、单选题

1. 在每个（　　）至少应有 3 个信息插座，用于语音、数据和视频。

A. 工作区　　B. 水平布线子系统　　C. 垂直干线子系统　　D. 设备间子系统

2. （　　）是指在 UTP 电缆链路中一对线与另一对线之间的因信号耦合效应而产生的串扰，是对性能评价的最主要指标。

A. 插入损耗指　　B. 近端串扰　　C. 近端串扰比　　D. 特性阻抗

3. （　　）由线缆特性阻抗和链路接插件偏离标准值导致功率反射引起。RL 为输入信号幅度和由链路反射回来的信号幅度的差值。

A. 回波损耗　　B. 电缆特性　　C. 传播时延　　D. 线对间传播时延差

4. HDTDX 技术主要针对（　　）故障进行精确定位。

A. 各种导致串扰的　B. 有衰减变化的　　C. 回波损耗　　D. 有阻抗变化的

5. 接线图（Wire Map）错误不包括（　　）。

A. 反接、错对　　B. 开路、短路　　C. 超时　　D. 串绕

6. EIA/TIA 568 B. 3 规定光纤连接器（适配器）的衰减极限为（　　）。

A. 0. 3dB　　B. 0. 5dB　　C. 0. 75dB　　D. 0. 8dB

7. 定义光纤布线系统部件和传输性能指标的标准是（　　）。

A. ANSI/TIA/EIA 568-B. 1　　B. ANSI/TIA/EIA 568-B. 2

C. ANSI/TIA/EIA 568-B. 3　　D. ANSI/TIA/EIA 568 A

8. 不属于光缆测试的参数是（　　）。

A. 回波损耗　　B. 近端串扰　　C. 衰减　　D. 插入损耗

9. D 级的铜缆布线系统支持 100M 带宽，D 级的铜缆布线系统是（　　）双绞线和连接硬件组成。

A. 3 类　　B. 5/5e 类　　C. 6 类　　D. 7 类

10. （　　）使用在万兆以太网（10Gbit/s）中。

A. CAT-5　　B. CAT-5e　　C. CAT-6　　D. CAT-6A

11. （　　）该类电缆的传输频率为 1M～250MHz，该系统在 200MHz 时综合衰减串扰比（PS-ACR）应该有较大的裕量，它提供 2 倍于超五类的带宽。

A. 五类线（CAT5）　　B. 超五类线（CAT5e）

C. 六类线（CAT6）　　D. 超六类或 6A（CAT6A）

12. 对（　　）光缆来说，折射率基本上是平均不变，而只有在包层（cladding）表面上才会突然降低。

A. 梯度型　　B. 阶跃型　　C. 多模　　D. 单模

13. 在 10Gbit/s 万兆网中，多模光纤 OM3 可到（　　）。

A. 2000m　　B. 550m　　C. 300m　　D. 500m

14. （　　）使用双绞线电缆，最大网段长度为 100m。拓扑结构为星型；10Base-T 组网主要硬件设备有：3 类或 5 类非屏蔽双绞线、带有 RJ-45 插口的以太网卡、集线器、交换机、RJ-45 插头等。

A. 10Base-5　　B. 10Base-2　　C. 10Base-T　　D. 1Base-5

15. 影响光纤接续损耗的非本征因素即接续技术，（　　），当光纤断面倾斜1°时，约产生0.6dB的接续损耗，如果要求接续损耗≤0.1dB，则单模光纤的倾角应为≤0.3°。

A. 轴心错位　　B. 轴心倾斜　　C. 端面分离　　D. 端面质量

二、多选题

1. 测试仪表具有最基本的连通性测试功能，主要检测电缆（　　）。

A. 通断　　B. 短路　　C. 线对交叉　　D. 材质

E. 外观

2. 电缆线序检测仪是小型手持式验证测试仪，可以方便地验证双绞线电缆的连通性，包括检测（　　）。

A. 开路　　B. 短路　　C. 跨接　　D. 反接

E. 串绕

3. 目前市场上常用的达到Ⅲ级精度的测试仪主要有（　　）。

A. Fluke DSP-4x00

B. Fluke DTX 系列

C. 安捷伦的 Agilent WireScope350 线缆认证测试仪

D. 理想公司的 LANTEK 系列

E. 简易网络测试仪

4. 双绞电缆与信息插座的卡接端子连接时，应按（　　）的顺序进行卡接（　　）。

A. 先近后远　　B. 先下后上　　C. 先远后近　　D. 先上后下

E. 568B

5. 5 线对与线对之间的衰减串音比（ACR）只应用于布线系统的（　　）。

A. B级　　B. C级　　C. D级　　D. E级

E. F级

6. 光纤收发器分类，按结构分类有（　　）。

A. 单纤光纤收发器　　B. 双纤光纤收发器

C. 桌面式（独立式）光纤收发器　　D. 机架式（模块化）光纤收发器

E. 单模光纤收发器

三、判断题

1. DTX 技术是在没有语音信号传输时停止发射无线信号，使干扰降低，来提高系统的效率。（　　）

2. DTX10 千兆铜缆测试解决方案能够测试和认证现有 6 类或新安装的增强型 Cat6 双绞线布线环境下部署的 10 千兆以太网。（　　）

3. 精度是综合布线测试仪的基础，所选择的测试仪既要满足永久链路认证精度，又要满足信道的认证精度。（　　）

4. FLUKE 福禄克 DTX1800 测试仪表，测试仪结果可以与 PC 连接在一起，把测试的数据传送到 PC，便于打印输出与保存。（　　）

5. 所谓裕量（Margin），就是各性能指标测量值与测试标准极限值（Limit）的差值，负裕量表示比测试极限值好，结果为 PASS。（　　）

6. 综合布线系统信道应由最长 90m 水平缆线、最长 10m 的跳线和设备缆线及最多 8 个连接器件组成。（　　）

7. 屏蔽的布线系统测试还应考虑非平衡衰减、传输阻抗、耦合衰减及屏蔽衰减。（　　）

8. 在信道每一线对中两个导体之间的不平衡直流电阻对各等级布线系统不应超过 3%。( )

9. 在各种温度条件下，布线系统 D、E、F 级信道线对每-导体最小的传送直流电流应为 0.175A。( )

10. 在各种温度条件下，布线系统 D、E、F 级信道的任何导体之间应支持 72V 直流工作电压，每一线对的输入功率应为 10W。( )

参考答案

单选题	1. A	2. B	3. A	4. A	5. C	6. A	7. D	8. C	9. B	10. D
	11. C	12. B	13. C	14. C	15. B					
多选题	1. ABC	2. ABCDE	3. ABCD	4. AB	5. CDE	6. CD				
判断题	1. Y	2. Y	3. Y	4. Y	5. N	6. N	7. Y	8. Y	9. Y	10. Y

任务 10

铜缆布线系统（同轴电缆）测试及测试报告解读

该训练任务建议用 3 个学时完成学习及过程考核。

10.1 任务来源

在铜缆布线系统（同轴电缆）工程验收时，需要测试同轴电缆的各项指标。通过这些指标的分析，来判断同轴电缆布线系统工程的质量，是否满足业主要求，是否能通过验收。

10.2 任务描述

搭建同轴电缆布线系统，对其进行测试，生成文件报告并解读。

10.3 能力目标

10.3.1 关键技能

完成本训练任务后，你应当能（够）：

- 能搭建铜缆（同轴电缆）布线系统。
- 会同轴电缆的网络布线系统测试。
- 能导出铜缆（同轴电缆）布线系统测试报告和技术参数解读。

基本技能：

- 能区分永久链路测试与信道测试。
- 会使用 LinkWare 软件。
- 会用软件进行铜缆布线系统测试报告输出。

10.3.2 知识目标

完成本训练任务后，你应当能（够）：

- 了解铜缆布线系统相关知识。
- 熟悉电缆测试仪的功能与操作方法。
- 熟悉电缆测试仪与同轴电缆的缆线连接测试方法。

• 熟悉电缆测试仪结果识读。

10.3.3 职业素质目标

完成本训练任务后，你应当能（够）：
• 通过本次综合训练，养成测试时精密、严谨的工作习惯。
• 通过本次综合训练，认识综合布线的综合性、系统性原理。
• 遵守系统调试标准规范，养成严谨科学的工作态度。
• 尊重他人劳动，不窃取他人成果。
• 养成总结训练过程和结果的习惯，为下次训练总结经验。
• 养成团结协作精神。

10.4 任务实施

10.4.1 活动一　知识准备

下列知识可以由学员自学或老师讲授完成。
(1) 同轴电缆的特性阻抗。
(2) 同轴电缆的插入损耗。
(3) 同轴电缆测试报告的主要内容。

10.4.2 活动二　示范操作

1. 活动内容

搭建同轴电缆布线系统，并用 DTX-1800 测试仪对其进行测试，将测试的数据下载到计算机软件，生成 PPT 文件报告，解读报告。

2. 操作步骤

步骤一：搭建同轴电缆信道链路

• 同轴电缆信道方式如图 10-1 所示。A 为工作区终端设备电缆；B 为 CP 缆线；C 为水平缆线；D 为配线设备连接跳线；E 为配线设备到设备连接电缆 B+C≤90m，A+D+E≤10m。

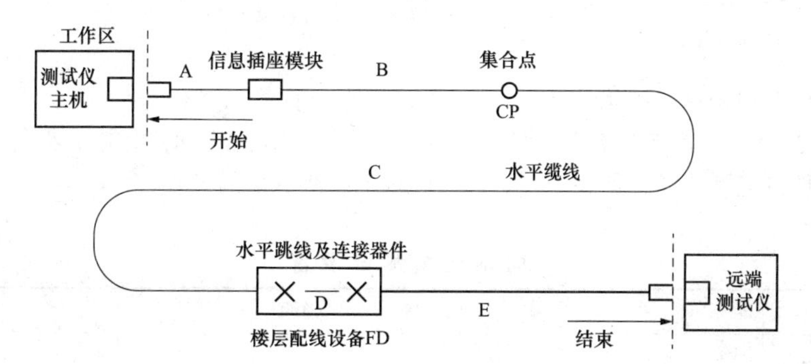

图 10-1　同轴电缆信道方式

步骤二：给同轴电缆布线设置基准

• 基准程序为介入损耗测量设置了基线。每隔 30 天运行测试仪的基准设置程序：若想要将测试仪用于不同的智能远端，可将测试仪的基准设置为两个不同的智能远端，这样做可以确保取得准确度最高的测试结果。更换链路接口适配器后无需重新设置基准。

- 注意启动测试仪，并在设置基准之前等候 5min。只有当测试仪已经到达 10～40℃（50～104℉）的周围温度时才能设置基准。
- 要设置基准，请执行下列步骤。

（1）将同轴适配器连接到主机测试仪和远端测试仪，并将 F-接头拧入 BNC 适配器，然后进行连接。同轴电缆基准线连接如图 10-2 所示。

（2）将旋转开关转到 SPECIAL FUNCTIONS（特殊功能）并启动智能远端。

（3）选中设置基准，然后按 H 键。如果同时安装了光缆模块和铜缆模块，请选择链路接口适配器。

（4）在智能远端选中设置基准，然后按 ENTER 键。如果同时安装了光缆模块和铜缆模块，请选择链路接口适配器。

（5）按 TEST 键。

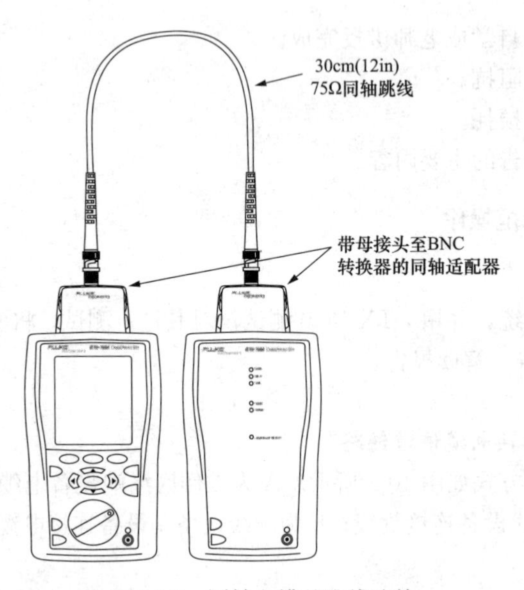

图 10-2 同轴电缆基准线连接

步骤三：同轴电缆测试设置

- 要打开设置，将旋转开关转至 SETUP（设置），用↓选中同轴电缆；然后按 ENTER 键。
- 同轴电缆测试设置见表 10-1，进行同轴电缆测试值的设置。

表 10-1 同轴电缆测试设置

设置值	说明
SETUP>同轴电缆>电缆类型	选择一种适用于被测缆线的缆线类型
SETUP>同轴电缆>测试极限值	为测度任务选择适当的测试极限

续表

设置值	说明
SETUP＞同轴电缆＞NVP	额定传播速度可与测得的传播延时一起来确定缆线长度。选定的缆线类型所定义的默认值代表该特定类型的典型 NVP。如果需要，可以输入另一个值。若要确定实际的数值。更改 NVP，直到测得的长度与缆线的已知长度相同。使用至少 15m（50 英尺）长的缆线。建议的长度为 30m（100 英尺）。 增 NVP 将会增加测得的长度
SETUP＞仪器设置＞存储绘图数据	标准：测试仪显示和保存介入损耗的绘图数据。测试仪依照所选测试极限值要求的频率范围保存数据。 扩展：测试仪超出所选测试极限值要求的频率范围保存数据。 否：不保存绘图数据，以便保存更多的测试结果。保存的结果仅显示每个线对的最差余量和最差值
SPECIAL FUNCTIONS＞设置基准	首次一起使用两个装置时，必须将测试仪的基准设置为智能远端。还需每隔 30 天设置基准一次。参阅“给同轴电缆布线设置基准”
用于保存测试结果的设置值	参见“准备保存测试结果”

步骤四：在同轴电缆布线上进行自动测试

- 将同轴适配器连接到测试仪和智能远端。
- 将旋转开关转至 SETUP（设置），然后选择同轴电缆。在同轴电缆选项卡中进行以下设置。

（1）电缆类型。选择一个电缆类型列表，然后从中选择待测电缆类型。

（2）测试极限。给测试工作选择测试极限值。屏幕会显示最近使用过的 9 个极限值。按 F1 更多查看其他极限值列表。

- 将旋转开关转到 AUTOTEST（自动测试）并启动智能远端。连接布线，图 10-3 所示为 BNC 头连接方式，图 10-4 所示为 F 头连接方式。

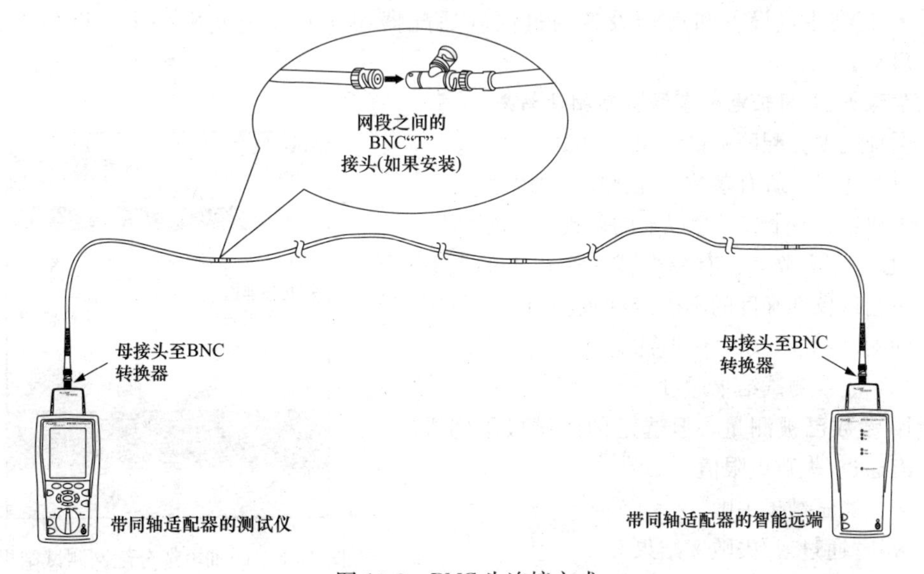

图 10-3　BNC 头连接方式

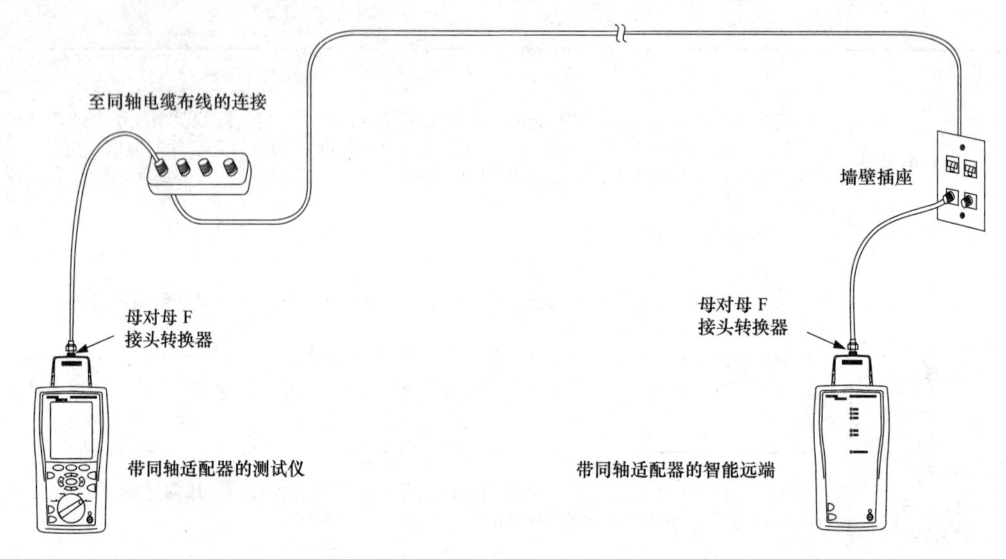

图 10-4　F 头连接方式

• 如果未安装光缆模块，您可能需要按 J 更改媒介来选择同轴电缆作为媒介类型。

• 按测试仪或智能远端上的 P 键。任何时候如要停止测试，按 I 键。

• 在测试完成时，测试仪显示“自动测试概要”屏幕。要查看特定参数的测试结果，用 AD 键选中参数，然后按 H 键。

• 要保存结果，按 N 键。选择或创建电缆 ID；然后再按 N 键。

• 如果未安装光缆模块，可能需要按 F1 更改媒介来选择同轴电缆作为媒介类型。

• 按测试仪或智能远端上的 TEST 键。任何时候如要停止测试，按 EXIT 键。

• 在测试完成时，测试仪显示“自动测试概要”屏幕。要查看特定参数的测试结果，用↑↓选中参数，然后按 ENTER 键。

• 要保存结果，按 SAVE 键。选择或创建电缆 ID；然后再按 SAVE 键。

• 若在主机设备和远端设备通过同轴适配器相连时关闭其中一个，设备将会重新启动。

步骤五：同轴电缆布线自动测试结果

同轴电缆分配网测试结果如图 10-5 所示。

（1）通过：所有参数均在极限范围内。

失败：有一个或一个以上的参数超出极限值。

通过＊/失败＊：有一个或一个以上的参数在测试仪准确度的不确定性范围内，且特定的测试标准要求“＊”注记。

（2）√：测试结果通过。

i：参数已被测量，但选定的测试极限内没有通过/失败极限值。

×：测试结果失败。

＊：“通过＊/失败＊结果”。

（3）测试中找到最差余量。

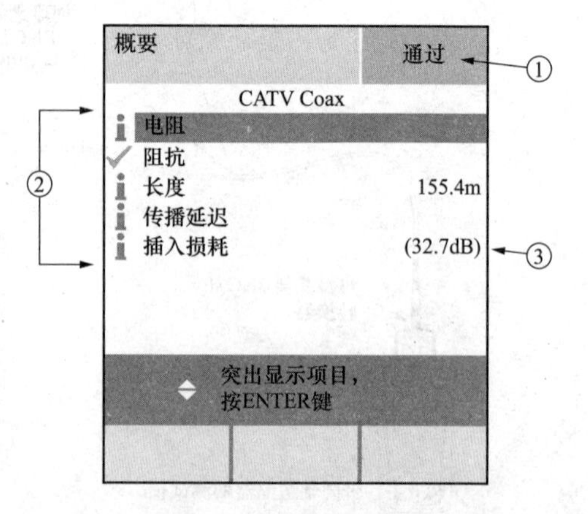

图 10-5　同轴电缆分配网测试结果

步骤六：从福禄克导入双绞线测试数据（生成双绞线 PDF 格式报告）

LinkWare 电缆测试管理软件是 Windows 应用程序，支持 ANSI/TIA/EIA 606-A 标准。采用 LinkWare 电缆测试管理软件进行布线管理的主要步骤如下。

- 安装软件。
- 测试仪与 PC 连接。DTX-1800 可以通过 USB 口与计算机进行连接。
- 设置环境。从“Options”菜单中选择“Language”项，然后点击“Chinese (simplified)”设置软件语言，如图 10-6 所示。
- 输入测试仪记要。点击“文件”“导入”，在其弹出的菜单中选择相应的测试仪型号后，会自动检测 USB 接口并将数据导入计算机。图 10-7 所示为福禄克测试数据导入软件。
- 测试数据处理。测试数据处理主要包括数据分类处理（快速分类和高级分类）、测试全部数据详细观察、测试参数属性修改等功能。

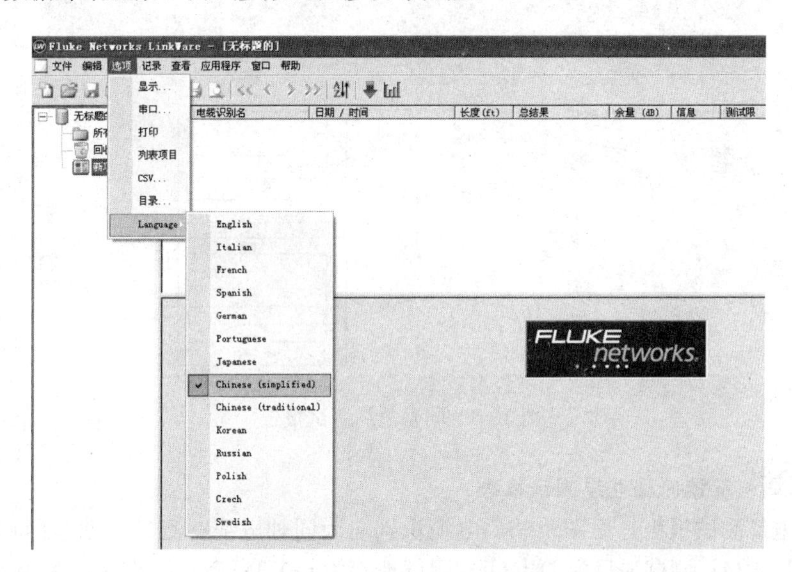

图 10-6　设置软件语言

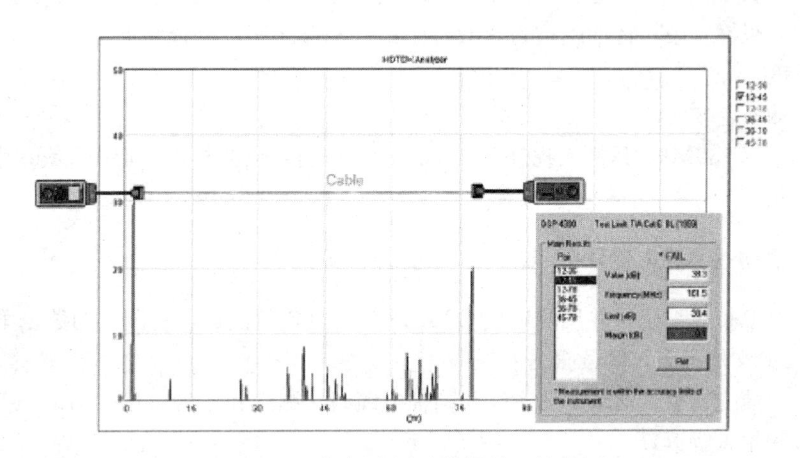

图 10-7　福禄克测试数据导入软件

步骤七：生成 PDF 格式双绞线测试报告

LinkWare 软件处理的数据通信，以 *.flw 为扩展名，保存在 PC 机中，也可以硬拷贝的形式，打印出测试报告；测试报告有 ASCII 文本文件格式和 Acrobat reader 的 .PDF 格式 2 种文件格式。在报告内容上也分为 3 种。

• 自动测试报告。按页显示每根电缆的详细测试参数数据、图形、检测结论、测试日期和时间等。

• 自动测试概要。只输出测试数据中的电缆识别名（ID）、总结果、测试标准、长度、余量和日期/时间项目。管理报告：按“水平链路”、“主干链路”、“电信区”、“TGB 记录”、“TMGB 记录”、“防火系统定位”、“建筑物记录”、“驻地记录”分类输出报告（PDF 格式）。图 10-8 所示为同轴电缆测试报告。

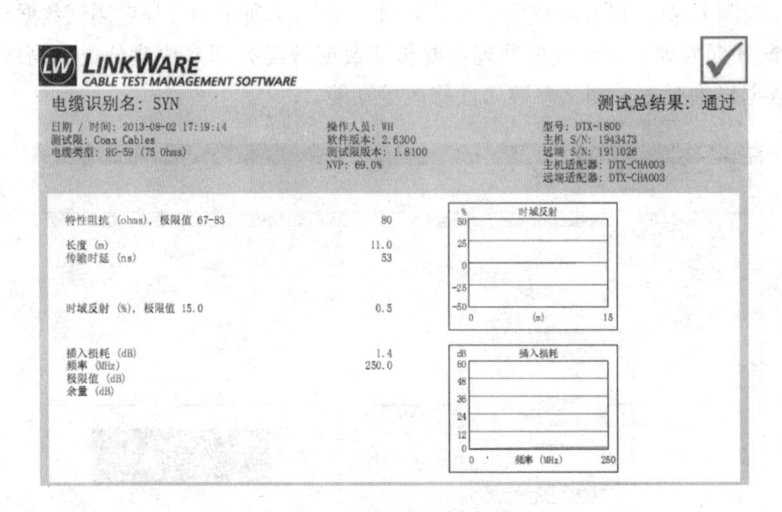

图 10-8 同轴电缆测试报告

步骤八：解读同轴电缆测试报告

同轴电缆测试报告，见图 10-8。电缆识别名为同轴电缆；测试日期/时间为 2013-08-02 17：19：14；测试项目为 Default；测试地点为 GAOXUN；操作人员为 WH；测试限为 Coax Cables；测试仪型号为 DTX-1800；电缆类型为 RG-59；测试结果为通过。

• 在整张报告中，特性阻抗为 80Ω，在 67～83Ω 之间，符合要求。

• 长度 11m。

• 传输时延 53ns。

• 在频率 250MHz 是插入损耗是 1.4dB，一个插入点的损耗 2dB，1.4dB 小于 2dB，符合要求。

10.4.3 活动三　能力提升

搭建同轴电缆布线系统，并用测试仪 DTX-1800 对其进行测试，将测试的数据下载到计算机软件，生成 PPT 文件报告，解读报告。

活动三参数演变指引：活动二为 RG59 同轴电缆制作测试和报告解读；活动三为 RG58 同轴电缆制作测试和报告解读。

10.5 效果评价

评价标准详见附录。

10.6 相关知识与技能

10.6.1 同轴电缆网络

1. 网络简介

同轴电缆网络一般可分为三类：

(1) 主干网。主干线路在直径和衰减方面与其他线路不同，前者通常由有防护层的电缆构成。

(2) 次主干网。次主干电缆的直径比主干电缆小。当在不同建筑物的层次上使用次主干电缆时，要采用高增益的分布式放大器，并要考虑电缆与用户出口的接口。

(3) 线缆。同轴电缆不可绞接，各部分是通过低损耗的连接器连接的。连结器在物理性能上与电缆相匹配。中间接头和耦合器用线管包住，以防不慎接地。若希望电缆埋在光照射不到的地方，那么最好把电缆埋在冰点以下的地层里。如果不想把电缆埋在地下，则最好采用电杆来架设。同轴电缆每隔100m设一个标记，以便于维修。必要时每隔20m要对电缆进行支撑。在建筑物内部安装时，要考虑便于维修和扩展，在必要的地方还需提供管道，保护电缆。

2. 安装方法

同轴电缆一般安装在设备与设备之间。在每一个用户位置上都装备有一个连接器，为用户提供接口。接口的安装方法如下：

(1) 细缆。将细缆切断，两头装上BNC头，然后接在T型连接器两端。

(2) 粗缆。粗缆一般采用一种类似夹板的Tap装置进行安装，它利用Tap上的引导针穿透电缆的绝缘层，直接与导体相连。电缆两端头设有终端器，以削弱信号的反射作用。

3. 参数指标

(1) 主要电气参数。

1) 同轴电缆的特性阻抗。同轴电缆的平均特性阻抗为（50±2）Ω，沿单根同轴电缆的阻抗的周期性变化为正弦波，中心平均值±3Ω，其长度小于2m。

2) 同轴电缆的衰减。一般指500m长的电缆段的衰减值。当用10MHz的正弦波进行测量时，它的值不超过8.5dB（17dB/km）；而用5MHz的正弦波进行测量时，它的值不超过6.0dB（12dB/km）。

3) 同轴电缆的传播速度需要的最低传播速度为0.77*c*（*c*为光速）。

4) 同轴电缆直流回路电阻电缆的中心导体的电阻与屏蔽层的电阻之和不超过10mΩ/m（在20℃下测量）。

(2) 物理参数。同轴电缆是由中心导体、绝缘材料层、网状织物构成的屏蔽层以及外部隔离材料层组成。同轴电缆具有足够的可柔性，能支持254mm（10in）的弯曲半径。中心导体是直径为2.17mm±0.013mm的实心铜线。绝缘材料必须满足同轴电缆电气参数。屏蔽层是由满足传输阻抗和ECM规范说明的金属带或薄片组成，屏蔽层的内径为6.15mm，外径为8.28mm。外部隔离材料一般选用聚氯乙烯（如PVC）或类似材料。

(3) 测试的主要参数。

1) 导体或屏蔽层的开路情况。

2) 导体和屏蔽层之间的短路情况。

3) 导体接地情况。

4) 在各屏蔽接头之间的短路情况。

（4）规格型号。同轴电缆按用途可分为基带同轴电缆和宽带同轴电缆两种。目前基带常用的电缆，其屏蔽线是用铜做成的网状的，特征阻抗为50（如RG-8、RG-58等）；宽带同轴电缆常用的电缆的屏蔽层通常是用铝冲压成的，特征阻抗为75（如RG-59等）。

按同轴电缆的直径大小分为粗同轴电缆与细同轴电缆。粗缆适用于比较大型的局部网络，它的标准距离长、可靠性高。由于安装时不需要切断电缆，因此可以根据需要灵活调整计算机的入网位置。但粗缆网络必须安装收发器和收发器电缆，安装难度大，所以总体造价高。相反，细缆安装则比较简单，造价低，但由于安装过程要切断电缆，两头须装上基本网络连接头（BNC），然后接在T型连接器两端，所以当接头多时容易产生接触不良的隐患，这是目前运行中的以太网所发生的最常见故障之一。

为了保持同轴电缆的正确电气特性，电缆屏蔽层必须接地。同时两头要有终端器来削弱信号反射作用。

无论是粗缆还是细缆均为总线拓扑结构，即一根缆上接多部机器，这种拓扑适用于机器密集的环境。但是当一触点发生故障时，故障会串联影响到整根缆上的所有机器，故障的诊断和修复都很麻烦，因此，将逐步被非屏蔽双绞线或光缆取代。

最常用的同轴电缆有下列几种：RG-8或RG-11，50Ω。RG-58，50Ω。RG-59，75Ω。RG-62，93Ω。计算机网络一般选用RG-8以太网粗缆和RG-58以太网细缆。RG-59用于电视系统。RG-62用于ARCnet网络和IBM3270网络。

4. 布线结构

在计算机网络布线系统中，对同轴电缆的粗缆和细缆有3种不同的构造方式，即细缆结构、粗缆结构和粗/细缆混合结构。

（1）细缆结构。

1）硬件配置。

a. 网络接口适配器。网络中每个结点需要一块提供BNC接口的以太网卡、便携式适配器或PCMCIA卡。

b. BNC-T型连接器。细缆Ethernet上的每个节点通过T型连接器与网络进行连接，它水平方向的两个插头用于连接两段细缆，与之垂直的插口与网络接口适配器上的BNC连接器相连。

c. 电缆系统。用于连接细缆以太网的电缆系统包括：①细缆（RG-58A/U）：直径为5mm，特征阻抗为50Ω的细同轴电缆。②BNC连接器插头：安装在细缆段的两端。③BNC桶型连接器：用于连接两段细缆。④BNC终端匹配器：BNC 50Ω的终端匹配器安装在干线段的两端，用于防止电子信号的反射。干线段电缆两端的终端匹配器必须有一个接地。⑤中继器：对于使用细缆的以太网，每个干线段的长度不能超过185m，可以用中继器连接两个干线段，以扩充主干电缆的长度。每个以太网中最多可以使用4个中继器，连接5个干线段电缆。

2）技术参数。

最大的干线段长度为185m。

最大网络干线电缆长度为925m。

每条干线段支持的最大节点数为30。

BNC-T型连接器之间的最小距离为0.5m。

3）特点。①容易安装；②造价较低；③网络抗干扰能力强；④网络维护和扩展比较困难；⑤电缆系统的断点较多，影响网络系统的可靠性。

（2）粗缆结构。

1）硬件配置。建立一个粗缆以太网需要一系列硬件设备，如下。

网络接口适配器：网络中每个节点需要一块提供 AUI 接口的以太网卡、便提式适配器或 PCMCIA 卡。

收发器（Transceiver）：粗缆以太网上的每个结点通过安装在干线电缆上的外部收发器与网络进行连接。在连接粗缆以太网时，用户可以选择任何一种标准的以太网（IEEE802.3）类型的外部收发器。

收发器电缆：用于连接节点和外部收发器，通常称为 AUI 电缆。

电缆系统：连接粗缆以太网的电缆系统包括：

粗缆（RG-11 A/U）：直径为 10mm，特征阻抗为 50Ω 的粗同轴电缆，每隔 2.5m 有一个标记。

N-系列连接器插头：安装在粗缆段的两端。

N-系列桶型连接器：用于连接两段粗缆。

N-系列终端匹配器：N-系列 50Ω 的终端匹配器安装在干线电缆段的两端，用于防止电子信号的反射。干线电缆段两端的终端匹配器必须有一个接地。

中继器：对于使用粗缆的以太网，每个干线段的长度不超过 500m，可以用中继器连接两个干线段，以扩充主干电缆的长度。每个以太网中最多可以使用 4 个中继器，连接 5 段干线段电缆。

2）技术参数。

最大干线段长度为 500m。

最大网络干线电缆长度为 2500m。

每条干线段支持的最大节点数为 100。

收发器之间最小距离为 2.5m。

收发器电缆的最大长度为 50m。

3）特点。

具有较高的可靠性，网络抗干扰能力强。

具有较大的地理覆盖范围，最长距离可达 2500m。

网络安装、维护和扩展比较困难。

造价高。

（3）粗/细缆混合结构。

1）硬件配置。在建立一个粗/细混合缆以太网时，除需要使用与粗缆以太网和细缆以太网相同的硬件外，还必须提供粗缆和细缆之间的连接硬件。连接硬件有：①N-系列插口到 BNC 插口连接器；②N-系列插头到 BNC 插口连接器。

2）技术参数。

最大的干线长度为 185～500m。

最大网络干线电缆长度为 925～2500m。

为了降低系统的造价，在保证一条混合干线段所能达到的最大长度的情况下，应尽可能使用细缆。可以用式（10-1）计算在一条混合的干线段中能够使用的细缆的最大长度，即

$$t = (500 - L)/3.28$$

式中：L 表示要构造的干线段长度；t 表示可以使用的细缆最大长度。

例如，若要构造一条 400m 的干线段，能够使用的细缆的最大长度为（500－400)/3.28＝30（m）。

3）特点。①造价合理；②网络抗干扰能力强；③系统复杂；④网络维护和扩展比较困难；⑤增加了电缆系统的断点数，影响网络的可靠性。

5. 质量检测

（1）察绝缘介质的整度。标准同轴电缆的截面很圆整，电缆外导体、铝箔贴于绝缘介质的外表面。介质的外表面越圆整，铝箔与它外表的间隙越小，越不圆整间隙就越大。实践证明，间隙越小电缆的性能越好，另外，大间隙空气容易侵入屏蔽层而影响电缆的使用寿命。如图10-9所示。

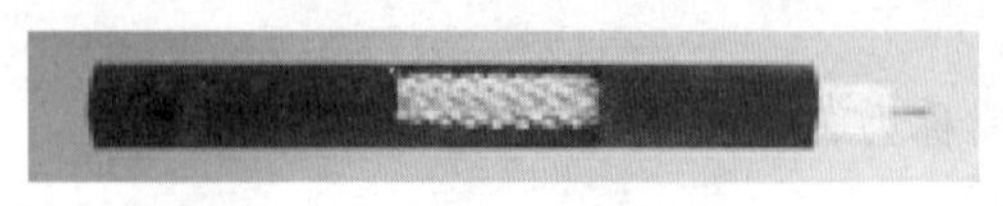

图10-9 标准同轴电缆截面图

（2）测同轴电缆绝缘介质的一致性。同轴电缆缘介质直径波动主要影响电缆的回波系数，此项检查可剖出一段电缆的绝缘介质，用千分尺仔细检查各点外径，看其是否一致。

（3）测同轴电缆的编织网。同轴电缆的纺织网线对同轴电缆的屏蔽性能起着重要作用，而且在集中供电有线电视线路中还是电源的回路线，因此同轴电缆质量检测必须对纺织网是否严密平整进行察看，方法是剖开同轴电缆外护套，剪一小段同轴电缆编织网，对编织网数量进行鉴定，如果与所给指标数值相符为合格，另外对单根纺织网线用螺旋测微器进行测量，在同等价格下，线径越粗质量越好。

（4）查铝箔的质量。同轴电缆中起重要屏蔽作用的是铝箔，它在防止外来开路信号干扰与有线电视信号混淆方面具有重要作用，因此对新进同轴电旨应检查铝箔的质量。首先，剖开护套层，观察编织网线和铝箔层表面是否保持良好光泽；其次是取一段电缆，紧紧绕在金属小轴上，拉直向反向转绕，反复几次，再割开电缆护套层观看铝箔有无折裂现象，也可剖出一小段铝箔在手中反复揉搓和拉伸，经多次揉搓和拉伸仍未断裂，具有一定韧性的为合格品，否则为次品。

（5）查外护层的挤包紧度。高质量的同轴电缆外护层都包得很紧，这样可缩小屏蔽层内间隙，防止空气进入造成氧化，防止屏蔽层的相对滑动引起电性能飘移，但挤包太紧会造成剥头不便，增加施工难度。检查方法是取1m长的电缆，在端部剥去护层，以用力不能拉出线芯为合适。

（6）察电缆成圈形状。电缆成圈不仅是个美观问题，而且也是质量问题。电缆成圈平整，各条电缆保持在同一同心平面上，电缆与电缆之间成圆弧平行地整体接触，可减少电缆相互受力，堆放不易变形损伤，因此在验收电缆质量时对此不可掉以轻心。

10.6.2 特性阻抗

1. 定义

特性阻抗是指在给定线路参数的无限长传输线路上，行波的电压与电流的比值。

特性阻抗又称“特征阻抗”，它不是直流电阻，属于长线传输中的概念。在高频范围内，信号传输过程中，信号沿到达的地方，信号线和参考平面（电源或地平面）间由于电场的建立，会产生一个瞬间电流，如果传输线是各向同性的，那么只要信号在传输，就始终存在一个电流 I，而如果信号的输出电平为 V，在信号传输过程中，传输线就会等效成一个电阻，大小为 V/I，把这个等效的电阻称为传输线的特性阻抗 Z。信号在传输的过程中，如果传输路径上的特性阻抗发生变化，信号就会在阻抗不连续的结点产生反射。影响特性阻抗的因素有介电常数、介质厚度、线宽、铜箔厚度等。

假设一根均匀电缆无限延伸，在发射端的在某一频率下的阻抗称为“特性阻抗”。

测量特性阻抗时，可在电缆的另一端用特性阻抗的等值电阻终接，其测量结果会跟输入信号的频率有关。

特性阻抗的测量单位为Ω。在高频段频率不断提高时，特性阻抗会渐近于固定值。

例如同轴线将会是50Ω或75Ω；而同轴电缆（用于电话及网络通信）将会是100Ω（在高于1MHz时）。

粗同轴电缆与细同轴电缆是指同轴电缆的直径大还是小。粗缆适用于比较大型的局部网络，它的标准距离长、可靠性高。由于安装时不需要切断电缆，因此可以根据需要灵活调整计算机的入网位置。但粗缆网络必须安装收发器和收发器电缆，安装难度大，所以总体造价高。相反，细缆安装则比较简单，造价低，但由于安装过程要切断电缆，两头须装上基本网络连接头（BNC），然后接在T型连接器两端，所以当接头多时容易产生接触不良的隐患，这是目前运行中的以太网所发生的最常见故障之一。

2. 国内标准

计算机网络一般选用 RG-8 以太网粗缆和 RG-58 以太网细缆（50Ω）。

RG-59 用于电视系统（75Ω）

RG-62 用于 ARCnet 网络和 IBM3270 网络（93Ω）。

特性阻抗的计算公式为

特性阻抗＝377Ω＊SQRT（材料相对磁导率/材料相对介电常数）

10.6.3 插入损耗

插入损耗指在传输系统的某处由于元件或器件的插入而发生的负载功率的损耗，它表示为该元件或器件插入前负载上所接收到的功率与插入后同一负载上所接收到的功率以分贝为单位的比值。

（1）插入损耗是指发射机与接收机之间，插入电缆或元件产生的信号损耗，通常指衰减。插入损耗以接收信号电平的对应分贝（dB）来表示。

（2）插入损耗多指功率方面的损失，衰减是指信号电压的幅度相对。

（3）通道的插入损耗是指输出端口的输出光功率与输入端口输入光功率之比，以 dB 为单位。插入损耗与输入波长有关，也与开关状态有关。定义为

$$IL = -10\log/(P_o)P_i$$

式中：P_i 表示输入到输入端口的光功率，mW；P_o 表示从输出端口接收到的光功率，mW。

一、单选题

1. 同轴电缆的特性阻抗同轴电缆的平均特性阻抗为（　　）。

A.（20±2）Ω　　B.（30±2）Ω　　C.（40±2）Ω　　D.（50±2）Ω

2. 同轴电缆的衰减 一般指（　　）m长的电缆段的衰减值。

A. 50　　B. 100　　C. 300　　D. 500

3. 当用 10MHz 的正弦波进行测量时，它的值不超过（　　）。

A. 8.5dB（17dB/km）　　B. 6.0dB（12dB/km）

C. 17.0dB（17dB/km）　　B. 12.0dB（12dB/km）

4. 当用 5MHz 的正弦波进行测量时，它的值不超过（　　）。

A. 8.5dB（17dB/km）　　B. 6.0dB（12dB/km）

C. 17.0dB（17dB/km）　　B. 12.0dB（12dB/km）

5. 同轴电缆直流回路电阻电缆的中心导体的电阻与屏蔽层的电阻之和不超过（　　）mΩ/m（在 20℃下测量）。

A. 10　　B. 20　　C. 30　　D. 40

6. 同轴电缆中起重要屏蔽作用的是（　　），它在防止外来开路信号干扰与有线电视信号混淆方面具有重要作用。

A. 铝箔　　B. 中心导体　　C. 绝缘材料层　　D. 网状织物

7. 计算机网络一般选用（　　）以太网粗缆。

A. RG-58　　B. RG-59　　C. RG-62　　D. RG-75

8. 用于电视系统是（　　）。

A. RG-58　　B. RG-59　　C. RG-62　　D. RG-75

9. 用于 ARCnet 网络和 IBM3270 网络是（　　）。

A. RG-58　　B. RG-59　　C. RG-62　　D. RG-75

10. C 级的铜缆布线系统支持 16M 带宽，C 级的铜缆布线系统是（　　）双绞线和连接硬件组成。

A. 3 类　　B. 5 类　　C. 6 类　　D. 7 类

11. D 级的铜缆布线系统支持 100M 带宽，D 级的铜缆布线系统是（　　）双绞线和连接硬件组成。

A. 3 类　　B. 5/5e 类　　C. 6 类　　D. 7 类

12. C 级信道布线系统在频率 1MHz 时，最小回波损耗值是（　　）dB。

A. 15　　B. 17　　C. 19　　D. 20

13. D 级信道布线系统在频率 1MHz 时，最小回波损耗值是（　　）dB。

A. 15　　B. 17　　C. 19　　D. 20

14. 在频率 0.1MHz 时，A 级布线系统的最大插入损耗（　　）dB。

A. 16　　B. 5.5　　C. 5.8　　D. 4.2

15. 在频率 0.1MHz 时，B 级布线系统的最大插入损耗（　　）dB。

A. 16　　B. 5.5　　C. 5.8　　D. 4.2

二、多选题

1. 同轴电缆网络一般可分为（　　）。

A. 主干网　　B. 次主干网　　C. 线缆　　D. 用户分配网

E. 驻地网

2. 同轴电缆测试的主要参数有（　　）。

A. 导体或屏蔽层的开路情况　　B. 导体和屏蔽层之间的短路情况

C. 导体接地情况　　D. 在各屏蔽接头之间的短路情况

E. 近端串扰

3. 同轴电缆主要电气参数有（　　）。

A. 特性阻抗　　B. 衰减　　C. 传播速度　　D. 直流回路电阻

E. 近端串扰

4. 同轴电缆主要物理参数，同轴电缆是由（　　）组成。

A. 中心导体　　B. 绝缘材料层

C. 网状织物构成的屏蔽层　　D. 外部隔离材料层

E. 丝剥线

5. 放大器的种类有很多，按照它们的特性和用途，可以分为以下几类（　　）。

A. 天线放大器　　B. 频道放大器　　C. 干线放大器　　D. 支线放大器

E. 配线放大器

6. 衡量线路放大器的质量优劣的主要技术指标有以下几点（　　）。

A. 最小输出电平和输入电平

B. 频带宽度，指放大器能正常工作的输入信号频带宽度

C. 增益调整范围

D. 频道内的幅频特性

E. 电压驻波比或反射损耗

三、判断题

1. 同轴电缆不可绞接，各部分是通过低损耗的连接器连接的。（　　）

2. 连结器在物理性能上与电缆相匹配，中间接头和耦合器用线管包住，以防不慎接地。（　　）

3. 同轴电缆一般安装在设备与设备之间，在每一个用户位置上都装备有一个连接器，为用户提供接口。（　　）

4. 同轴电缆的传播速度需要的最低传播速度为1.77c（c为光速）。（　　）

5. 同轴电缆是由中心导体、绝缘材料层、网状织物构成的屏蔽层以及外部隔离材料层组成。（　　）

6. 同轴电缆具有足够的可柔性，能支持508mm（20英寸）的弯曲半径。（　　）

7. 标准同轴电缆的截面很圆整，电缆外导体、铝箔贴于绝缘介质的外表面。（　　）

8. 高质量的同轴电缆外护层都包得很紧，这样可缩小屏蔽层内间隙，防止空气进入造成氧化。（　　）

9. 测量特性阻抗时，可在电缆的另一端用特性阻抗的等值电阻终接，其测量结果会跟输入信号的频率有关。（　　）

10. 插入损耗指在传输系统的某处由于元件或器件的插入而发生的负载功率的损耗。（　　）

参考答案

单选题	1. D	2. D	3. A	4. B	5. A	6. A	7. A	8. B	9. C	10. A
	11. B	12. A	13. B	14. A	15. B					
多选题	1. ABC	2. ABCD	3. ABCD	4. ABCD	5. ABCD	6. BCDE				
判断题	1. Y	2. Y	3. Y	4. N	5. Y	6. N	7. Y	8. Y	9. Y	10. Y

任务 11

铜缆布线系统（双绞线）测试及测试报告解读

该训练任务建议用 3 个学时完成学习及过程考核。

11.1 任务来源

在铜缆布线系统（双绞线）工程验收时，需要测试双绞线布线系统的各项指标。通过这些指标的分析，来判断双绞线布线系统工程的质量，是否满足业主要求，是否能通过验收收。

11.2 任务描述

搭建双绞线布线系统，对其进行测试，生成文件报告，并解读报告。

11.3 目标描述

11.3.1 技能目标

完成本训练任务后，你应当能（够）：

关键技能：

- 能搭建铜缆（双绞线）布线系统。
- 会双绞线的网络布线系统测试。
- 能导出铜缆（双绞线）布线系统测试报告和技术参数解读。

基本技能：

- 能区分永久链路测试与信道测试。
- 会使用 LinkWare 软件。
- 会用软件进行铜缆布线系统测试报告输出。

11.3.2 知识目标

完成本训练任务后，你应当能（够）：

- 了解铜缆布线系统相关知识。
- 熟悉光缆测试仪的功能与操作方法。
- 熟悉电缆测试仪与双绞线的缆线连接测试方法。
- 熟悉电缆测试仪结果识读。

11.3.3 职业素质目标

完成本训练任务后，你应当能（够）：

- 通过本次综合训练，认识综合布线的综合性、系统性原理。
- 遵守系统调试标准规范，养成严谨科学的工作态度。
- 尊重他人劳动，不窃取他人成果。
- 养成总结训练过程和结果的习惯，为下次训练总结经验。
- 养成团结协作精神。
- 从美观的角度出发，横平竖直地完成工作区的线缆铺设。

11.4 任务实施

11.4.1 活动一 知识准备

下列知识可以由学员自学或老师讲授完成。

（1）双绞线的插入损耗，双绞线的插入损耗对系统数据传输的影响。

（2）双绞线的近端串扰（NEXT），NEXT 对系统数据传输的影响。

（3）双绞线系统需要测试的指标。

（4）5e 类布线系统，双绞线测试报告的主要内容。

11.4.2 活动二 示范操作

1. 活动内容

在进行综合布线系统测试时，首先找到所需要测试铜链路的两端，然后分别接在测试仪的主机与远端机上，测试仪进行相关的设置，利用测试仪对给定的铜缆布线系统进行测试，保存并导出测试报告。

2. 操作步骤

步骤一：裁剪双绞线

- 根据需要，截取适当长度的双绞线（建议长度不超过 5m）。

步骤二：剥除套管外皮

- 用压线钳的剥线端，剥去一小段套管外皮（剥去外皮约 20mm，不要伤及内芯绝缘层）。

步骤三：排线序

- 根据所选用布线标准 T568B（T568A/B 的线序见图 11-1），排好 8 根导线的顺序，并整理平整，剪齐线头（线序确定，伸出套管外芯线长度为 12～13mm），如图 11-2 所示。

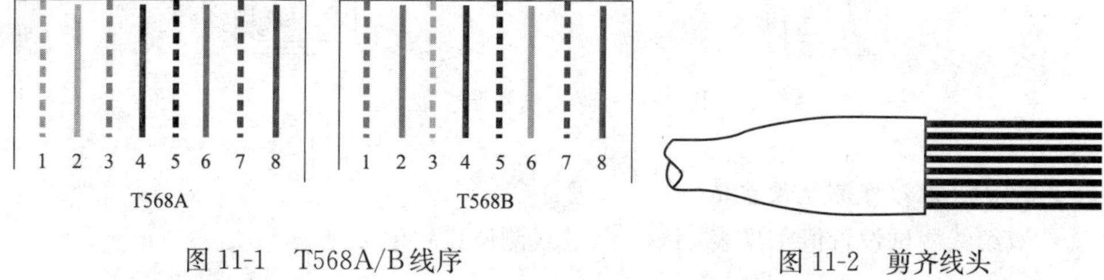

图 11-1 T568A/B 线序　　　图 11-2 剪齐线头

步骤四：压接水晶头

• 将8根芯线沿水晶头内的线槽插入，直到线槽底部，用压线钳压紧RJ-45水晶头。导线插入水晶头始末线位置正确，芯线线头整齐，套管深入水晶头后端至少6mm，如图11-3所示。图11-4所示为压接水晶头。

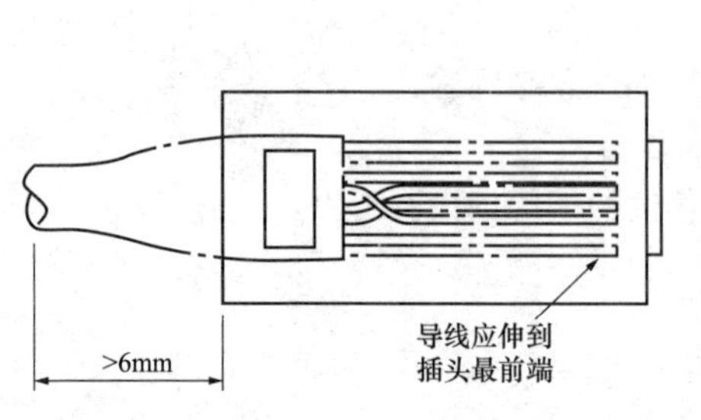

图11-3 导线插入水晶头

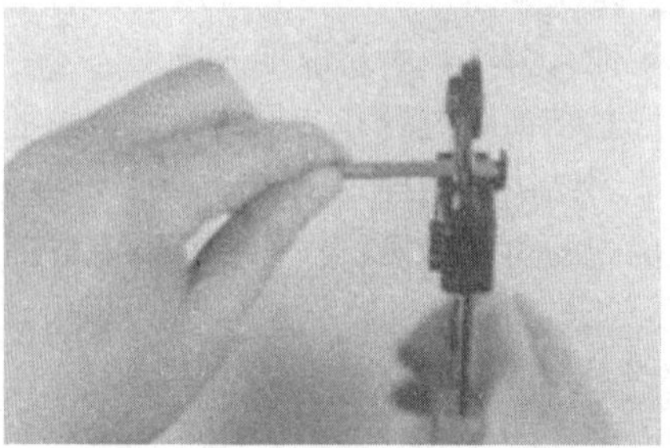

图11-4 压接水晶头

步骤五：给双绞线布线设置基准（双绞线网络跳线测试）

基准设置程序可用于设置插入耗损及ACR-F（ELFEXT）测量的基准。其中设置基准的步骤如下。

• 连接永久链路及通道适配器，如图11-5所示的双绞线基准连接进行连接。

• 将旋转开关转至SPECIAL FUNCTIONS（特殊功能），然后开启智能远端。

• 选中设置基准；然后按ENTER键。如果同时连接了光缆模块及铜缆适配器，接下来选择链路接口适配器。

• 按TEST键。

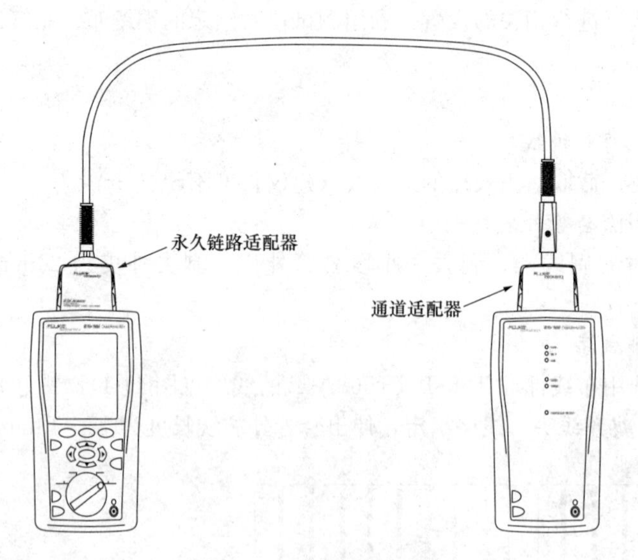

图11-5 双绞线基准连接

步骤六：双绞线测试设置值

• 双绞线测试设置值1见表11-1，双绞线测试设置值2见表11-2。

表 11-1　　双绞线测试设置值 1

设置值	说明
SETUP>双绞线>缆线类型	选择一种适用于被测缆线的缆线类型。缆线类型按类型及制造商分类。选择自定义可创建电缆类型。请参阅“技术参考手册”获取详细信息。
SETUP>双绞线>测试极限	为测试任务选择适当的测试极限。选择自定义可创建测试极限值。请参阅“技术参考手册”获取详细信息。
SETUP>双绞线>NVP	额定传播速度可与测得的传播延时一起来确定缆线长度。选定的缆线类型所定义的默认值代表该特定类型的典型 NVP。如果需要，可以输入另一个值。若要确定实际的数值，更改 NVP，直到测得的长度与缆线的已知长度相同。使用至少 15m（50 英尺）长的缆线。建议的长度为 30m（100 英尺）。 增加 NVP 将会增加测得的长度。

表 11-2　　双绞线测试设置值 2

设置值	说明			
SETUP>双绞线>插座配置	输出配置设置值决定测试哪一个缆线对以及将哪一个线对号指定给该线对。要查看某个配置的线序，按插座配置屏幕中的F1取样。选择“自定义”可以创建一个配置，详见“技术参考手册”。			
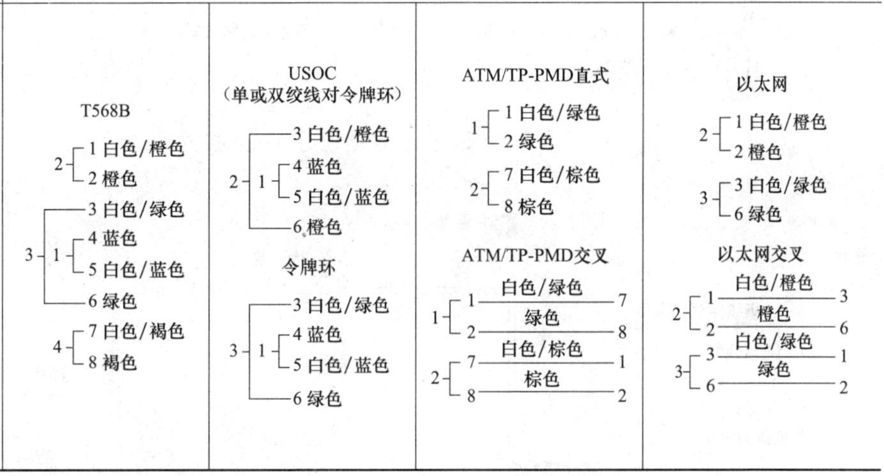 T568A 3 { 1 白色/绿色, 2 绿色 2 { 3 白色/橙色, 1 { 4 蓝色, 5 白色蓝色 }, 6 橙色 4 { 7 白色/棕色, 8 棕色	T568B 2 { 1 白色/橙色, 2 橙色 3 { 3 白色/绿色, 1 { 4 蓝色, 5 白色/蓝色 }, 6 绿色 4 { 7 白色/褐色, 8 褐色	USOC （单或双绞线对令牌环） 2 { 3 白色/橙色, 1 { 4 蓝色, 5 白色/蓝色 }, 6 橙色 令牌环 3 { 3 白色/绿色, 1 { 4 蓝色, 5 白色/蓝色 }, 6 绿色	ATM/TP-PMD直式 1 { 1 白色/绿色, 2 绿色 2 { 7 白色/棕色, 8 棕色 ATM/TP-PMD交叉 1 { 1 —白色/绿色— 7, 2 —绿色— 8 2 { 7 —白色/棕色— 1, 8 —棕色— 2	以太网 2 { 1 白色/橙色, 2 橙色 3 { 3 白色/绿色, 6 绿色 以太网交叉 2 { 1 —白色/橙色— 3, 2 —橙色— 6 3 { 3 —白色/绿色— 1, 6 —绿色— 2

步骤七：自动测试并保存结果

- 将适用于该任务的适配器连接至测试仪及智能远端。
- 将旋转开关转至设置，然后选择双绞线。从双绞线选项卡中设置以下设置值：缆线类型：选择一个缆线类型列表；然后选择要测试的缆线类型。测试极限：选择执行任务所需的测试极限值。屏幕画面会显示最近使用的 9 个极限值。按 F1 更多键来查看其他极限值列表。
- 将旋转开关转至 AUTOTEST（自动测试），然后开启智能永久链路测试连接远端。图 11-6 所示为永久链路通道测试连接接方法，图 11-7 所示为通道连接方法。
- 如果安装了光缆模块，则可能需要按 F1 更改媒介来选择双绞线作为媒介类型。

• 按测试仪或智能远端的 TEST 键。若要随时停止测试，请按 EXIT 键。技巧：按测试仪或智能远端的 TEST 键启动音频发生器，这样便能在需要时使用音频探测器，然后才进行连接。音频也会激活连接布线另一端休眠中或电源已关闭的测试仪。

• 测试仪会在完成测试后显示“自动测试概要”屏幕，若要查看特定参数的测试结果，使用↑与↓键来选中该参数；然后按 ENTER 键。

• 如果自动测试失败，按 F1 错误信息键来查看可能的失败原因。

• 若要保存测试结果，按 SAVE 键。选择或建立一个缆线标识码；然后再按一次 SAVE 键。

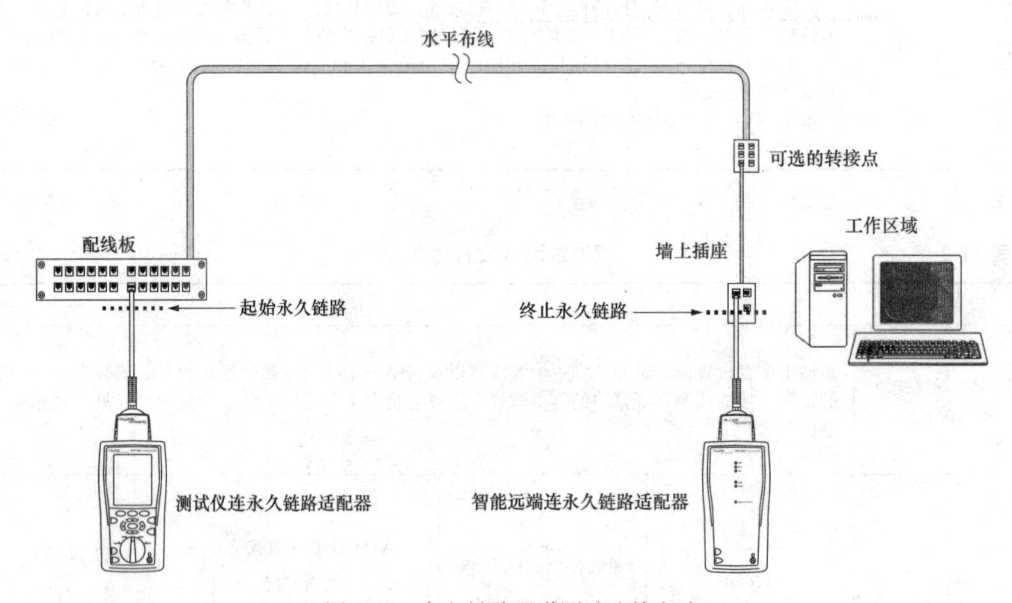

图 11-6 永久链路通道测试连接方法

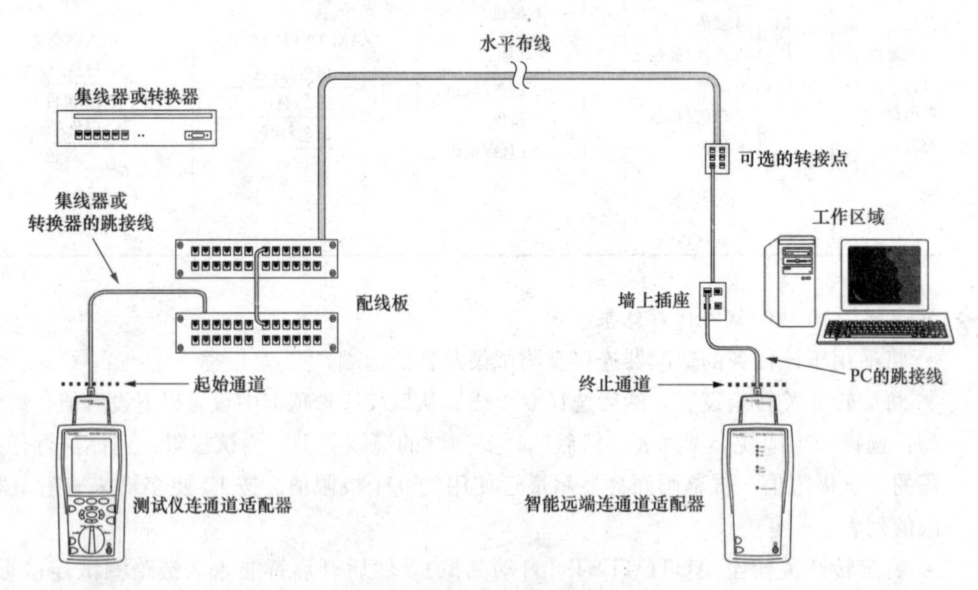

图 11-7 通道连接方法

➜ 步骤八：自动测试结果分析

- 简单结果分析如图 11-8 所示。
- 通过：所有参数均在极限范围内。
- 失败：有一个或一个以上的参数超出极限值。
- 通过 * /失败 * ：有一个或一个以上的参数在测试仪准确度的不确定性范围内，且特定的测试标准要求“ * ”注记。
- 按 F2 或 F3 键来滚动屏幕画面。
- 如果测试失败，按 F1 键来查看诊断信息。
- 屏幕画面操作提示。使用↑与↓键来选中某个参数；然后按 ENTER 键。
- √：测试结果通过。
- i：参数已被测量，但选定的测试极限内没有通过/失败极限值。
- ×：测试结果失败。
- *：请参见下节自动诊断结果分析“通过 * /失败 * ”结果。
- 测试中找到最差裕量。
- 自动诊断结果，通过 * /失败 * 结果。

(1) 标有星号的结果表示测得的数值在测试仪准确度的误差范围内通过 * 及失败 * 结果（如图 11-9 所示，通过 * /失败 * ），且特定的测试标准要求“ * ”注记。这些测试结果被视作勉强可用的，勉强通过及接近失败结果分别以蓝色及红色星号标注。

(2) PASS（通过） * 可以视作测试结果通过。

(3) FAIL（失败） * 的测试结果应视作完全失败。

- 自动测试失败处理。如果自动测试失败，按 F1 错误信息键以查阅有关失败的诊断信息。诊断屏幕画面会显示可能的失败原因及建议您可采取的措施来解决问题。测试失败可能产生一个以上的诊断屏幕。在这种情况下，按↑↓←→键来查看其他屏幕。自动诊断屏幕画面如图 11-10 所示。

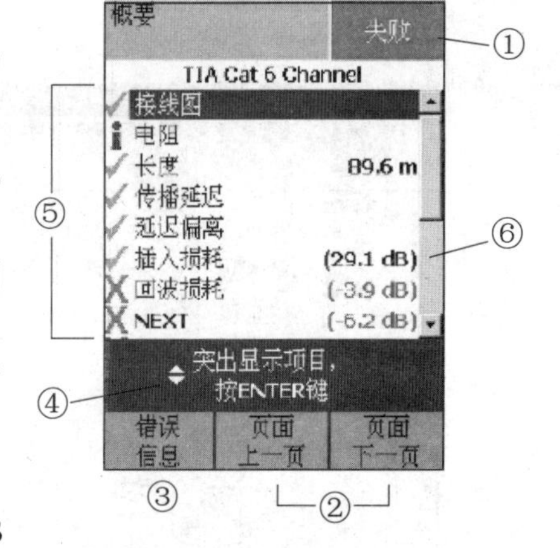

图 11-8 简单结果分析

➜ 步骤九：从测试仪 DTX-1800 导入双绞线测试数据（生成双绞线 PDF 格式报告）

- LinkWare 电缆测试管理软件是 Windows 应用程序，支持 ANSI/TIA/EIA 606-A 标准。
- 采用 Linkware 电缆测试管理软件进行布线管理的主要
- 安装软件
- 测试仪与 PC 连接，DTX-1800 可以通过 USB 口与计算机进行连接。
- 设置环境，从“Options”菜单中选择“Language”项，然后点击“Chinese (simplified)”设置软件语言，如图 11-11 所示。
- 输入测试仪记要，点击“文件”“导入”，在其弹出的菜单中选择相应的测试仪型号后，会自动检测 USB 接口并将数据导入计算机。图 11-12 所示为测试仪 DTX-1800 测试数据导入软件。

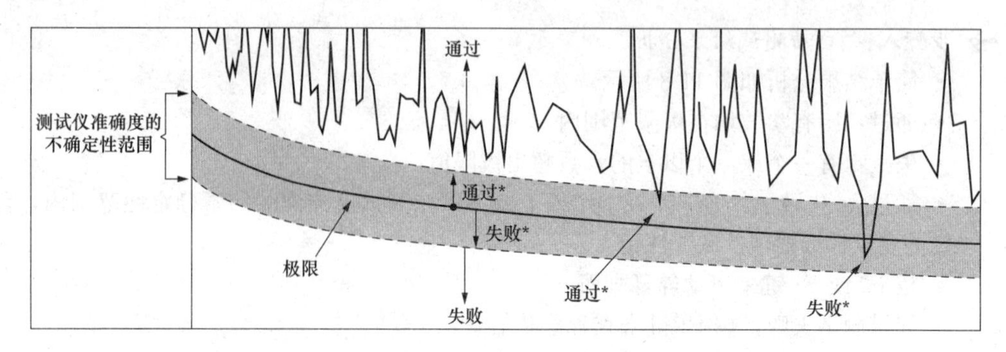

图 11-9　通过 * /失败 *

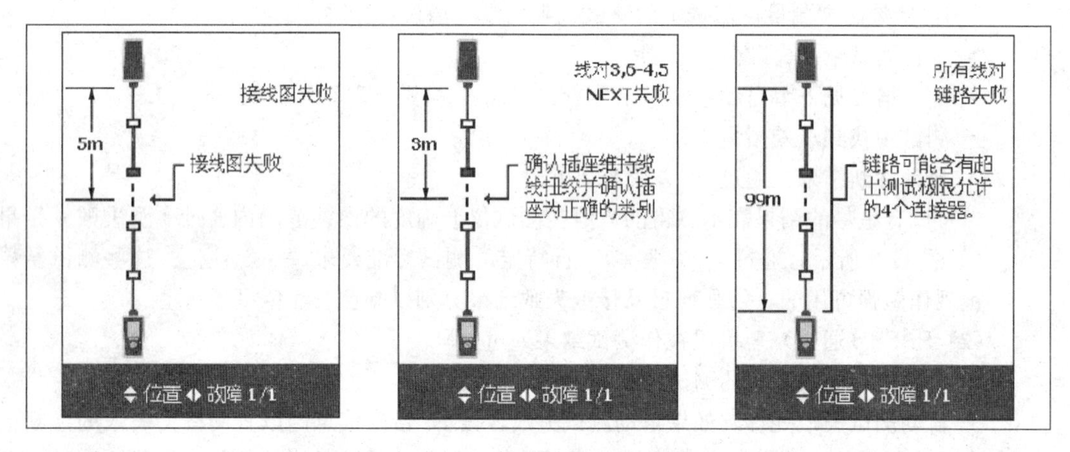

图 11-10　自动诊断屏幕画面

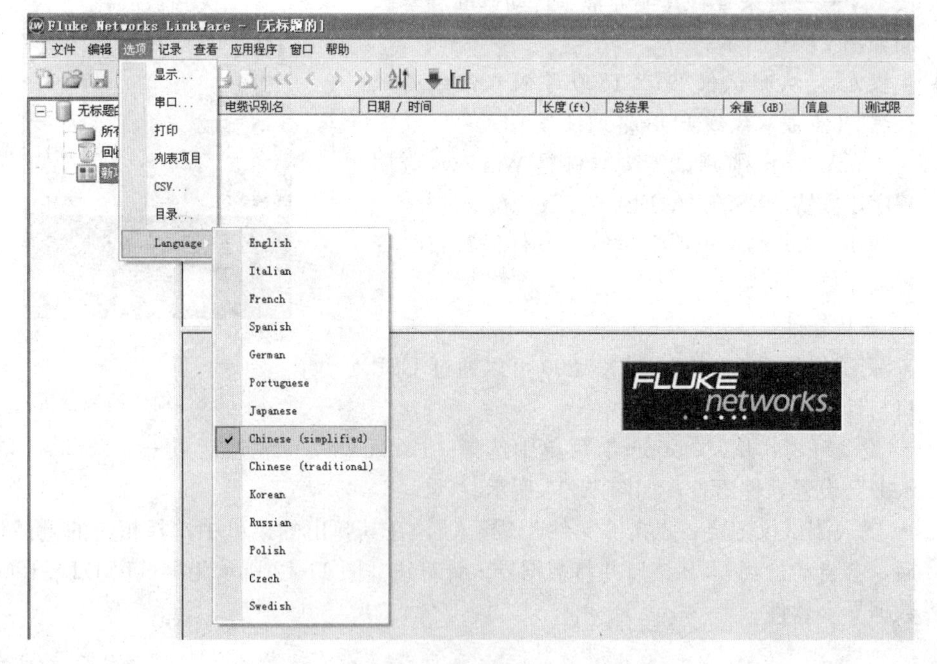

图 11-11　设置软件语言

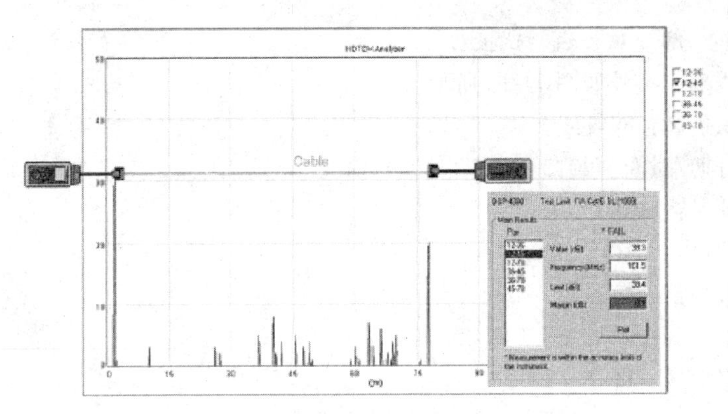

图 11-12　测试仪 DTX-1800 测试数据导入软件

• 测试数据处理，测试数据处理主要包括：数据分类处理（快速分类和高级分类）、测试全部数据详细观察、测试参数属性修改等功能。

步骤十：生成 PDF 格式双绞线测试报告

• Linkware 软件处理的数据通信，以 *.flw 为扩展名，保存在 PC 机中，也可以硬拷贝的形式，打印出测试报告；测试报告有 ASCII 文本文件格式和 Acrobat reader 的 .PDF 格式 2 种文件夹格式；在报告内容上分为 3 种。

• 自动测试报告：按页显示每根电缆的详细测试参数数据、图形、检测结论、测试日期和时间等。

• 自动测试概要：只输出测试数据中的电缆识别名（ID）、总结果、测试标准、长度、余量和日期/时间项目。管理报告：按“水平链路”、“主干链路”、“电信区”、“TGB 记录”、“TMGB 记录”、“防火系统定位”、“建筑物记录”、“驻地记录”分类输出报告（PDF 格式）。图 11-13 所示为双绞线测试报告。

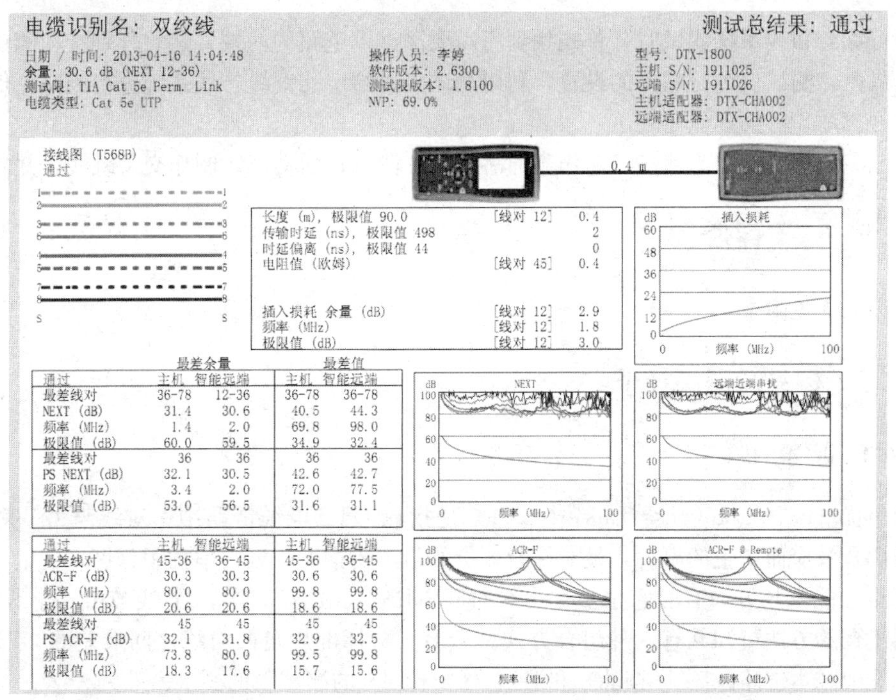

电缆识别名：双绞线　　　　测试总结果：通过

日期 / 时间：2013-04-16 14:04:48
余量：30.6 dB (NEXT 12-36)
测试限：TIA Cat 5e Perm. Link
电缆类型：Cat 5e UTP

操作人员：李婷
软件版本：2.6300
测试限版本：1.8100
NVP：69.0%

型号：DTX-1800
主机 S/N：1911025
远端 S/N：1911026
主机适配器：DTX-CHA002
远端适配器：DTX-CHA002

接线图（T568B）
通过

0.4 m

长度（m），极限值 90.0	[线对 12]	0.4
传输时延（ns），极限值 498		2
时延偏离（ns），极限值 44		0
电阻值（欧姆）	[线对 45]	0.4
插入损耗 余量（dB）	[线对 12]	2.9
频率（MHz）	[线对 12]	1.8
极限值（dB）	[线对 12]	3.0

	最差余量		最差值	
通过	主机	智能远端	主机	智能远端
最差线对	36-78	12-36	36-78	36-78
NEXT (dB)	31.4	30.6	40.5	44.3
频率 (MHz)	1.4	2.0	69.8	98.0
极限值 (dB)	60.0	59.5	34.9	32.4
最差线对	36	36	36	36
PS NEXT (dB)	32.1	30.5	42.6	42.7
频率 (MHz)	3.4	2.0	72.0	77.5
极限值 (dB)	53.0	56.5	31.6	31.1

通过	主机	智能远端	主机	智能远端
最差线对	45-36	36-45	45-36	36-45
ACR-F (dB)	30.3	30.3	30.6	30.6
频率 (MHz)	80.0	80.0	99.8	99.8
极限值 (dB)	20.6	20.6	18.6	18.6
最差线对	45	45	45	45
PS ACR-F (dB)	32.1	31.8	32.9	32.5
频率 (MHz)	73.8	80.0	99.5	99.8
极限值 (dB)	18.3	17.6	15.7	15.6

图 11-13　双绞线测试报告

➾ 步骤十一：解读双绞线测试报告

- 双绞线测试报告如图 11-13 所示。
- 电缆识别名：双绞线。
- 测试日期/时间：2013-04-16 14：04：48。
- 测试项目：Default。
- 测试地点：GAOXUN。
- 操作人员：李婷。
- 测试限：TIA Cat 5e UTP。
- 测试仪型号：DTX-1800。
- 电缆类型：Cat 5e UTP（超 5 类非屏蔽线缆）。
- 测试结果：通过。
- 测试线序：T568B 通过。
- 在整张报告中，近端串扰余量最差的线对是 36-78 为 31.4dB。
- 接线线序为 T568B：橙白，橙，绿白，蓝，蓝白，绿，棕白，棕。
- 线对 12 长度 0.4M，传输时延为 2ns，时延偏差为 0。
- 线对 45 的电阻值为 0.4Ω。
- 线对 12 在频率 1.8MHz 时插入损耗为 0.1dB，其中极限值为 3.0dB，余量为 2.9dB。
- 主机近端串扰中线对 36-78 在频率为 1.4MHz 时，最差近端串扰为值 91.4dB，其中极限值为 60dB，最差余量为 31.4dB。
- 主机综合近端串扰中线对 36 在频率为 3.4MHz 时，最差综合近端串扰值为 85.1dB，其中极限值为 53.0dB，近端串扰（余量）为 32.1dB。

11.4.3 活动三 能力提升

在进行综合布线系统测试时，首先找到所需要测试铜链路的两端，然后分别接在测试仪的主机与远端机上，测试仪进行相关的设置，利用测试仪对给定的铜缆布线系统进行测试，保存并导出测试报告。

活动三参数演变指引为活动二制作直通跳线，并测试；活动三，制作交叉跳线，并测试。

11.5 效果评价

评价标准详见附录。

11.6 相关知识与技能

11.6.1 近端串扰

近端串扰（Near End Cross-Talk，NEXT）是指在 UTP 电缆链路中一对线与另一对线之间的因信号耦合效应而产生的串扰，是对性能评价的最主要指标，近端串扰用分贝来度量，分贝值越高，线路性能就越好，有时它也被称为线对间 NEXT。由于 5 类 UTP 线缆由 4 个线对组成，依据排列组合的方法可知共有六种组合方式。TSB—67 标准规定两对线之间最差的 NEXT 值不能超过标准中基本链路（Basic Link）和通道（Channel）的测试限的要求。

当双绞线距离过近时，双绞线就会产生干扰。以至于影响网速。

近端串扰是决定链路传输性能的一个重要指标。它与施工工艺、使用的原材料和器材有关。

11.6.2 线缆故障排查

1. 线路断裂

（1）故障类型。线缆可连接器的物理损坏。

（2）故障原因。连接器与线缆的连接断路（电缆的连接端没有插到位）、因过度拉扯导致的线缆从中间某一位置断裂开、其他施工的外力致使线缆被割断等。

（3）故障现象。线缆的连通性测试不合格。

2. 线路短路

（1）故障类型。线缆的物理损坏。

（2）故障原因。因过紧捆绑导致线缆间短路、因线缆中嵌入金属钉、剥线头时损坏了绝缘层以及电缆多根导线绝缘材料断裂导致电线裸露等。

（3）故障现象。电缆信号短路，与该电缆相连的网络设备无法获得正确的信号。

3. 弯折、弯曲和断裂

（1）故障类型。线缆局部损坏。

（2）故障原因。因线缆绞接、弯曲半径过小、拖拉线缆力度超过其机械强度而导致线缆扣环等。

（3）故障现象。线缆的连通性测试不合格、线缆参数测试不合格。

4. 连接器开路

（1）故障类型。连接器局部故障。

（2）故障原因。这类故障造成的主要原因是因施工时用力不当造成的连接器与线缆断裂。

（3）故障现象。该链路不通或衰减大。

5. 引脚输出错误

（1）故障类型。线图（Wire Map）错误。

（2）故障原因。主要因为双绞线的四对电缆线在制作时没有按标准排列插入水晶头造成的。

（3）故障现象。导致线缆的接线图不正确、网络不通、电缆参数测试不合格（主要是串扰和回波损耗过高），会造成网络驱动器性能下降或设备的死锁。

11.6.3 布线故障诊断技术

（1）高精度时域反射技术（High Definition Time Domain Reflectrometry，HDTDR）。HDTDR是美国FLUKE公司的专利技术，已经应用于其DSP—4000系列测试仪中，是一种针对电缆阻抗变化故障来进行电缆故障定位的一种先进技术；该技术采用数字信号处理技术（DSP），通过在被测线对中发送极短测试信号，同时监测该信号在该线对的反射相位和强度来确定故障的类型，并记录和计算测试信号反射的时间和信号台在电缆中传输的速度来精确地报告故障的具体位置（0.1m）。具体的操作方法请参考教师的讲解。

（2）高精度时域串扰分析技术HDTDX。

（3）补偿技术。

（4）光时域反射技术。

11.6.4 电缆的验证与认证测试

1. 电缆的验证测试

电缆的验证测评是指测电缆的基本安装情况：电缆无开路或短路、UTP电缆的两端是否按照有关规定正确连接，同轴电缆的终端匹配电阻是否连接良好、电缆的走向如何等。

2. 电缆的认证测试

电缆的认证测试是对通道（Channel）的测试，除了测试电缆正确的连接外，还要满足有关的标准，即安装发了的电缆的电气参数（例如衰减、NEXT）是否达到有关规定所要求的指标。

11.6.5 双绞线

双绞线（Twisted Pairwire，TP）是综合布线工程中最常用的一种传输介质。双绞线由两根22～26号绝缘铜导线相互缠绕而成。把两根绝缘的铜导线按一定密度互相绞在一起，可降低信号干扰的程度，每一根导线在传输中辐射的电波也会被另一根线上发出的电波抵消。如果把一对或多对双绞线放在一个绝缘套管中便成了双绞线电缆，如在局域网中常用的5类、6类、7类双绞线就是由4对双绞线组成的。在双绞线内，不同线对具有不同的扭绞长度，一般地说，扭绞长度在13mm以内，按逆时针方向扭绞，相邻线对的扭绞长度在12.7cm以上。

虽然双绞线与其他传输介质相比，在传输距离、信道宽度和数据传输速度等方面均受到一定的限制，但价格较为低廉，且其不良限制在一般快速以太网中影响甚微，所以目前双绞线仍是企业局域网中首选的传输介质。

双绞线可分为非屏蔽双绞线（Unshielded Twisted Pair，UTP）和屏蔽双绞线（Shielded Twisted Pair，STP）两种。屏蔽双绞线在线径上要明显精过非屏蔽双绞线，而且由于它具有较好的屏蔽性能，所以也具有较好的电气性能。但由于屏蔽双绞线的价格较非屏蔽双绞线贵，且非屏蔽双绞线的性能对于普通的企业局域网来说影响不大，甚至说很难察觉，所以在企业局域网组建中所采用的通常是非屏蔽双绞线。不过七类双绞线除外，因为它要实现全双工10Gbit/s速率传输，所以只能采用屏蔽双绞线，而没有非屏蔽的7类双绞线。6类双绞线通常也建议采用屏蔽双绞线。

11.6.6 双绞线布线标准概述

下面对这个标准中规定的各双绞线类型做一些简单说明。

1类线是ANSI/EIA/TIA-568A标准中最原始的非屏蔽双绞铜线电缆，但它开发之初的目的不是用于计算机网络数据通信，而是用于电话语音通信。

2类线是ANSI/EIA/TIA-568A和ISO 2类/A级标准中第一个可用于计算机网络数据传输的非屏蔽双绞线电缆，传输频率为1MHz，传输速率达4Mbit/s。主要用于旧的令牌网。

3类线是ANSI/EIA/TIA-568A和ISO 3类/B级标准中专用于l0Base-T以太网络的非屏蔽双绞线电缆，传输频率为16MHz，传输速度可达10Mbit/s。

4类线是ANSI/EIA/TIA-568A和ISO 4类/C级标准中用于令牌环网络的非屏蔽双绞线电缆，传输频率为20MHz，传输速度达16Mbit/s。主要用于基于令牌的局域网和10base-T/100base-T。

5类线是ANSI/EIA/TIA-568A和ISO 5类/D级标准中用于运行CDDI（CDDI是基于双绞铜线的FDDI网络）和快速以太网的非屏蔽双绞线电缆，传输频率为100MHz，传输速度达100Mbit/s。

超5类线是ANSI/EIA/TIA-568B.1和ISO 5类/D级标准中用于运行快速以太网的非屏蔽双绞线电缆，传输频率也为100MHz，传输速度也可达到100Mbit/s。与5类线缆相比，超5类在近端串扰、串扰总和、衰减和信噪比4个主要指标上都有较大的改进。

6类线是ANSI/EIA/TIA-568B.2和ISO 6类/E级标准中规定的一种非屏蔽双绞线电缆，它也主要应用于百兆位快速以太网和千兆位以太网中。因为它的传输频率可达 200～250MHz，是超五类线带宽的 2 倍，最大速度可达到 1000Mbit/s，能满足千兆位以太网需求。

超 6 类线是六类线的改进版，同样是 ANSI/EIA/TIA-568B.2 和 ISO 6 类/E 级标准中规定的一种非屏蔽双绞线电缆，主要应用于千兆位网络中。在传输频率方面与 6 类线一样，也是 200～250MHz，最大传输速度也可达到 1000Mbit/s，只是在串扰、衰减和信噪比等方面有较大改善。

7 类线是 ISO 7 类/F 级标准中最新的一种双绞线，它主要为了适应万兆位以太网技术的应用和发展。但它不再是一种非屏蔽双绞线了，而是一种屏蔽双绞线，所以它的传输频率至少可达 500MHz，是 6 类线和超 6 类线的 2 倍以上，传输速率可达 10Gbit/s。

11.6.7 双绞线的主要测试指标

在双绞线布线标准中，对一些用户最关心的双绞线性能指标做了明确的说明。这些指标包括衰减（Attenuation）、近端串扰（NEXT）、直流电阻、阻抗特性、衰减串扰比（ACR）和电缆特性（SNR）等。

在测试的前期工作中，测试的连接图表示出每条线缆的 8 条布线与接线端口的连接实际状态。正确的线对为：1/2，3/6，4/5，7/8。

1. 衰减（Attenuation）

衰减是沿链路的信号损失度量。由于集肤效应、绝缘损耗、阻抗不匹配、连接电阻等因素，信号沿链路传输损失的能量称为衰减，表示为测试传输信号在每个线对两端间的传输损耗值及同一条电缆内所有线对中最差线对的衰减量相对于所允许的最大衰减值的差值。衰减与线缆的长度有关系，随着长度的增加信号衰减也相应增加。衰减用 dB（分贝）做单位，表示源传送端信号到接收端信号强度的比率。由于衰减随频率的变化而变化，因此，应测量在应用范围内的全部频率上的衰减。

2. 近端串扰（NEXT）

串扰分近端串扰（NEXT）和远端串扰（FEXT）两种。由于存在线路损耗，因此 FEXT 的量值的影响较小，测试仪主要测量 NEXT。NEXT 损耗是测量一条 UTP 链路中从一对线到另一对线的信号耦合。对于 UTP 链路，NEXT 是一个关键的性能指标，也是最难精确测量的一个指标，且随着信号频率的增加，其测量难度将加大。

NEXT 并不表示在近端点所产生的串扰值，它只是表示在近端点所测量到的串扰值。这个量值会随电缆长度的不同而变化，电缆越长，其值变得越小。同时发送端的信号也会衰减，对其他线对的串扰也相对变小。实验证明，只有在 40m 内测量得到的 NEXT 才是较真实的。如果另一端是远于 40m 的信息插座，虽然它会产生一定程度的串扰，但测试仪可能无法测量到这个串扰值。因此最好在两个端点都进行 NEXT 测量。现在的测试仪都配有相应功能，可以在链路一端就能测量出两端的 NEXT 值。

以上两个指标是 TSB67 测试标准中的主要内容，但某些型号的测试仪还可以给出直流电阻、特性阻抗、衰减串扰比等指标。

3. 直流电阻

TSB67 标准中无此参数。直流环路电阻会消耗一部分信号，并将其转变成热量。三类链路不超过 170Ω，三类以上链路不超过 30Ω。在 ISO/IEC 11801 标准中规定双绞线的直流电阻不得大于 19.2Ω。每对双绞线间的直流电阻的差异应小于 0.1Ω，否则表示接触不良，必须检查连接点。

4. 特性阻抗

特性阻抗是指链路在规定工作频率范围内呈现的电阻。与环路直流电阻不同，特性阻抗包括电阻及频率为1～100 MHz的电感阻抗及电容阻抗，它与一对电缆之间的距离及绝缘体的电气性能有关。各种电缆有不同的特性阻抗，而双绞线电缆则有100、120Ω及150Ω几种类型，通常采用100Ω的。但无论3类、4类、5类或6类线缆，其每对芯线的特性阻抗在整个工作带宽范围内应保证恒定和均匀。链路上任何点的阻抗不连续性将导致该链路信号反射和信号畸变。链路特征阻抗与标准值之差不大于20Ω。

5. 衰减串扰比（ACR）

衰减串扰比的定义为：在受相邻发信线对串扰的线对上其串扰损耗（NEXT）与本线对传输信号衰减值（*A*）的差值（单位为dB），即ACR（dB）＝NEXT（dB）A（dB）。对于5类及高于5类线缆和同类接插件构成的链路，由于高频效应及各种干扰因素，ACR的标准参数不单纯从串扰损耗值NEXT与衰减值*A*在各相应频率上的直接的代数差值导出，通常可通过提高链路串扰损耗NEXT或降低衰减*A*以改善链路ACR。对于6类布线链路在200MHz时ACR要求为正值，6类布线链路要求测量到250MHz。

在某些频率范围内，串扰与衰减量的比例关系是反映电缆性能的另一个重要参数。ACR有时也以信噪比（Signal-Noise Ratio，SNR）表示，由最差的衰减量与NEXT量值的差值计算。ACR值较大，表示抗干扰的能力更强。一般系统要求至少大于10dB。

6. 电缆特性（SNR）

通信信道的品质是由它的电缆特性（SNR）描述的。SNR是在考虑到干扰信号的情况下，对数据信号强度的一个度量。如果SNR过低，将导致数据信号在被接收时接收器不能分辨数据信号和噪声信号，最终引起数据错误。因此为了将数据错误限制在一定范围内，必须定义一个最小的可接收的SNR。

7. 传播时延（*T*）

在通道连接方式或基本连接方式或永久连接方式下，对5类及5类以下链路传输10～30MHz频率的信号时，要求线缆中任一线对的传输时延满足$T \leqslant 1000$ns；对于超5类、6类链路则要求$T \leqslant 548$ns。

8. 线对间传播时延差

以同一缆线中信号传播时延最小的线对的时延值做参考，其余线对与参考线对时延差值不得超过45ns。若线对间时延差超过该值，则在链路高速传输数据下4个线对同时并行传输数据信号时，将造成数据帧结构严重破坏。

9. 回波损耗（RL）

回波损耗由线缆特性阻抗和链路接插件偏离标准值导致功率反射引起。RL为输入信号幅度和由链路反射回来的信号幅度的差值。

10. 链路脉冲噪声电平

链路脉冲噪声电平指由大功率设备间断性启动对布线链路带来的电冲击干扰。布线链路在不连接有源器械和设备的情况下，高于200mV的脉冲噪声发生个数的统计，测试2min捕捉脉冲噪声个数不大于10。

11.6.8 超五类双绞线

虽然双绞线的类型到目前为止已有七大类了，但在实际的企业局域网组建中，目前主要应用的还是中间的两大类，即5类和6类。7类线在一些大型企业网络中，为了支持10Gbit/s万兆位网络才采用，该网络构建成本非常贵，一般企业在目前来说是不可能采用的。

在5类和6类中又可细分为5类、超5类、6类、超6类（有的称为“增强型6类”）4种。虽然是在性能指标上这4个小类各有不同，但从总的方面来说，这4个小类的双绞线都差不多，而且在局域网组建中基本上都是采用非屏蔽类型。

超五类双绞线标准是于1999年正式发布的。与五类双绞线一样，它也有屏蔽双绞线（STP）与非屏蔽双绞线（UTP）两类，但在企业局域网组建中基本都是采用廉价的非屏蔽双绞线布线系统。

11.6.9 七类线标准

连接器的远端串扰：35.1dB。

连接器的综合远端串扰：32.1dB。

信道远端串扰：17.4dB。

信道综合远端串扰：14.4dB。

电缆回波损耗：20.1dB。

连接器回波损耗：20.0dB。

信道回波损耗：10.0dB。

线缆最大延时：538ns。

连接器最大延时：2.5ns。

信道最大延时：548ns。

线缆最大延时差：45ns。

连接器最大延时差：1.25ns。

信道最大延时差：50ns。

11.6.10 6类线

自2001年开始经过10个版本的修改后，在2002年6月，ANSI/EIA/TIA568-B铜缆双绞线6类线标准正式出台。这个分类标准将成为EIA/TIA-568B标准的附录，它被正式命名为EIA/TIA-568B.2-1。国际标准ISO/IECJTC/SC 25/WG3 N 598工作组编写的铜缆6类线标准也将正式出台，到时超5类将替代原标准5类产品。

1. 6类线标准简介

ANSI/EIA/TIA568-B标准由ANSI/EIA/TIA568-A演变而来，ANSI/EIA/TIA标准属于北美标准系列，在全世界一直起着综合布线产品的导向作用。新的568-B标准从结构上分为568-B1综合布线系统总体要求、568-B2平衡双绞线布线组件和568-B3光纤布线组件3部分。

（1）568-B1综合布线系统总体要求。在新标准的这一部分中，包含了电信综合布线系统设计原理、安装准则，以及与现场测试相关的内容。

（2）568-B2平衡双绞线布线组件。在新标准的这一部分中，包含了组件规范、传输性能、系统模型，以及与用户验证电信布线系统测量程序相关的内容。

（3）568-B3光纤布线组件。在新标准的这一部分中，包含了与光纤电信布线系统的组件规范和传输相关的内容。

新的6类标准在两个方面对以前的草案进行了完善，TIA指定6类系统组成的成分必须向下兼容（包括3类、5类和超5类布线产品），同时必须满足混合使用的要求。6类布线标准对100Ω平衡双绞线、连接硬件、跳线、信道和永久链路做了具体要求。

新的 6 类布线国际标准在许多方面做了完善，主要有以下几个方面。

对 6 类性能的测试频率最终确定为 1～250MHz。

6 类布线系统在 200MHz 时综合衰减串扰比（PS-ACR）应该有较大的余量，它提供 2 倍于超 5 类的带宽。为了确保整个系统有良好的电磁兼容性，这个标准还同时对线缆和连接的匹配提出了建议。

6 类与超 5 类的一个重要的不同点在于，改善了在串扰及回波损耗方面的性能，对于新一代全双工的高速网络应用而言，优良的回波损耗性能是极重要的。

在以前的布线测试中有基本链路（TIA）、永久链路（ISO）和信道模型（TIA/ISO）。在 6 类标准中取消了基本链路模型，从而两个标准在测试模型上达成了一致。

6 类标准中规定了介质、布线距离、接口类型、拓扑结构、安装实践、信道功能及线缆和连接硬件性能等多方面的要求。同超 5 类标准一样，新的 6 类布线标准也采用星型的拓扑结构，要求的布线距离为：永久链路的长度不能超过 90m，信道长度不能超过 100m。

6 类产品及系统的频率范围应当在 1～250MHz，对系统中的线缆、连接硬件、永久链路及信道在所有频点都需测试以下几种参数：插入损耗（Insertion-Loss）、回损（Return Loss）、延迟/失真（Delay/Skew）、近端串扰（NEXT）、功率和近端串扰（PowerSum NEXT）、等效远端串扰（ELFEXT）、功率和等效远端串扰（PowerSum ELFEXT）、平衡（Balance：LCL，LCTL）等。另外，测试环境应当设置在最坏情况下，对产品和系统都要进行测试，从而保证测试结果的可用性。所提供的测试结果也应当是最差值而非平均值。6 类系统的最坏情况配置（4 个接头）下的信道模式如下　　　　$A+C+I<10m$　　$E+G<90m$

其中，A 表示电信间设备线；C 表示快接/跳接线；E，G 表示水平线缆，I 表示工作区设备线。

2. 6 类双绞线简介

6 类、超 6 类双绞线与 5 类、超 5 类线在外观上看起来没有太大的区别，都是 4 对 8 芯电缆，但 6 类和超 6 类双绞线要稍粗些。

6 类线除了像 5 类线那样具有用单一屏蔽层包裹 4 对芯线的屏蔽线以外，还有一种既采用统一屏蔽层，又在各芯线对分别采用一个屏蔽层的双屏蔽线。在 7 类线中就全是采用这种双屏蔽的屏蔽双绞线。双屏蔽双绞线主要用于对性能和安全性要求较高的领域，如千兆位或万兆位以太骨干网，或者一些特殊的行业，如电信、证券和金融等。

6 类线系统与 5 类线系统相比，主要存在以下几方面的区别。

（1）在新标准中增加了电信布线设计原理、安装准则与现场测试组件规范、传输性能、系统模型和用于验证电信布线系统的测量程序。

（2）在性能测试方面增加了“插入损耗”项目，用来表示链路与信道上的信号损失量。用“永久链路”替代 5 类线系统中的“基本链路”。

在测试参数方面，新增“传播延时”和“传播延时差”，前者表示传播信号延长时间，后者表示最快线对与最慢线对发送信号延时差的尺度。

3. 6 类线标准所带来的好处

在 2002 年 6 月，6 类布线标准的出台不仅结束了长达多年的商家在产品性能方面的纷争局面，也为用户选择 6 类布线产品提供了一个可靠的技术依据。

6 类布线带来的最大好处是用户可以大大减少在网络设备端的投资，包括网卡和交换机等。西蒙公司指出，6 类系统的投资可能会比 5 类（系统）多 30%，但网络设备的成本会有大幅降低。以思科公司的设备计算，每端口成本将至少节省 25%。因此综合起来计算整个网络设施的总成本，6 类布线并不算贵。而且 6 类布线不只是提供了新的网络应用平台，还提升了数字话音和视频应用到桌面的服务质量。

至于采用6类布线系统后，网络设备投资成本是如何节省的，可以从目前主流应用的千兆位网络工作原理来分析。目前的千兆位以太网铜线标准是1000Base-T（IEEE 802.3ab），在采用超5类双绞线的情况下是以全双工方式工作的，对回波损耗非常敏感。交换机在收到一个数据包后可能难以分辨是对方正常发过来的，还是已发出被反射回来的。因此在支持1000Base-T的5类线网络设备上需要具备源数字信号处理器来补偿回波损耗。而如果采用6类线系统，在网络设备上可以不再需要这个源数字信号处理器，于是其成本可以降低许多。1000Base-T在5类线上利用双工方式实现就需要在同一根线上既要收又要发，自然会复杂一点。而6类线采用单工方式（半双工），就不存在这个问题了。

更重要的是，在5类线上跑1000Mbit/s，把这个流量分配到8根铜线上，每根线还要负担125Mbit/s。但它的频率最高只能到100MHz，这就意味着1Hz要产生1.25位，编码调制便比较复杂。而6类线用1对线实现500Mbit/s，每根线上承担250Mbit/s，而它的频率可达到250MHz，这样在1Hz上产生1位便足够使用了，因此编码方式比较简单。

在技术方面，新出台的6类布线标准给人最深的印象是带宽由5类、超5类的100MHz提高到250MHz，带宽资源一下提高了2.5倍，为将来的高速数据传输预留了广阔的带宽资源。同时新标准保证系统的向下兼容性和相互兼容性，即不仅能够包容以往的3类、5类布线系统，而且保证了不同厂家产品之间的混合使用，消除了以往在6类线标准未正式出台前6类线产品必须完全统一的弊端。

还有，6类线的布线性能指标也有了较大程度的提高，对衰减、近端串扰、综合近端串扰、远端串扰、综合等效远端串扰、回波损耗等指标提出了更高的要求，因而在布线系统性能上已大大优于超5类布线系统。

说到这里，读者可能认为，6类线是必需的，现有的5类线系统必须全部转换成6类线系统，其实不然。至于用户是否要立即采用新的6类线系统，笔者认为要区别对待。对一个已经布设了5类或超5类布线系统的用户而言，如现行网络及应用一切正常，又无网络转型等特殊需要，就没有必要淘汰原有的5类或超5类电缆；而对一个新用户而言，是使用超5类布线产品，还是使用6类产品，完全取决于用户的需求和决策。但随着千兆位网络应用的普及，对那些有高速数据传输需求的用户来说，选择6类已无后顾之忧，而且完全有必要。从长远看，也是明智的选择，毕竟6类系统的性能要远远优于5类、超5类。而对那些网络应用需求较低，在较长时间内不会有网络转型需求的，或者对自身应用需求根本不明确的，至少在现阶段没必要选择6类系统。超5类布线经过几年来的应用验证，其良好的稳定性和性价比赢得了很多有中、低速网络需求用户的信赖，因而对他们来说，在目前不一定非要选择6类系统，超5类或许是他们最理智的选择。

11.6.11 7类线标准

7类线标准虽然并未正式发布，但是它的草案已非常多，而且已有不少技术实力雄厚的公司发布了基于7类布线系统的产品，如AMP（安普）、西蒙等。7类线标准是一套在100Ω双绞线上支持最高600MHz带宽传输的布线标准。在1997年9月，ISO/IEC正式确定进行7类/F级布线标准的研发。

1. 7类线标准基础

与4类、5类、超5类和6类相比，7类具有更高的传输带宽，至少为600MHz。不仅如此，7类布线系统与以前的布线系统不同，采用的不再是廉价的非屏蔽双绞线，而是采用双屏蔽的双绞线。在网络接口上也有较大变化，开始制订7类标准时，共有8种连接口被提议，其中两种为RJ型，6种为非RJ型。在1999年1月，ISO技术委员会决定选择一种RJ和一种非RJ型的接口做进一步的研究。在2001年8月的ISO/IEC JTC 1/SC 25/WG3工作组会议上，ISO组织再次确认七类标准分为RJ型接口及非RJ型接口两种模式。其中，RJ型接口的可行性正在被IEC SC488组织审查和研究中。2002年7月30日，西蒙公司开发的TERA7类连接件被正式选为非RJ型7类标准工业接口的标准模式。TERA连接件的传输带宽高达1.2GHz，超过目前正在制定中的600 MHz7类标准传输带宽，可同时支持语音、高速网络、CATV等视频应用。

非RJ型7类布线技术完全打破了传统的8芯模块化RJ型接口设计，从RJ型接口的限制中解脱了出来，不仅使7类的传输带宽达到1.2GHz，还开创了全新的1、2、4对的模块化形式。这是一种新型的满足线对和线对隔离、紧凑、高可靠、安装便捷的接口形式。例如，TERA连接头可提供极佳的传输带宽，超过目前正在制定中的600 MHz7类标准传输带宽。这使得一些需要高带宽的应用，如高达862MHz的宽带视频应用，可以运行在7类/F级布线系统中。由于TERA的紧凑性设计及1、2、4对的模块化多种连接插头，一个单独的7类信道（4对线）可以同时支持语音、数据和宽带视频多媒体等混合应用，这使得在同一插座内可以管理多种应用，减少了以前必需的光纤、同轴、双绞线缆需求，从而降低了高速局域网设备的成本。

2. 7类线的主要优势

与现行的超5类、6类双绞布线系统相比，7类布线系统具有以下明显优势。

（1）至少600MHz的传输带宽。在7类线标准中规定最低的传输带宽为600MHz，而采用非RJ型7类布线技术可以达到1.2GHz。而且要求使用双屏蔽电缆，即每线对都单独屏蔽，而且总体也屏蔽的双绞电缆，以保证最好的屏蔽效果。此种7类系统的强大噪声免疫力和极低的对外辐射性能使得高速局域网（LAN）不需要更昂贵的电子设备来进行复杂的编码和信号处理。

与6类、超5类线比较，非RJ型7类线在传输性能上的要求更高。6类/E级是目前不采用单独线对屏蔽形式而提供最高传输性能的技术。对于绝大多数的商业应用，6类/E级的250MHz带宽在整个布线系统生命期内对于用户来说是足够的，因此6类/E级是商业大楼布线的最佳选择。而7类/F级的目标要比任何平衡电缆的每一个传输参数性能都要好。

双屏蔽的7类线在外径上比6类线大得多，并且没有6类线的柔韧性好。这要求在设计安装路由和端接空间时要特别小心，要留有很大的空间和较大的弯曲半径。另外二者在连接硬件上也有区别。正在制定中的7类标准要求连接头要在600MHz时，提供至少60dB的线对之间的串扰隔离，这个要求比超5类线在100MHz时的要求严格32dB，比6类线在250MHz时的要求严格20dB，因此，7类线具有强大的抗干扰能力。

（2）节约成本。人们可能有这样的疑问：既然非RJ型七类布线可以达到光纤的传输性能，为什么不使用光纤来代替非RJ型7类线系统呢？对于用户来说最关键的就是成本了。与一个光纤局域网的全部造价相比较，非RJ型7类线具有明显优势。对24个SYSTEM 7（SYSTEM 7采用双屏蔽的TERA连接头，具有每一线对可达1GHz传输性能的标准双绞布线系统解决方案）和62.5/125μm多模光纤信道系统的安装做一个成本比较研究后发现，二者的安装成本接近。但一个光纤局域网设备的成本大约是双绞线设备的6倍。当考虑全部的局域网络安装成本时，SYSTEM 7不仅能提供高带宽，而且其成本只有多模光纤的一半。另一方面，非RJ型7类/F级具有光纤所不具备的功能。由于非RJ型7类/F级的每对均单独屏蔽，极大地减少了线对之间的串扰，这样允许SYSTEM 7能在同一根电缆内支持语音、数据、视频多媒体3种应用。在工作区或电信间，TERA有1对、2对和4对模块化连接插头形式，实现了在同一插座口内直接连接多种应用设备口。

（3）应用广泛。由于非 RJ 型 7 类线系统采用双屏蔽电缆，它能满足那些以屏蔽的双绞系统为主的地区，比如部分欧洲和亚洲市场的需要。双屏蔽解决方案主要应用于严重电磁干扰的环境，如一些广播站、电台等。另外，也可应用于那些出于安全目的，要求电磁辐射极低的环境。另外宽带智能小区和商业大楼也是潜在的市场。一根 7 类线的能力可以满足所有的双绞线布线系统的要求，包括代替同轴，不受共享护套的限制，同时享受高性能和低成本。

目前在 7 类标准应用方面，西蒙公司走在其他同行的前面。按照西蒙公司的说法就是，西蒙公司开创了 7 类线商业应用的新纪元。西蒙公司的 TERATM 打破了传统的 8 芯模块化 RJ 型的接口设计的束缚，开创了全新的结构，以不可比拟的性能及 1，2 和 4 对的模块化形式，从 RJ 型接口的限制中解脱出来，使 7 类线的传输带宽达到 1.2GHz。西蒙的 SYSTEM7SM 解决方案采用 TERATM 连接头，可提供极佳的传输带宽，远远地超过目前标准正在制定中的 600MHz 7 类线标准传输带宽。这种能力使得一些需要高带宽的应用，如高达 862MHz 的宽带视频应用，可以运行在七类/F 级布线系统中，并与其他网络应用一起采用同样的连接。例如，在一个单独的 7 类信道（4 对线）上可以支持 3 种混合的应用，同时支持语音、数据和宽带视频多媒体应用等。这种新技术使得在双绞布线上支持所有的应用，包括支持那些以前需用光纤和同轴传输的一些应用。7 类线系统的强大噪声免疫力和极低的对外辐射性能使得更先进的高速局域网不需要更昂贵的电子设备来进行复杂的编码和信号处理。西蒙公司开发的 7 类 TERATM 连接头提供了连续的高性能余量及高达 1GHz 的线性频率响应，而且端接时间短，体积也小，和 RJ 类型的 8 芯接口占用同样的空间尺寸。

练习与思考

一、单选题

1.（　　）指由大功率设备间断性启动对布线链路带来的电冲击干扰。

A. 回波损耗　　B. 链路脉冲噪声电平　C. 传播时延　　D. 线对间传播时延差

2.（　　）的传输频率可达 200～250MHz，是超 5 类线带宽的 2 倍，最大速度可达到 1000Mbit/s，能满足千兆位以太网需求。

A. 六类线　　B. 二类线　　C. 超五类线　　D. 三类线

3.（　　），提供 16MHz 的带宽，曾经常用在 10Mbit/s 以太网络。

A. CAT-1　　B. CAT-2　　C. CAT-3　　D. CAT-4

4.（　　），提供 20MHz 的带宽，常用在 16Mbit/s 的令牌环网络。

A. CAT-1　　B. CAT-2　　C. CAT-3　　D. CAT-4

5. 扭绞长度在（　　）以内，按逆时针方向扭绞，相邻线对的扭绞长度在 12.7cm 以上。

A. 5mm　　B. 8mm　　C. 13mm　　D. 15mm

6. 综合布线比传统布线具有经济性优点，主要综合布线可适应相当长时间需求，传统布线改造很费时间，耽误工作造成的损失更是无法用金钱计算，体现了综合布线系统的（　　）。

A. 可靠性　　C. 经济性　　D. 先进性　　D. 灵活性

7.（　　）是由终端设备（如：打印机、计算机、电话机等输入输出设备）连接到信息插座之间的信息插座、插座盒、连接跳线和适配器组成。

A. 工作区子系统　B. 水平布线子系统　C. 垂直干线子系统　D. 设备间子系统

8. 在目前的综合布线工程中，常用的测试标准为 ANSI/EIA/TIA 制定的（　　）标准。

A. TSB—67　　B. GB/T 50312—2000

C. GB/T 50311—2000　　D. TIA/EIA 568 B

9. 下列有关电缆认证测试的描述，不正确的是（　　）。

A. 认证测试主要是确定电缆及相关连接硬件和安装工艺是否达到规范和设计要求

B. 认证测试是对通道性能进行确认

C. 认证测试需要使用能满足特定要求的测试仪器并按照一定的测试方法进行测试

D. 认证测试不能检测电缆链路或通道中连接的连通性

10. TIA/EIA 568B 标准规定的水平线缆不可以是（　　）。

A. 4 对 100Ω3 类、超 5 类、6 类 UTP 或 SCTP 电缆

B. 2 条或多条 62.5/125μm 多模光缆

C. 4 对 100Ω4 类、5 类 UTP 或 SCTP 电缆

D. 2 条或多条 50/125μm 多模光缆

11. 基本链路全长小于等于（　　）m。

A. 90　　B. 94　　C. 99　　D. 100

12. 永久链路全长小于等于（　　）m。

A. 90　　B. 94　　C. 99　　D. 100

13. 将同一线对的两端针位接反的故障，属于（　　）故障。

A. 交叉　　B. 反接　　C. 错对　　D. 串扰

14. 下列有关串扰故障的描述，不正确的是（　　）。

A. 串绕就是将原来的线对分别拆开重新组成新的线对

B. 出现串扰故障时端与端的连通性不正常

C. 用一般的万用表或简单电缆测试仪“能手”检测不出串扰故障

D. 串扰故障需要使用专门的电缆认证测试仪才能检测出来

15. IEEE802.3z 标准是千兆以太网技术的标准之一，制定了光纤和短程铜线连接方案的标准，其推荐在 1Gbit/s 速率下，62.5μm 芯径多模光纤只能传输（　　）m。

A. 170　　B. 270　　C. 370　　D. 470

二、多选题

1. 线缆断裂故障排查（　　）。

A. 线缆可连接器的物理损坏

B. 连接器与线缆的连接断路

C. 因过度拉扯导致的线缆从中间某一位置断裂开

D. 其他施工的外力致使线缆被割断

E. 线缆的连通性测试不合格

2. 线路短路故障排查（　　）。

A. 因过紧捆绑导致线缆间短路　　B. 因线缆中嵌入金属钉

C. 剥线头时损坏了绝缘层　　D. 电缆多根导线绝缘材料断裂

E. 无法获得正确的信号

3. 线路弯折、弯曲和断裂故障排查（　　）。

A. 因线缆绞结　　B. 弯曲半径过小　　C. 线缆扣环　　D. 连通性测试不合格

E. 参数测试不合格

4. 线路引脚输出错误的故障现象（　　）。

A. 接线图不正确　　B. 网络不通

C. 电缆参数测试不合格　　　　　　　　　D. 网络驱动器性能下降
E. 设备的死锁

5. 电缆的验证测评是指测电缆的基本安装情况：（　　）。
A. 电缆无开路或短路
B. UTP 电缆的两端是否按照有关规定正确连接
C. 同轴电缆的终端匹配电阻是否连接良好
D. 电缆的走向如何
E. 语音传输

6. 在双绞线布线标准中，双绞线性能指（　　）。
A. 衰减　　　　B. 近端串扰　　　　C. 直流电阻　　　　D. 阻抗特性
E. 衰减串扰比（ACR）和电缆特性

三、判断题

1. 插入损耗以接收信号电平的对应分贝（dB）来表示。（　　）

2. 通道的插入损耗是指输出端口的输出光功率与输入端口输入光功率之比，以 dB 为单位。（　　）

3. 近端串扰用分贝来度量，分贝值越高，线路性能就越好，有时它也被称为线对间 NEXT。（　　）

4. 原材料和器材无关，而与 UTP 电缆长度有关。（　　）

5. 高精度时域反射技术是一种针对电缆阻抗变化故障来进行电缆故障定位的一种先进技术，采用数字信号处理技术（DSP），通过在被测线对中发送极短测试信号，同时监测该信号在该线对的反射相位和强度来确定故障的类型。（　　）

6. 电缆的认证测试是对通道的测试，除了测试电缆正确的连接外，还要满足有关的标准，即安装发了的电缆的电气参数是否达到有关规定所要求的指标。（　　）

7. 568-B1 平衡双绞线布线组件：在新标准的这一部分中，包含了组件规范、传输性能、系统模型，以及与用户验证电信布线系统测量程序相关的内容。（　　）

8. 568-B2 综合布线系统总体要求：在新标准的这一部分中，包含了电信综合布线系统设计原理、安装准则，以及与现场测试相关的内容。（　　）

9. 568-B3 光纤布线组件：在新标准的这一部分中，包含了与光纤电信布线系统的组件规范和传输相关的内容。（　　）

10. 6 类与超 5 类的一个重要的不同点在于，改善了在串扰及回波损耗方面的性能。（　　）

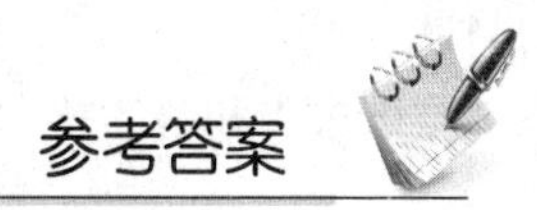

参考答案

单选题	1. B	2. A	3. C	4. D	5. C	6. B	7. A	8. D	9. D	10. C
	11. B	12. A	13. B	14. B	15. B					
多选题	1. ABCD	2. ABCD	3. ABC	4. ABCDE	5. ABCD	6. ABCDE				
判断题	1. Y	2. Y	3. Y	4. N	5. Y	6. Y	7. N	8. N	9. Y	10. Y

任务 12

光纤布线系统（单模光纤）测试及测试报告解读

该训练任务建议用3个学时完成学习及过程考核。

12.1 任务来源

在光纤布线系统（单模光纤）工程验收时，需要测试单模光纤布线系统的各项指标。通过这些指标的分析，来判断单模光纤布线系统工程的质量，是否满足业主要求，是否能通过验收。

12.2 任务描述

搭建单模光纤布线系统，对其进行测试，生成文件报告，并解读报告。

12.3 目标描述

12.3.1 技能目标：

完成本训练任务后，你应当能（够）：

关键技能：

- 能搭建单模光纤布线系统。
- 会单模光纤网络布线系统的测试。
- 能导出单模光纤网络布线系统测试报告和解读技术参数。

基本技能：

- 能区分永久链路测试与信道测试。
- 会使用 LinkWare 软件。
- 会用软件进行光纤布线系统测试及报告输出。

12.3.2 知识目标

完成本训练任务后，你应当能（够）：

- 了解单模光纤布线系统相关知识。
- 熟悉光缆测试仪的功能与操作方法。

• 熟悉光缆测试仪与单模光纤的缆线连接测试方法。
• 熟悉光缆测试仪结果的识读。

12.3.3 职业素质目标：

完成本训练任务后，你应当能（够）：
• 通过本次综合训练，认识综合布线的综合性、系统性原理。
• 遵守系统调试标准规范，养成严谨科学的工作态度。
• 尊重他人劳动，不窃取他人成果。
• 养成总结训练过程和结果的习惯，为下次训练总结经验。
• 养成团结协作精神。
• 剥光纤时，废除的玻璃光纤芯，及时放入专用垃圾桶，以免造成安全隐患。

12.4 任务实施

12.4.1 活动一　知识准备

下列知识可以由学员自学或老师讲授完成。
（1）单模光纤在应用上的优势和劣势。
（2）光纤在传输过程中会产生损耗的地方。
（3）光纤的一类测试。
（4）光纤的二类测试。

12.4.2 活动二　示范操作

1. 活动内容

首先需要确定好所测试光纤的类型是单模，然后根据要求确定光纤测试模式；利用光纤测试仪对给定光纤链路进行测试，导出测试报告，并解读测试报告。

2. 操作步骤

➜ 步骤一：以智能远端模式进行自动测试（设置基准，测试单模光纤基准线）

• 用“智能远端”模式来测试与验证双重光纤布线，在此模式中，测试仪以单向或双向测量两根光纤上两个波长的损耗、长度及传播延迟。远端信号源模式所需要的装置如图 12-1 所示。

• 开启测试仪及智能远端，等候 5min。如果模块使用前的保存温度高于或低于环境温度，则等待更长时间使模块温度稳定。

➜ 步骤二：设置基准

• 将旋转开关转至设置然后选择光纤损耗。设置光纤损耗选项卡下面的选项（按 C 键来查看其他选项卡）。

• 光缆类型：选择待测的光纤类型，单模。
• 测试极限：选择执行任务所需的测试极限值。按 F1 更多键来查看其他极限值列表。
• 远端端点设置：设置为智能远端。
• 双向：若需要双向测试光纤，启用此选项。
• 适配器数目及熔接点数：输入将在设置参考后被添加至光纤路径的每个方向的适配器

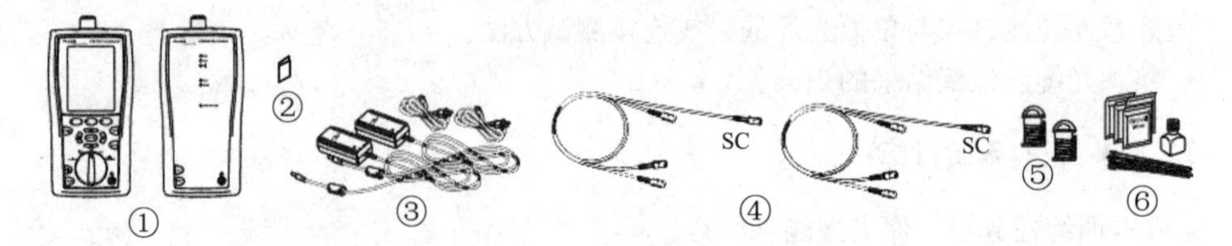

① 带光缆模块和连接适配器的测试仪及智能远端。根据链路中所用连接器匹配连接适配器。

② 内存卡(可选的)。

③ 两个带电源线的交流适配器(可选的)。

④ 基准测试线。匹配待测光缆。长端必须为SC连接器。至于其他连接器，要与链路中所用的连接器匹配。

⑤ 两个心轴。建议在使用DTX-SFM2模块测试多模光缆时使用。

⑥ 光纤清洁用品。

图 12-1 远端信号源模式所需要的装置

为 0，熔接数为 0。

• 连接器类型：选择用于待测布线的连接器类型。若未列出实际的连接器类型，请选择常规。

• 测试方法：指包含在损耗测试结果中的适配器数目。如果使用本手册所示的基准及测试连接，请选择模式 B。

步骤三：SPECIAL FUNCTIONS 设置

• 将旋转开关转至 SPECIAL FUNCTIONS；然后选择设置基准。如果同时连接了光缆模块和双绞线适配器或同轴电缆适配器，接下来选择光缆模块。

步骤四： 基准测试

• 设置基准屏幕画面会显示用于所选的测试方法，显示用于“模式 B”的连接。清洁测试仪及基准测试线上的连接器，连接测试仪及智能远端，然后按 TEST 键。基准测试连接图如图 12-2 所示。

• 如果将基准测试线与测试仪或智能远端的输出端口断开，则必须重新设置基准以确保测量值有效。

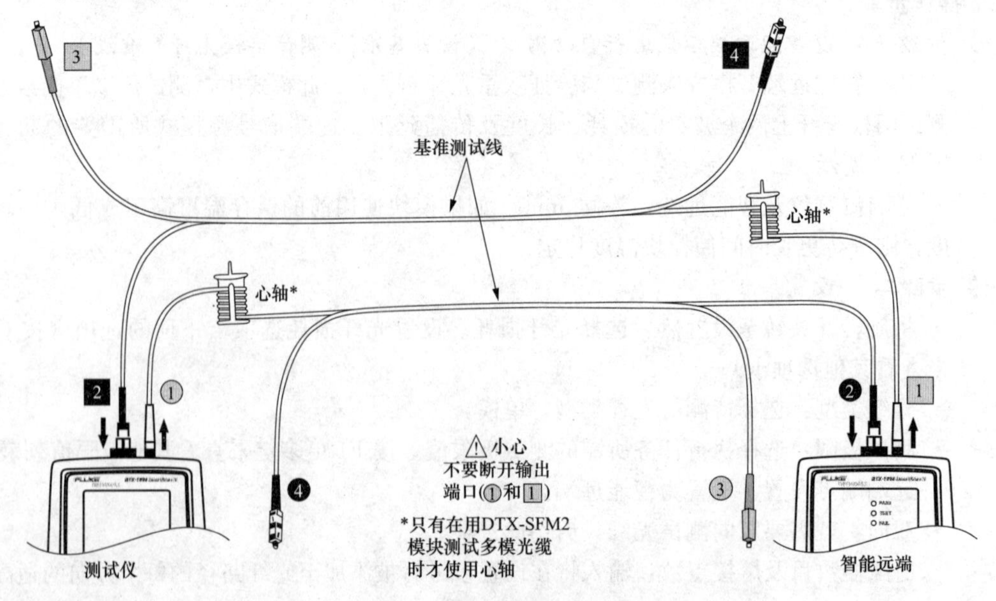

图 12-2 基准测试连接图

步骤五：将旋转开关转至设置（设置基准，测试单模光纤）

- 选择光纤损耗，设置光纤损耗选项卡下面的选项（按 C 键来查看其他选项卡）。
- 光缆类型：选择待测的光纤类型单模。
- 测试极限：选择执行任务所需的测试极限值。按 F1 更多键来查看其他极限值列表。
- 远端端点设置：设置为智能远端。
- 双向：若需要双向测试光纤，启用此选项。
- 适配器数目及熔接点数：输入将在设置参考后被添加至光纤路径的每个方向的适配器为 4，熔接数为 0。
- 连接器类型：选择用于待测布线的连接器类型。若未列出实际的连接器类型，请选择常规。
- 测试方法：指包含在损耗测试结果中的适配器数目。如果使用图 12-2 所示的基准及测试连接，请选择模式 B。

步骤六：连接链路

- 清洁待测布线上的连接器；然后连接到链路。测试仪显示用于所选测试方法的测试连接。模式 B 的连接如图 12-3 所示。

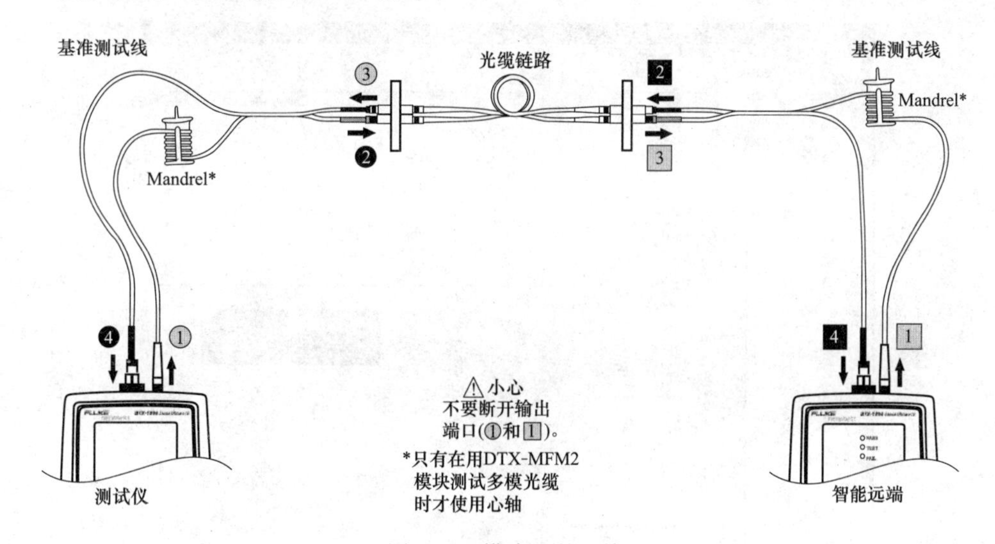

图 12-3　模式 B 的连接

步骤七：测试单模光纤

- 将旋转开关转至 AUTOTEST。确认介质类型设置为光纤损耗。如果需要，按 F1 键更换介质来更改。
- 按测试仪或智能远端的 TEST 键。
- 如果显示为开路或未知，请尝试下面的步骤：
- 确认所有连接是否良好。
- 确认另一端的测试仪已开启（测试仪无法通过光纤模块激活远端的休眠中或电源已关闭的测试仪）。
- 在配线板上尝试各种不同的连接。
- 尽量在一端改变连接的极性。
- 请用视频错误定位器来确定光纤连通性问题。

• 如果启用了双向测试，测试仪提示要在测试半途切换光纤。切换布线两端点的配线板或适配器（而不是测试仪端口）的光纤。

• 要保存测试结果，按 SAVE 键，选择或建立输入光线的光纤标识码；然后按 SAVE 键。选择或建立输出光线的光纤标识码；然后再按一下 SAVE 键。

步骤八：从测试仪 DTX-1800 导入单模光纤测试数据（导入单模光纤测试数据并生成 PDF 格式报告）

LinkWare 电缆测试管理软件是 Windows 应用程序，支持 ANSI/TIA/EIA 606-A 标准。采用 Linkware 电缆测试管理软件进行布线管理的主要步骤如下。

• 安装软件。

• 测试仪与 PC 连接，DTX-1800 可以通过 USB 口与计算机进行连接。

• 设置软件语言，从“Options”菜单中选择“Language”项，然后点击“Chinese (simplified)”，如图 12-4 所示。

• 输入测试仪记要，点击“文件”“导入”，在其弹出的菜单中选择相应的测试仪型号后，会自动检测 USB 接口并将数据导入计算机。图 12-5 所示为测试仪 DTX-1800 测试数据导入软件。

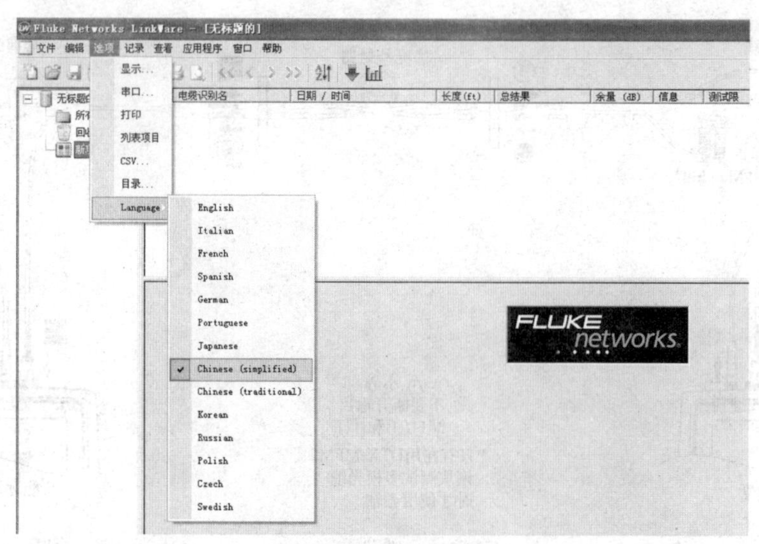

图 12-4 设置软件语言

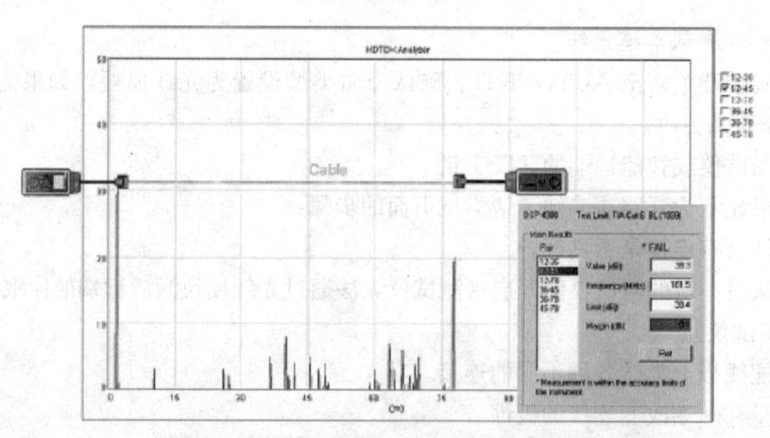

图 12-5 测试仪 DTX-1800 测试数据导入软件

• 测试数据处理，测试数据处理主要包括：数据分类处理（快速分类和高级分类）、测试全部数据详细观察、测试参数属性修改等功能。

步骤九： 生成 PDF 格式单模光纤测试报告

Linkware 软件处理的数据通信，以 *.flw 为扩展名，保存在 PC 机中，也可以硬拷贝的形式，打印出测试报告；测试报告有 ASCII 文本文件格式和 Acrobat reader 的. PDF 格式 2 种文件格式；在报告内容上也分为三种。

• 自动测试报告：按页显示每根电缆的详细测试参数数据、图形、检测结论、测试日期和时间等。

• 自动测试概要：只输出测试数据中的电缆识别名（ID）、总结果、测试标准、长度、余量和日期/时间项目。

• 管理报告：按"水平链路"、"主干链路"、"电信区"、"TGB 记录"、"TMGB 记录"、"防火系统定位"、"建筑物记录"、"驻地记录"分类输出报告（PDF 格式）。

步骤十： 解读单模光纤测试报告

单模光纤测试报告内容如图 12-6 所示，解读如下。

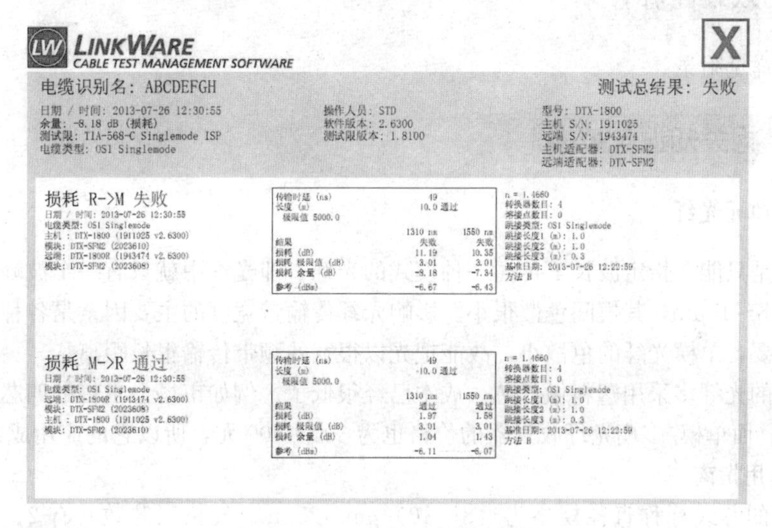

LINKWARE
CABLE TEST MANAGEMENT SOFTWARE

X

电缆识别名：ABCDEFGH　　　　测试总结果：失败

日期 / 时间：2013-07-26 12:30:55
余量：-8.18 dB（损耗）
测试限：TIA-568-C Singlemode ISP
电缆类型：OS1 Singlemode

操作人员：STD
软件版本：2.6300
测试限版本：1.8100

型号：DTX-1800
主机 S/N：1911025
远端 S/N：1943474
主机适配器：DTX-SFM2
远端适配器：DTX-SFM2

损耗 R->M 失败
日期 / 时间：2013-07-26 12:30:55
电缆类型：OS1 Singlemode
主机：DTX-1800（1911025 v2.6300）
模块：DTX-SFM2（2023610）
远端：DTX-1800R（1943474 v2.6300）
模块：DTX-SFM2（2023608）

传输时延（ns）	49	
长度（m）	10.0 通过	
极限值 5000.0		
	1310 nm	1550 nm
结果	失败	失败
损耗（dB）	11.19	10.35
损耗 极限值（dB）	3.01	3.01
损耗 余量（dB）	-8.18	-7.34
参考（dBm）	-6.67	-6.43

n = 1.4660
转换器数目：4
熔接点数目：0
跳接类型：OS1 Singlemode
跳接长度1（m）：1.0
跳接长度2（m）：1.0
跳接长度3（m）：0.3
基准日期：2013-07-26 12:22:59
方法 B

损耗 M->R 通过
日期 / 时间：2013-07-26 12:30:55
电缆类型：OS1 Singlemode
远端：DTX-1800R（1943474 v2.6300）
模块：DTX-SFM2（2023608）
主机：DTX-1800（1911025 v2.6300）
模块：DTX-SFM2（2023610）

传输时延（ns）	49	
长度（m）	10.0 通过	
极限值 5000.0		
	1310 nm	1550 nm
结果	通过	通过
损耗（dB）	1.97	1.58
损耗 极限值（dB）	3.01	3.01
损耗 余量（dB）	1.04	1.43
参考（dBm）	-6.11	-6.07

n = 1.4660
转换器数目：4
熔接点数目：0
跳接类型：OS1 Singlemode
跳接长度1（m）：1.0
跳接长度2（m）：1.0
跳接长度3（m）：0.3
基准日期：2013-07-26 12:22:59
方法 B

图 12-6 单模光纤测试报告

• 项目一：测试基本信息。

（1）电缆识别名：ABCEFGH。

（2）测试日期/时间：07/26/2013 12：30：55pm。

（3）测试项目：Default。

（4）测试地点：GAOXUN。

（5）操作人员：STD。

（6）测试限：TIA-568-C Singlemode（单模光纤测试）。

（7）测试仪型号：DTX-1800。

（8）电缆类型：OS1　Singlemode（单模光纤）。

• 项目二：测试对象。

（1）单模光纤长度：10m。

（2）链路适配器：4 个。

（3）链路熔接点：0 个。

• 项目三：测试结果。

（1）测试总结果：失败。

（2）主机到远端：失败。以 1310nm 波长为例，损耗 11.19 dB，损耗极限值 3.01 dB，损耗超出损耗极限值 8.81 dB，故测试失败。

（3）远端到主机：通过。以 1310nm 波长为例，损耗 1.97 dB，损耗极限值 3.01 dB，损耗小于损耗极限值 1.04 dB，故测试通过。

12.4.3 活动三 能力提升

首先需要确定好所测试光纤的类型是单模，然后根据要求确定光纤测试模式；利用光纤测试仪对给定光纤链路进行测试，导出测试报告，并解读测试报告。

活动三参数演变指引为活动二，单模光纤的测试，采用智能远端的模式；活动三，单模光纤的测试，采用环路的模式。

12.5 效果评价

评价标准详见附录。

12.6 相关知识与技能

12.6.1 单元光纤

单模光纤是只能在指定波长下传播一种模式的光纤，即光纤中就只有一个波峰通过。中心玻璃芯很细，为 8～10μm，其模间色散很小。影响光纤传输带宽度的主要因素是各种色散，而以模式色散最为重要，单模光纤的色散小，故能把光以很宽的频带传输很长距离。

由于现在的光纤多采用塑料做纤芯。成本已经很低了。例如市场上出售的四芯单模光纤就只有 2～3 元/m，而单模/多模光纤收发器的价格也为 300～500 元，所以它的应用成本很低。

1. 产品选用指南

单模光纤的芯线标称直径规格为（8～10）μm/125μm。规格（芯数）有 2、4、6、8、12、16、20、24、36、48、60、72、84、96 芯等。线缆外护层材料有普通型；普通阻燃性；低烟无卤型；低烟无卤阻燃型。

当用户对系统有保密要求，不允许信号往外发射时，或系统发射指标不能满足规定时，应采用屏蔽铜芯对绞电缆和屏蔽配线设备，或采用光缆系统。

2. 施工、安装要点

由于光纤的纤芯是石英玻璃的，极易弄断，因此在施工弯曲时，决不允许超过最小的弯曲半径。其次，光纤的抗拉强度比电缆小，因此在操作光缆时，不允许超过各种类型光缆抗拉强度。在光缆敷设好以后，在设备间和楼层配线间将光缆捆接在一起，然后才进行光纤连接。可以利用光纤端接装置（OUT）、光纤耦合器、光纤连接器面板来建立模组化的连接。当敷设光缆工作完成，以及在应有的位置上建立互连模组以后，就可以将光纤连接器加到光纤末端上，并建立光纤连接。

其他参见《建筑与建筑群综合布线系统工程验收规范》（GB/T 50312—2000）和《建筑及建筑群综合布线系统工程施工及验收规范》（CECS 89：97）中的要求。

12.6.2 多模光纤

多模光纤是指可以传输多个光传导模的光纤。中心玻璃芯较粗（50 或 62.5μm），可传多种模式的光。但其模间色散较大，这就限制了传输数字信号的频率，而且随距离的增加会更加严重。例如：600MB/kM 的光纤在 2kM 时则只有 300MB 的带宽了。因此，多模光纤传输的距离就比较近，一般只有几公里。局域网（LAN）多选用多模光纤，其理由如下：①多模光纤收发机便宜（比同档次相应单模光纤收发器的价格低一半）；②多模光纤接续简单方便和费用低。

常用的多模光纤主要有 IEC-60793-2 光纤产品规范中的 A1a 类（50/125μm）和 A1b 类（62.5/125μm）两种。这两种多模光纤的包层直径和机械性能相同，都能提供如以太网、令牌环和 FDDI 协议在标准规定的距离内所需的带宽，而且二者都能升级到 Gbit/s 的速率。

12.6.3 单模光纤与多模光纤的区别

（1）单模传输距离远。
（2）单模传输带宽大。
（3）单模不会发生色散，质量可靠。
（4）单模通常使用激光作为光源，贵；而多模通常用便宜的 LED。
（5）单模价格比较高。
（6）多模价格便宜，近距离传输实用。

12.6.4 光纤信道

1. 光纤信道分类

光纤信道分为 OF-300、OF-500 和 OF-2000 三个等级，各等级光纤信道应支持的应用长度不应小于 300、500m 及 2000m。

2. 光纤信道构成方式的要求

光纤信道构成方式应符合以下要求。

（1）水平光缆和主干光缆至楼层电信间的光纤配线设备应经光纤跳线连接构成。图 12-7 所示为光纤跳线连接图。

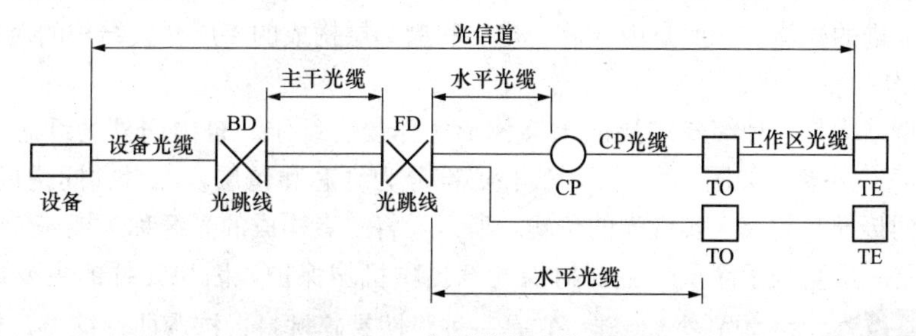

图 12-7　光纤跳线连接图

（2）水平光缆和主干光缆在楼层电信间应经端接（熔接或机械连接）构成。图 12-8 所示为光纤端接连接图。

（3）水平光缆经过电信间直接连至大楼设备间光配线设备构成。图 12-9 所示为光缆配线设备连接图。

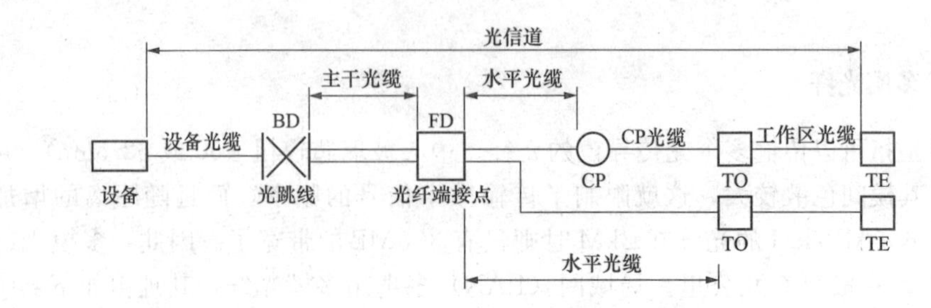

图 12-8　光纤端接连接图

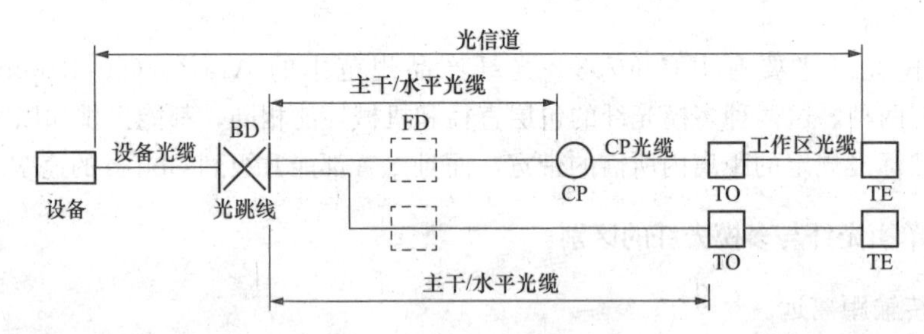

图 12-9　光缆配线设备连接图

3. 光缆长度划分

为了更好地执行本规范，相关标准对于布线系统在网络中的应用情况，在表 3-1、表 3-2 中分别列出光纤在 100M、1G、10G 以太网中支持的传输距离，仅供设计者参考。

12.6.5 光纤信道系统指标

各等级的光纤信道衰减值应符合表 3-3 的规定。光缆标称的波长，每公里的最大衰减值应符合表 3-4 的规定。多模光纤的最小模式带宽应符合表 3-5 的规定。

12.6.6 光纤、光缆

光纤是光导纤维的简写，是一种利用光在玻璃或塑料制成的纤维中的全反射原理而达成的光传导工具，是依照光的全反射的原理，光纤是一种将讯息从一端传送到另一端的媒介，是一条以玻璃或塑胶纤维作为让讯息通过的传输媒介。光纤实际是指由透明材料做成的纤芯和在它周围采用比纤芯的折射率稍低的材料做成的包层，并将射入纤芯的光信号，经包层界面反射，使光信号在纤芯中传播前进的媒体。一般是由纤芯、包层和涂敷层构成的多层介质结构的对称圆柱体。

1. 光纤结构

光纤的典型结构是一种细长多层同轴圆柱形实体复合纤维。自内向外为纤芯（芯层）→包层→缓冲层→PVC 外套，如图 12-10 所示。核心部分为纤芯和包层，二者共同构成介质光波导，形成对光信号的传导和约束，实现光的传输，所以又将二者构成的光纤称为裸光纤。其中涂覆层又称被覆层，是一层高分子涂层，主要对裸光纤提供机械保护，因裸光纤的主要成分为二氧化硅，它是一种脆性易碎材料，抗弯曲性能差，韧性差，为提高光纤的微弯性能，涂覆一层高分子涂层。且如将若干根这样的裸光纤集束成一捆，相互间极易产生磨损，导致光纤表面损伤而影响光纤的传输性能。为防止这种损伤采取的有效措施就是在裸光纤表面涂一层高分子。光缆结构如图 12-11 所示。

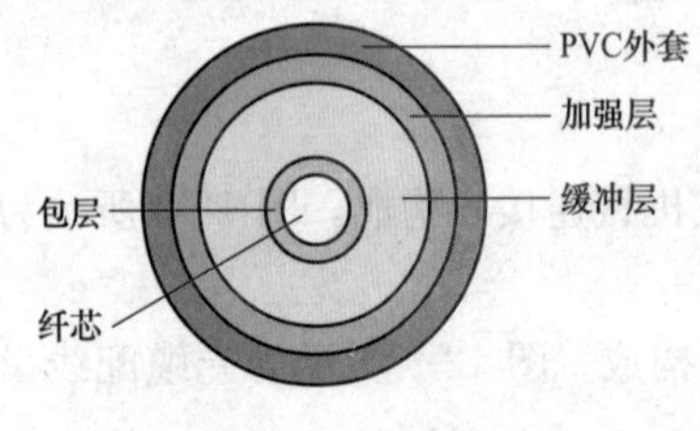

图 12-10　光纤结构

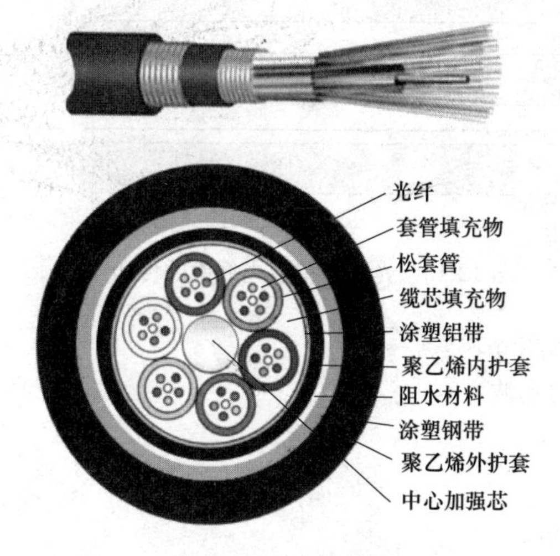

图 12-11　光缆结构

2. 光纤分类

光纤分类见表 12-1。

表 12-1　　光 纤 分 类

类型	运行波长	常用型号	
		芯径/μm	外层/μm
多模光纤	850nm 或 1300nm	62.5	125
		50	125
		100	140
单模光纤	1310nm 或 1550nm	8.3	125

多模光纤的“模”表示光波在光纤中传输的模式；还表示光波进入光纤时的入射角；还表示光波在光纤中的传输路径，如图 12-12 所示。

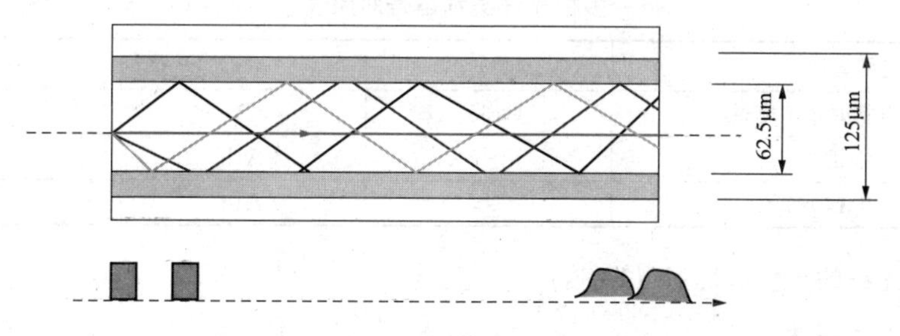

图 12-12　光波在多模光纤中的传输路径

（1）纤芯直径较大，一般为 50、62.5μm。

（2）可传送多种模式的光波。

（3）会产生光的色散。

（4）62.5/125 光纤传输距离不超过 275m，50/125 光纤传输距离不超过 550m。

（5）光纤衰减系数。850nm 多模＝3dB/km、1300nm 多模＝1dB/km

光波在单模光纤中的传播路径如图 12-13 所示。

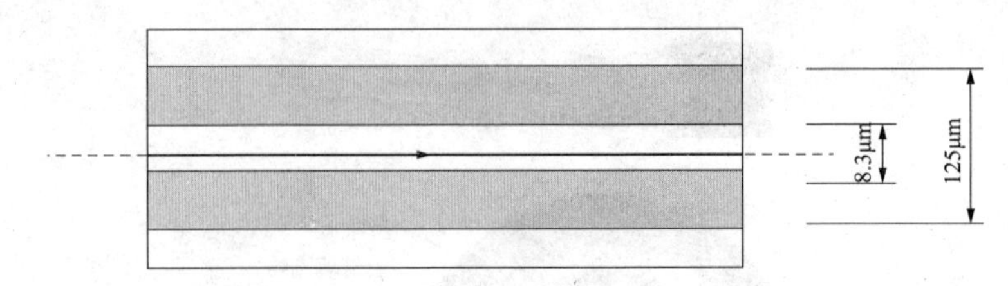

图 12-13 光波在单模光纤中的传播路径

（1）纤芯直径小，约 8.3μm。

（2）只传送一种模式的光波。

（3）频带宽。

（4）色散很小。

（5）传送距离 10～20km。

（6）光纤衰减系数。1300nm 单模＝0.3dB/km、1550nm 单模＝0.2 dB/km

3. 单模光纤标准与分类

单模光纤类别型号对照见表 12-2。

表 12-2 单模光纤类别型号对照表

光纤名称	ITU-T	IEC	国标
非色散位移光纤	G、G652B	B1.1	B1.1
波长段扩展的非色散位移光纤	G	B1.3	B1.3
色散位移光纤（DSF）	G.653	B2	B2
截止波长位移光纤	G.654	B1.2	B1.2
非零色散位移光纤（NZDSF）	G、G.655B	B4	B4

4. 多模光纤标准与分类

多模光纤类别型号对照见表 12-3。

表 12-3 多模光纤类别型号对照表

光纤名称	ITU-T	IEC	国标
50/125 梯度折射率多模光纤	G.651	A	A
62.5/125		A1b	A1b
100/140		A1d	A1d

5. 光缆中光纤的全色谱标识（12 芯）

光纤色谱见表 12-4。

表 12-4 光纤色谱表

序号	1	2	3	4	5	6	7	8	9	10	11	12
色谱	蓝	橙	绿	棕	灰	白	红	黑	黄	紫	粉红	青绿

超过 12 芯的多芯光缆一般把不同颜色的光纤放在同一束管中成为一组，这样一根多芯光缆里就可能有好几个束管。正对光缆横截面，把红束管看作光缆的第一束管，顺时针依次为白一、白二、白三……最后一根是绿束管（简称：红头绿尾）。

一、单选题

1. 在综合布线系统中，下面有关光缆布放的描述，说法有误的一项是（　　）。

A. 光缆的布放应平直，不得产生扭绞、打圈等现象，不应受到外力挤压或损伤

B. 光缆布放时应有冗余，在设备端预留长度一般为5～10m

C. 以牵引方式敷设光缆时，主要牵引力应加在光缆的纤芯上

D. 在光缆布放的牵引过程中，吊挂光缆的支点间距不应大于1.5m

2. EIA/TIA 568 B.3 规定光纤连接器（适配器）的衰减极限为（　　）。

A. 0.3dB　　B. 0.5dB　　C. 0.75dB　　D. 0.8dB

3. 在综合布线系统系缆敷设时，光缆与电缆同管敷设时，应在管道内预设塑料子管。将光缆敷设在子管内，使光缆和电缆分开布放，子管的内径应为光缆外径的（　　）倍。

A. 2.5　　B. 3　　C. 3.5　　D. 5

4. 光纤熔接前，进行光纤预处理中使用的工业酒精的纯度是（　　）。

A. 50%　　B. 60%　　C. 70%　　D. 99%

5. D级信道布线系统在频率100MHz时，最小回波损耗值是（　　）dB。

A. 10　　B. 12　　C. 18　　D. 19

6. 综合布线系统中，在频率为100MHz的测试中F级布线系统回波损耗（RL）的最小值为（　　）dB。

A. 10.0　　B. 19.0　　C. 12.0　　D. 18.0

7. 在综合布线系统中，线对与线对之间的近端串音（NEXT）在布线的两端均应符合NEXT值的要求，在频率为100MHz的测试中E级布线系统近端串音（NEXT）的最小值为（　　）dB。

A. 39.9　　B. 40.0　　C. 21.7　　D. 35.9

8. 在综合布线系统中，（　　）是对设备间、交接间的配线设备、线缆和信息插座等设施，按一定的模式进行标识和记录。

A. 管理子系统　　B. 管理方式　　C. 色标　　D. 交叉连接

9. 在综合布线系统安装过程中，为了保证线槽接地良好，在线槽与线槽的连接处必须使用不小于（　　）mm的铜线进行连接。

A. 1.5　　B. 2.5　　C. 3.5　　D. 4.5

10. 在综合布线系统中，电信间应采用外开丙级防火门，门宽大于（　　）m。

A. 0.7　　B. 0.8　　C. 0.9　　D. 0.6

11. 室外电缆进入建筑物时，通常在入口处经过一次转接进入室内。在转接处加上电器保护设备，以避免因电缆受到雷击、感应电势或与电力线接触而给用户设备带来的损坏。这是为了满足（　　）的需要。

A. 屏蔽保护　　B. 过流保护　　C. 过压保护　　D. 电气保护

12. 在综合布线系统中，当直线段桥架超过（　　）m或跨越建筑物时，应有伸缩缝，其连接宜采用伸缩连接板。

A. 20　　B. 30　　C. 40　　D. 50

13. 为保证设备的安全运行，综合布线系统的交接间、设备间内安装的设备、机架、金属线管、桥架、防静电地板以及从室外进入建筑物内的电缆等都需要（　　）。

A. 接地　B. 防火　C. 屏蔽　D. 阻燃

14. 在频率 16MHz 时，F 级布线系统的最大插入损耗（　　）dB。

A. 4.0　B. 5.5　C. 5.8　D. 8.1

15. 通道传输速率的单位是（　　），可用 bit/s 表示。

A. 位/秒　B. 秒/位　C. 千位/秒　D. 兆位/秒

二、多选题

1. 下面描述单模光纤与多模光纤的区别正确的是（　　）。

A. 单模光纤美观　B. 单模不会发生色散，质量可靠

C. 单模通常使用激光作为光源，贵　D. 多模通常用便宜的 LED 作为光源

E. 多模价格便宜，近距离传输实用

2. 光纤信道分为（　　）等级。

A. OF-300　B. OF-500　C. OF-800　D. OF-1000

E. OF-2000

3. 光纤测试条件（　　）。

A. 无源网络　B. 无源通信设备

C. 温度为 20～30℃　D. 湿度宜为 30%～80%

E. 无光线

4. 光纤结构。光纤的典型结构是一种细长多层同轴圆柱形实体复合纤维，自内向外为（　　）。

A. 纤芯（芯层）　B. 包层　C. 缓冲层　D. PVC 外套

E. 涂覆层

5. 对光纤综合布线系统工程电气性能进行记录时，其主要记录的参数是（　　）。

A. NEXT　B. ACR　C. PS ACR　D. 长度

E. 衰减

6. 综合布线验收中的主要项目是（　　）。

A. 外观验收　B. 测试验收　C. 设备验收　D. 文档验收

E. 使用验收

三、判断题

1. 单模光纤是只能在指定波长下传播一种模式的光纤，即光纤中就只有一个波峰通过。（　　）

2. 影响光纤传输带宽度的主要因素是各种色散，而以模式色散最为重要，单模光纤的色散小，故能把光以很宽的频带传输很长距离。（　　）

3. 由于光纤的纤芯是石英玻璃的，极易弄断，因此在施工弯曲时，决不允许超过最小的弯曲半径。（　　）

4. 光纤的抗拉强度比电缆小，因此在操作光缆时，不允许超过各种类型光缆抗拉强度。（　　）

5. 单模光纤是指可以传输多个光传导模的光纤。（　　）

6. 光纤一类测试通常分为“通用型测试”和“应用型测试”。（　　）

7. 光纤二类测试又叫扩展的光纤链路测试。（　　）

8. 光纤一类测试的特点是：测试参数包含“损耗和长度”两个指标，并对测试结果进行“通过/失败”的判断。（　　）

9. 光纤一类测试只关心光纤链路的总衰减值是否符合要求，并不关心链路中可能影响误码率的连接点（连接器、熔接点、跳线等）的质量。（　　）

10. 光纤是依照光的全反射的原理，是一种将信息从一端传送到另一端的媒介，是一条以玻璃或塑胶纤维作为让信息通过的传输媒介。（　　）

参考答案

单选题	1. C	2. C	3. A	4. D	5. A	6. C	7. A	8. A	9. B	10. B
	11. D	12. B	13. A	14. D	15. A					
多选题	1. BCDE	2. ABE	3. ABCD	4. ABCD	5. DE	6. ABD				
判断题	1. Y	2. Y	3. Y	4. Y	5. N	6. Y	7. Y	8. Y	9. Y	10. Y

任务 13

光纤布线系统（多模光纤）测试及测试报告解读

该训练任务建议用 3 个学时完成学习及过程考核。

13.1 任务来源

在光纤布线系统（多模光纤）工程验收时，需要测试多模光纤布线系统的各项指标。通过这些指标的分析，来判断多模光纤布线系统工程的质量，是否满足业主要求，是否能通过验收。

13.2 任务描述

搭建多模光纤布线系统，对其进行测试，生成文件报告，并解读报告。

13.3 目标描述

13.3.1 技能目标：

完成本训练任务后，你应当能（够）：

关键技能：

- 能搭建多模光纤布线系统。
- 会多模光纤网络布线系统的测试。
- 能导出多模光纤网络布线系统测试报告和技术参数解读。

基本技能：

- 能区分永久链路测试与信道测试。
- 会使用 LinkWare 软件。
- 会用软件进行光纤布线系统测试报告输出。

13.3.2 知识目标：

完成本训练任务后，你应当能（够）：

- 了解多模光纤布线系统相关知识。
- 熟悉光缆测试仪的功能与操作方法。

- 熟悉光缆测试仪与多模光纤的缆线连接测试方法。
- 熟悉光缆缆测试仪结果识读。

13.3.3 职业素质目标：

完成本训练任务后，你应当能（够）：

- 通过本次综合实训，掌握剥光纤时，应注意安全，剩余玻璃纤芯及时处理。
- 通过本次综合训练，认识综合布线的综合性、系统性原理。
- 遵守系统调试标准规范，养成严谨科学的工作态度。
- 尊重他人劳动，不窃取他人成果。
- 养成总结训练过程和结果的习惯，为下次训练总结经验。
- 养成团结协作精神。

13.4 任务实施

13.4.1 活动一　知识准备

下列知识可以由学员自学或老师讲授完成。

（1）现代通信中的传输使用光纤光缆的优点。

（2）光在光纤中的传播方式。

（3）模式色散 、材料色散和波导色散。

13.4.2 活动二　示范操作

1. 活动内容

安装多模光纤测试模块（MFM2），用基准线设置基准。测试多模光纤的损耗，并导出测试报告、解读测试报告。

2. 操作步骤

步骤一：以智能远端模式进行自动测试（设置基准，测试多模光纤基准线）

- 用“智能远端”模式来测试与验证双重光纤布线，在此模式中，测试仪以单向或双向测量两根光纤上两个波长的损耗、长度及传播延迟。远端信号源模式所需要的装置如前图 12-1 所示。
- 开启测试仪及智能远端，等候 5min。如果模块使用前的保存温度高于或低于环境温度，则等待更长时间使模块温度稳定。

步骤二：设置基准

将旋转开关转至设置然后选择光纤损耗。设置光纤损耗选项卡下面的选项（按 C 键来查看其他选项卡）。

- 光缆类型：选择待测的光纤类型，多模。
- 测试极限：选择执行任务所需的测试极限值。按 F1 更多键来查看其他极限值列表。
- 远端端点设置：设置为智能远端。
- 双向：若需要双向测试光纤，启用此选项。
- 适配器数目及熔接点数：输入将在设置参考后被添加至光纤路径的每个方向的适配器为 0，熔接数为 0。
- 连接器类型：选择用于待测布线的连接器类型。若未列出实际的连接器类型，请选择常规。

• 测试方法：指包含在损耗测试结果中的适配器数目。如果使用本手册所示的基准及测试连接，请选择模式 B。

步骤三：SPECIAL FUNCTIONS 设置

• 将旋转开关转至 SPECIAL FUNCTIONS；然后选择设置基准。如果同时连接了光缆模块和双绞线适配器或同轴电缆适配器，接下来选择光缆模块。

步骤四：基准测试

• 设置基准屏幕画面会显示用于所选的测试方法。基准测试连接图，如前图 12-2 所示，显示用于“模式 B”的连接。清洁测试仪及基准测试线上的连接器，连接测试仪及智能远端，然后按 TEST 键。

• 注意：如果将基准测试线与测试仪或智能远端的输出端口断开，则必须重新设置基准以确保测量值有效。

步骤五：将旋转开关转至设置（设置基准，测试多模光纤）

选择光纤损耗，设置光纤损耗选项卡下面的选项（按 C 键来查看其他选项卡）。

• 光缆类型：选择待测的光纤类型多模。

• 测试极限：选择执行任务所需的测试极限值。按 F1 更多键来查看其他极限值列表。

• 远端端点设置：设置为智能远端。

• 双向：若需要双向测试光纤，启用此选项。

• 适配器数目及熔接点数：输入将在设置参考后被添加至光纤路径的每个方向的适配器为 4，熔接数为 0。

• 连接器类型：选择用于待测布线的连接器类型。若未列出实际的连接器类型，请选择常规。

• 测试方法：指包含在损耗测试结果中的适配器数目。如果使用前图 12-2 所示的基准及测试连接，请选择模式 B。

步骤六：连接链路

• 清洁待测布线上的连接器；然后连接到链路。测试仪显示用于所选测试方法的测试连接。如前图 12-3 所示，模式 B 的连接。

步骤七：测试多模光纤

将旋转开关转至 AUTOTEST。确认介质类型设置为光纤损耗。如果需要，按 F1 键更换介质来更改。

• 按测试仪或智能远端的 TEST 键。

• 如果显示为开路或未知，请尝试下面的步骤：

• 确认所有连接是否良好。

• 确认另一端的测试仪已开启（测试仪无法通过光纤模块激活远端的休眠中或电源已关闭的测试仪）。

• 在配线板上尝试各种不同的连接。

• 尽量在一端改变连接的极性。

• 请用视频错误定位器来确定光纤连通性问题。

• 如果启用了双向测试，测试仪提示要在测试半途切换光纤。切换布线两端点的配线板或适配器（而不是测试仪端口）的光纤。

• 要保存测试结果，按 SAVE 键，选择或建立输入光线的光纤标识码；然后按 SAVE

键。选择或建立输出光线的光纤标识码；然后再按一下 SAVE 键

步骤八：从测试仪 DTX-1800 导入多模光纤测试数据（导入多模光纤测试数据并生成 PDF 格式报告）

LinkWare 电缆测试管理软件是 Windows 应用程序，支持 ANSI/TIA/EIA 606-A 标准。采用 Linkware 电缆测试管理软件进行布线管理的主要步骤如下。

• 安装软件。

• 测试仪与 PC 连接，DTX-1800 可以通过 USB 口与计算机进行连接。

• 设置软件语言，从“Options”菜单中选择“Language”项，然后点击“Chinese (simplified)”。如前图 12-4 所示。

• 输入测试仪记要，点击“文件”“导入”，在其弹出的菜单中选择相应的测试仪型号后，会自动检测 USB 接口并将数据导入计算机。前图 12-5 所示为测试仪 DTX-1800 测试数据导入软件。

• 测试数据处理，测试数据处理主要包括：数据分类处理（快速分类和高级分类）、测试全部数据详细观察、测试参数属性修改等功能。

步骤九：生成 PDF 格式多模光纤测试报告

Linkware 软件处理的数据通信，以 *. flw 为扩展名，保存在 PC 机中，也可以硬拷贝的形式，打印出测试报告；测试报告有 ASCII 文本文件格式和 Acrobat reader 的. PDF 格式 2 种文件夹格式；在报告内容上也分为三种。

• 自动测试报告：按页显示每根电缆的详细测试参数数据、图形、检测结论、测试日期和时间等。

• 自动测试概要：只输出测试数据中的电缆识别名（ID）、总结果、测试标准、长度、余量和日期/时间项目。

• 管理报告：按“水平链路”“主干链路”“电信区”“TGB 记录”“TMGB 记录”“防火系统定位”“建筑物记录”“驻地记录”分类输出报告（PDF 格式）。

步骤十：解读多模光纤测试报告

多模光纤测试报告如前图 12-6 所示，解读如下。

• 项目一：测试基本信息。

(1) 电缆识别名：SYL。

(2) 测试日期 /时间：08/02/2013 15：59：24pm。

(3) 测试项目：Default。

(4) 测试地点：GAOXUN。

(5) 操作人员：WH。

(6) 测试限：TIA-568-C Multimode（多模光纤测试）。

(7) 测试仪型号：DTX-1800。

(8) 电缆类型：OM1　Multimode 62.5（多模光纤）。

• 项目二：测试对象。

(1) 多模光纤长度：6.6m。

(2) 链路适配器：4 个。

(3) 链路熔接点：0 个。

• 项目三：测试结果。

(1) 测试总结果：失败。

（2）主机到远端：成功。以 850nm 波长为例，损耗 1.59dB，损耗极限值 3.02dB，损耗小于损耗极限值 1.43dB，故测试成功。

（3）远端到主机：失败。以 850nm 波长为例，损耗 5.66dB，损耗极限值 3.02dB，损耗超出损耗极限值 2.64dB，故测试失败。

13.4.3 活动三 能力提升

安装多模光纤测试模块（MFM2），用基准线设置基准。测试多模光纤的损耗，并导出测试报告、解读测试报告。

活动三参数演变指引为活动二，多模光纤的测试，采用智能远端的模式；活动三，多模光纤的测试，采用环路的模式。

13.5 效果评价

评价标准详见附录。

13.6 相关知识与技能

13.6.1 光纤色散

光纤色散按产生的原因不同大致可分为模式色散 、材料色散和波导色散 3 种。

1. 模式色散

在多模光纤中，由于各传输模式的传输路径不同，各模式到达出射端的时间不同，从而引起光脉冲展宽，由此产生的色散称为模式色散。

以阶跃折射率（SI 型）多模光纤为例。假设这根光纤可以传输 3 个模式。高次模到达出射端所必须经过的路程就要长，因而到达出射端的时间也随之增长。结果是，入射到光纤的窄脉冲，由于不同模式到达的时间不同，从而在出射端发生了脉冲展宽。

2. 材料色散

传输光光纤材料石英玻璃的折射率，对不同的传输光波长有不同的值。传输光包含有许多波长的太阳光，通过棱镜以后可分成七种不同颜色就是一个证明。由于上述原因，材料折射率随光波长而变化，从而引起脉冲展宽的现象称为材料色散。

由于光纤通信中实际使用的光源，其发出的光并不是理想的单一波长，而是具有一定的波谱线宽。这样，当光在折射率为 n 的物质中传播时，因其速率与真空中的光速 c 之间的关系为：nvncvn=因此，由于光波长不同，折射率（n）不同，当把具有一定波谱线宽的光源所发出的光脉冲射入到光纤内传输时，则光的传输速度将随光波长的不同而改变，在到达出射端时将产生时间差，从而引起脉冲波形展宽。

3. 波导色散

由于光纤的纤芯与包层的折射率差别很小，因而在界面产生全反射现象时，有一部分光强进入到包层之内。由于出现在包层内的这部分光强大小与光波长有关，这就相当于光传输路径长度随光波波长的不同而异。因此，把具有一定波谱线宽的光源所发出光脉冲射入到光纤后，由于不同波长的光其传输路程不完全相同，所以到达光纤出射端的时间也不相同，从而使脉冲展宽。具体说，入射光的波长越长，进入到包层的光强比例就越大，传输路径距离越长。由上述原因所形成的脉冲展宽现象叫作波导色散。

材料色散和波导色散都与光波长有关，所以又统称为波长色散。

模式色散仅在多模光纤中存在，在单模光纤中不产生模式色散，而只有材料色散和波导色散。

通常，各种色散的大小顺序是：模式色散>>材料色散>波导色散

因此，多模光纤的传输带宽几乎仅由模式色散所制约。在单模光纤中，由于没有模式色散，所以它具有非常宽的带宽。

13.6.2 光纤产生光损耗

1. 造成光纤衰减的原因

造成光纤衰减的主要因素有本征，弯曲，挤压，杂质，不均匀和对接等。

（1）本征。本征是光纤的固有损耗，包括：瑞利散射，固有吸收等。弯曲：光纤弯曲时部分光纤内的光会因散射而损失掉，造成损耗。

（2）挤压。光纤受到挤压时产生微小的弯曲而造成的损耗。

（3）杂质。光纤内杂质吸收和散射在光纤中传播的光，造成的损失。

（4）不均匀。光纤材料的折射率不均匀造成的损耗。

（5）对接。光纤对接时产生的损耗，如：不同轴（单模光纤同轴度要求小于 0.8μm），端面与轴心不垂直，端面不平，对接心径不匹配和熔接质量差等。

当光从光纤的一端射入，从另一端射出时，光的强度会减弱。这意味着光信号通过光纤传播后，光能量衰减了一部分。这说明光纤中有某些物质或因某种原因，阻挡光信号通过。这就是光纤的传输损耗。只有降低光纤损耗，才能使光信号畅通无阻。

2. 光纤损耗的分类

光纤损耗大致可分为光纤具有的固有损耗以及光纤制成后由使用条件造成的附加损耗。具体细分如下。

（1）光纤损耗可分为固有损耗和附加损耗。

（2）固有损耗包括散射损耗、吸收损耗和因光纤结构不完善引起的损耗。

（3）附加损耗则包括微弯损耗、弯曲损耗和接续损耗。

其中，附加损耗是在光纤的铺设过程中人为造成的。在实际应用中，不可避免地要将光纤一根接一根地接起来，光纤连接会产生损耗。光纤微小弯曲、挤压、拉伸受力也会引起损耗。这些都是光纤使用条件引起的损耗。究其主要原因是在这些条件下，光纤纤芯中的传输模式发生了变化。附加损耗是可以尽量避免的。下面，我们只讨论光纤的固有损耗。

固有损耗中，散射损耗和吸收损耗是由光纤材料本身的特性决定的，在不同的工作波长下引起的固有损耗也不同。搞清楚产生损耗的机理，定量地分析各种因素引起的损耗的大小，对于研制低损耗光纤，合理使用光纤有着极其重要的意义。

3. 先天不足

光纤结构不完善，如由光纤中有气泡、杂质，或者粗细不均匀，特别是芯-包层交界面不平滑等，光线传到这些地方时，就会有一部分光散射到各个方向，造成损耗。这种损耗是可以想办法克服的，那就是要改善光纤制造的工艺。

散射使光射向四面八方，其中有一部分散射光沿着与光纤传播相反的方向反射回来，在光纤的入射端可接收到这部分散射光。光的散射使得一部分光能受到损失，这是人们所不希望的。但是，这种现象也可以为我们所利用，因为如果我们在发送端对接收到的这部分光的强弱进行分析，可以检查出这根光纤的断点、缺陷和损耗大小。这样，通过人的聪明才智，就把坏事变成了好事。

练习与思考

一、单选题

1. 在空气中，光的速度为（　　）。

A. 1×10^8m/s　　B. 2×10^8m/s　　C. 3×10^8m/s　　D. 4×10^8m/s

2. 在宝石中，光速大约是空气中光速的（　　）。

A. 1/4　　B. 1/3　　C. 2/3　　D. 2/5

3. 在多模光纤中，由于各传输模式的传输路径不同，各模式到达出射端的时间不同，从而引起光脉冲展宽，由此产生的色散称为（　　）。

A. 模式色散　　B. 材料色散　　C. 波导色散　　D. 单模光纤色散

4. 材料折射率随光波长而变化，从而引起脉冲展宽的现象称为（　　）。

A. 模式色散　　B. 材料色散　　C. 波导色散　　D. 单模光纤色散

5. 把具有一定波谱线宽的光源所发出光脉冲射入到光纤后，由于不同波长的光其传输路程不完全相同，所以到达光纤出射端的时间也不相同，从而使脉冲展宽。脉冲展宽现象叫作（　　）

A. 模式色散　　B. 材料色散　　C. 波导色散　　D. 单模光纤色散

6. 通常，各种色散的大小顺序是（　　）。

A. 模式色散>材料色散>波导色散　　B. 材料色散>模式色散>波导色散

C. 波导色散>模式色散>材料色散　　D. 材料色散>波导色散>模式色散

7. 光纤的固有损耗，包括：瑞利散射，固有吸收等。弯曲：光纤弯曲时部分光纤内的光会因散射而损失掉，造成损耗。这是光纤（　　）造成的衰减。

A. 本征　　B. 挤压　　C. 杂质　　D. 对接

8. 光纤受到挤压时产生微小的弯曲而造成的损耗。这是光纤（　　）造成的衰减。

A. 本征　　B. 挤压　　C. 杂质　　D. 对接

9. 光纤内杂质吸收和散射在光纤中传播的光，造成的损失。这是光纤（　　）造成的衰减。

A. 本征　　B. 挤压　　C. 杂质　　D. 对接

10. 在综合布线系统测试中，不属于光缆测试的参数是（　　）。

A. 回波损耗　　B. 近端串扰比　　C. 衰减　　D. 插入损耗

11. EIA/TIA 568 B. 3 规定光纤连接器（适配器）的衰减极限为（　　）。

A. 0.75dB　　B. 0.8 dB　　C. 0.3dB　　D. 0.5dB

12. 在综合布线系统中，常见的 62.5/125μm 多模光纤中的 125μm 是指（　　）。

A. 包层厚度　　B. 涂覆层厚度　　C. 纤芯外径　　D. 包层后外径

13. 光缆的选用除了考虑光纤芯数和光纤种类以外，在综合布线系统中，还要根据光缆的使用环境来选择光缆的（　　）。

A. 结构　　B. 粗细　　C. 外护套　　D. 大小

14. 在综合布线系统中，光纤连接器的作用是（　　）。

A. 成端光纤　　B. 固定光纤　　C. 熔接光纤　　D. 连接光纤

15. 短距离使用多模光纤参数的规范是（　　），使用多模光纤和低成本的短波 CD（compactdisc）或 VCSEL 激光器，其传输距离为 300～550m。

A. 1000Base-LX 规范　　B. 1000Base-SX 规范

C. 1000BASE-CX 规范　　D. 1000Base-LS 规范

二、多选题

1. 多模光纤“模”表示光波在光纤中传输的模式；也表示光波进入光纤时的入射角；也表示光波在光纤中的传输路径，下面对多模光纤描述正确的是（　　）。

A. 纤芯直径较大，一般为 50、62.5μm　　B. 可传送多种模式的光波
C. 会产生光的色散　　D. 不会产生光的色散
E. 62.5/125 光纤传输距离不超过 275m

2. 现代通信中的传输使用光纤光缆的优点（　　）。

A. 损耗低　　B. 频带宽　　C. 线径细　　D. 重量轻
E. 易弯曲

3. 光纤固有损耗包括（　　）。

A. 散射损耗　　B. 吸收损耗
C. 光纤结构不完善引起的损耗　　D. 光纤制成后由使用条件造成的附加损耗
E. 微弯损耗

4. 光纤附加损耗包括（　　）。

A. 微弯损耗　　B. 弯曲损耗　　C. 接续损耗　　D. 散射损耗
E. 吸收损耗

5. 在综合布线系统中，光纤按端面可以分为（　　）。

A. APP　　B. MTT　　C. ST　　D. FC
E. PC

6. 在综合布线系统中，光纤按结构可分为（　　）。

A. 直埋式　　B. 架空式　　C. 中心束管式　　D. 层绞式
E. 带状式

三、判断题

1. 介质的折射率表示光在空气中（严格说应在真空中）的传播速度与光在某一介质中的传播速度之比。（　　）

2. 纤芯的折射率比包层的折射率稍微小一些。（　　）

3. 为了用光传送声音，首先要像在普通电话通信中那样，先把声音信号（声音的强弱）变为电信号（电压或电流的强弱），然后将此信号不失真地进行传送。（　　）

4. 激光的发光波长近于单一，也就是说时间相干性很高的光。（　　）

5. 光纤中光的损耗与光纤中所传输光波的工作波长有关。因此，在光纤通信中可以选择与光纤损耗小的工作波长范围相适应的激光光源。（　　）

6. 光波长不同，石英玻璃的折射率也不相同，所以光在石英玻璃纤维中传输时，光波传输速度也因光波长的不同而异。（　　）

7. 具有时间相干性很高的激光更适合于大容量长距离的光纤通信。（　　）

8. 由于激光的空间相干性好，可以用透镜将光聚集成一点，这样可以使激光耦合到芯径极细的光纤里实现良好的耦合。（　　）

9. 激光光束相位相同，具有很强的光强，可以增加无中继传输距离。（　　）

10. 模式色散仅在多模光纤中存在，在单模光纤中不产生模式色散，而只有材料色散和波导色散。（　　）

参考答案

题型										
单选题	1. C	2. D	3. A	4. B	5. C	6. A	7. A	8. B	9. C	10. B
	11. A	12. A	13. C	14. A	15. B					
多选题	1. ABCE	2. ABCD	3. ABC	4. ABC	5. DE	6. CDE				
判断题	1. Y	2. N	3. Y	4. Y	5. Y	6. Y	7. Y	8. Y	9. Y	10. Y

任务 14

综合布线系统工程电气测试与记录

该训练任务建议用 3 个学时完成学习及过程考核。

14.1 任务来源

综合布线工程完成了双绞线布线系统、同轴电缆布线系统、光纤布线系统的安装。现需要对各个系统进行电气测试。以检测个系统是否满足数据的传输要求。

14.2 任务描述

搭建双绞线布线系统、同轴电缆布线系统、光纤布线系统。并对其进行测试、生成测试报告。并将测试报告的内容整理到电气测试记录表。

14.3 目标描述

14.3.1 技能目标：

完成本训练任务后，你应当能（够）：

关键技能：

- 会铜缆布线系统工程电气认证测试与记录。
- 会光缆布线系统工程电气认证测试与记录。
- 会综合布线系统工程电气测试报告填写与数据分析。

基本技能：

- 了解光纤布线系统认证范围。
- 了解铜缆布线系统认证范围。
- 了解 LinkWare 软件的使用。

14.3.2 知识目标：

完成本训练任务后，你应当能（够）：

- 了解综合布线工程电气测试内容及其相关知识。
- 熟悉信道测试与永久链路测试的方法。
- 熟悉光纤信道衰减值是怎样规定。

- 熟悉测试报告的整理、记录分析与结果汇总。

14.3.3 职业素质目标：

完成本训练任务后，你应当能（够）：

- 通过本综合训练任务，使用测试仪 DTX-1800 时，注意安全，不要伤到眼睛。
- 遵守系统调试标准规范，养成严谨科学的工作态度。
- 尊重他人劳动，不窃取他人成果。
- 养成总结训练过程和结果的习惯，为下次训练总结经验。
- 养成团结协作精神。

14.4 任务实施

14.4.1 活动一 知识准备

下列知识可以由学员自学或老师讲授完成。

（1）综合布线系统测试的环境要求。

（2）综合布线系统测试的温度要求。

（3）光纤信道的等级。

14.4.2 活动二 示范操作

1. 活动内容

搭建双绞线布线系统、同轴电缆布线系统、光纤布线系统。用测试仪 DTX-1800 测试，用软件生成测试报告，并将测试报告的内容整理到电气测试记录表。根据测试数据和相关标准判断各个系统是否合格。

2. 操作步骤

步骤一：铜缆布线系统（同轴电缆）测试及测试报告解读

步骤二：铜缆布线系统（双绞线）测试及测试报告解读

步骤三：光纤布线系统（单模光纤）测试及测试报告解读

步骤四：光纤布线系统（多模光纤）测试及测试报告解读

- 按照《综合布线系统工程设计验收规范》（GB 50311—2007），对以下的通道与链路进行测试，光纤链路测试如图 14-1 所示；双绞线永久链路方式如图 14-2 所示；同轴电缆信道方式如前图 10-1 所示。

步骤五：系统性能检测合格判定应包括单项和综合合格判定

- 单项合格判定如下。

（1）双绞电缆布线某一个信息端口及其水平布线电缆（信息点）按相关指标要求，有一个项目不合格，则该信息点判为不合格；垂直布线电缆某线对按连通性，长度要求、衰减和串扰等进行检测，有一个项目不合格，则判该线对不合格。

（2）光缆布线测试结果不满足相关指标要求，则该光纤链路判为不合格。

（3）允许未通过检测的信息点、线对、光纤链路经修复后复检。

- 综合合格判定如下。

（1）光缆布线检测时，如果系统中有一条光纤链路无法修复，则判为不合格；对绞电缆

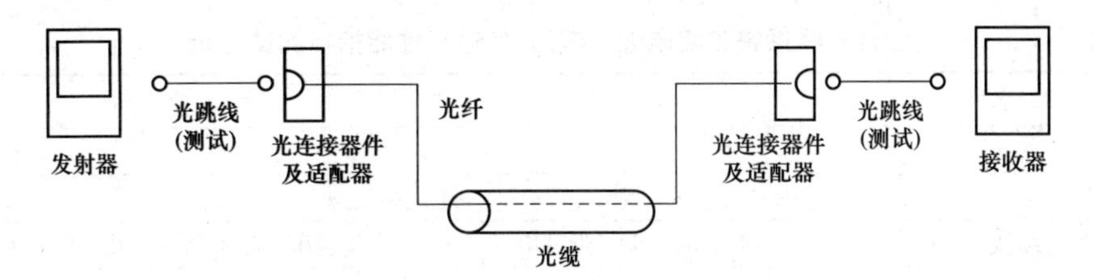

图 14-1　光纤链路测试

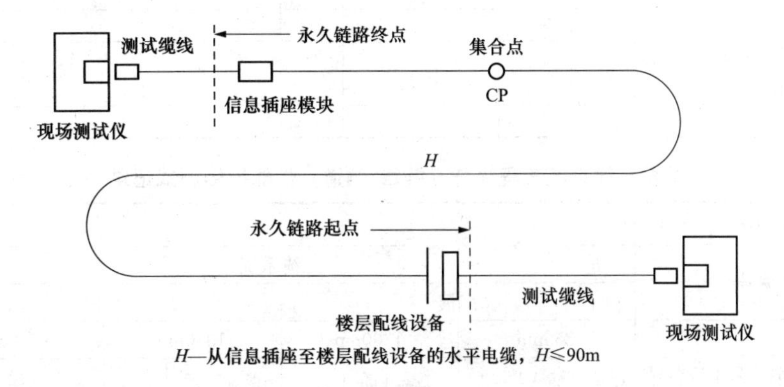

图 14-2　双绞线永久链路方式

布线抽样检测时，被抽样检测点（线对）不合格比例不大于 1%，则视为抽样检测通过；不合格点（线对）必须予以修复并复验。被抽样检测点（线对）不合格比例大于 1%，则视为一次抽样检测不通过，应进行加倍抽样；加倍抽样不合格比例不大于 1%，则视为抽样检测通过。如果不合格比例仍大于 1%，则视为抽样检测不通过，应进行全部检测，并按全部检测的要求进行判定。

(2) 对绞电缆布线全部检测时，如果有下面两种情况之一时则判为不合格：无法修复的信息点数目超过信息点总数的 1%；不合格线对数目超过线对总数的 1%。

(3) 全部检测或抽样检测的结论为合格，则系统检测合格；否则为不合格。

步骤六：抽样检测

• 综合布线系统性能检测时，光纤布线应全部检测，检测对绞电缆布线链路时，以不低于 10%的比例进行随机抽样检测，抽样点必须包括最远布线点。

步骤七：测试的主控项目与一般项目

• 主控项目

系统监测应包括工程电气性能检测和光纤特性检测，按 GB/T 50312 第 8.0.2 条的规定执行。

• 一般项目

采用计算机进行综合布线系统管理和维护时，应按下列内容进行检测：

中文平台、系统管理软件；

显示所有硬件设备及其楼层平面图；

显示干线子系统和配线子系统的元件位置；

实时显示和登录各种硬件设施的工作状态。

步骤八：进行数据的填写

• 完成综合布线系统的工程电气测试后，按表 14-1 和表 14-2 进行数据的填写。

表 14-1 综合布线系统工程电缆（链路/信道）性能指标测试记录

工程项目名称											
序号	编号			内容							备注
				电缆系统							
	地址号	缆线号	设备号	长度	接线图	衰减	近端串音	……	电缆屏蔽层连通情况	其他任选项目	
测试日期、人员及测试仪表型号测试仪表精度											
处理情况											

表 14-2 综合布线系统工程光纤（链路/信道）性能指标测试记录

工程项目名称												
序号	编号			光缆系统								备注
				多模				单模				
	地址号	缆线号	设备号	850nm		1300nm		1310nm		1550nm		
				衰减（插入损耗）	长度	衰减（插入损耗）	长度	衰减（插入损耗）	长度	衰减（插入损耗）	长度	
测试日期、人员及测试仪表型号测试仪表精度												
处理情况												

14.4.3 活动三 能力提升

（1）用一根双绞线，两端分别制作 RJ-45 水晶头（T568A 或 T568B 标准）作为网络跳线；用一根同轴电缆跳线；用一根 SC 多模光纤跳线；分别在电缆认证分析仪上安装测试模块，对测试仪进行相应的初始化设置，根据所测链路类型选择相应的测试标准，进行双绞线、同轴电缆、光纤链路的综合测试。通过 LinkWare 软件导入测试报告并生成标准的测试文件，根据测试结果，把相关数据填入表 14-3～表 14-5 中，并作相应的解读。

表 14-3 综合布线系统（双绞线）工程电缆（链路/信道）性能指标测试记录

工程项目名称											
序号	编号			内容							备注
				电缆系统							
	地址号	缆线号	设备号	长度	接线图	衰减	近端串音	……	电缆屏蔽层连通情况	其他任选项目	
测试日期、人员及测试仪表型号测试仪表精度											
处理情况											

表 14-4　　综合布线系统（同轴电缆）工程电缆（链路/信道）性能指标测试记录

工程项目名称											
序号	编号			内容							备注
				电缆系统							
	地址号	缆线号	设备号	长度	接线图	衰减	近端串音	……	电缆屏蔽层连通情况	其他任选项目	
测试日期、人员及测试仪表型号测试仪表精度											
处理情况											

表 14-5　　综合布线系统工程光纤（链路/信道）性能指标测试记录

工程项目名称												
序号	编号			光缆系统								备注
				多模				单模				
				850nm		1300nm		1310nm		1550nm		
	地址号	缆线号	设备号	衰减（插入损耗）	长度	衰减（插入损耗）	长度	衰减（插入损耗）	长度	衰减（插入损耗）	长度	
测试日期、人员及测试仪表型号测试仪表精度												
处理情况												

（2）搭建双绞线布线系统、同轴电缆布线系统、光纤布线系统。用测试仪 DTX-1800 测试，用软件生成测试报告，并将测试报告的内容整理到电气测试记录表。

（3）综合应用能力提升：语音程控交换机系统线路连接和信息插座端接试验。将参照图 14-3，使用一台语音程控交换机进行安装、设置、调试语音网络系统。并通过 110 配线架、大对线铜缆（25 对数）、双绞线搭建一个完整的语音系统。所有线缆均由考生裁剪和敷设，制作 RJ-11 水晶头，交换机接出 8 路语音信号到 110 配线架（1），采用 2 对双绞线进行换号线路跳接（由考评员现场指定需要跳接的电话 1-8 端口），通过语音交换机、话务台、电话机进行语音系统功能基本设置及验证测试。

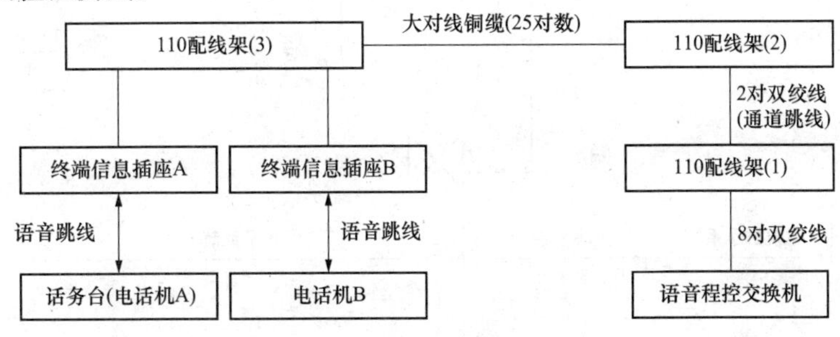

图 14-3　网络拓扑结构示意图

（4）活动三参数演变指引：活动二，搭建双绞线（568A 线序）布线系统、同轴电缆布线系统、光纤（单模）布线系统，用测试仪 DTX-1800 测试；活动三，搭建双绞线（568B 线序）布线系统、同轴电缆布线系统、光纤（多模）布线系统，用测试仪 DTX-1800 测试。

14.5 效果评价

评价标准详见附录。

14.6 相关知识与技能

14.6.1 综合布线系统基本构成

1. 综合布线系统基本构成

综合布线系统基本构成应符合图 14-4 要求。

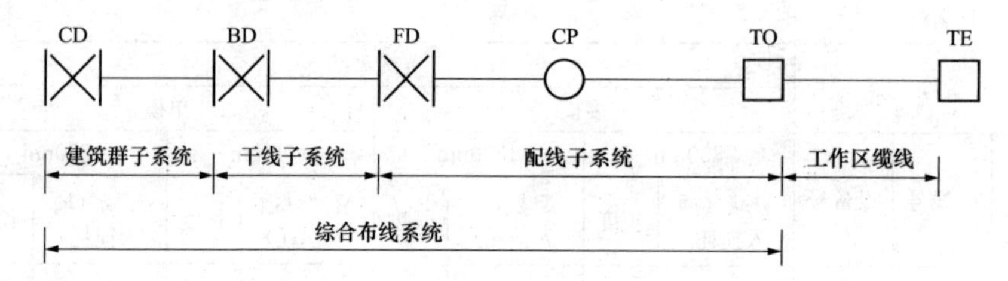

图 14-4 综合布线系统基本构成图

注：配线子系统中可以设置集合点（CP 点），也可不设置集合点。

2. 综合布线子系统构成

综合布线子系统构成如图 14-5 所示。

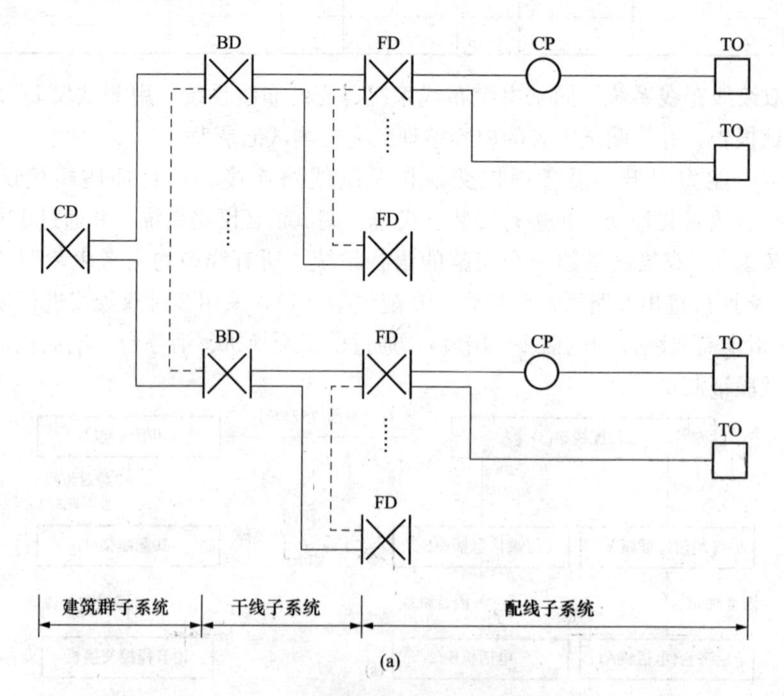

图 14-5 综合布线子系统构成图（一）

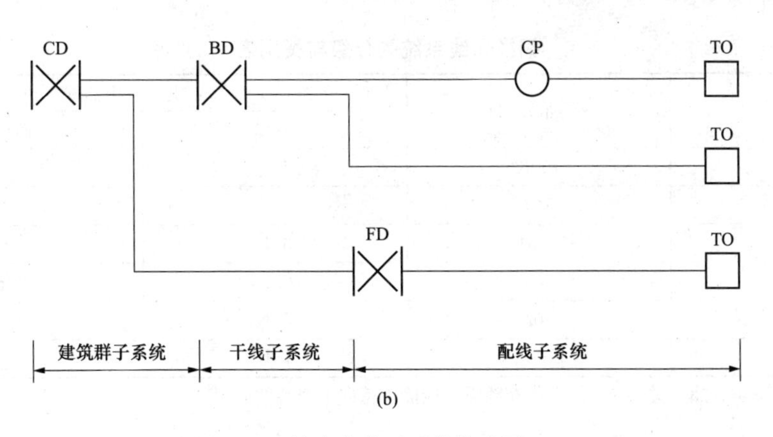

图 14-5　综合布线子系统构成图（二）

（1）图 14-6 中，虚线表示 BD 与 BD 之间，FD 与 FD 之间可以设置主干缆线。

（2）建筑物 FD 可以经过主干缆线直接连至 CD，TO 也可以经过水平缆线直接连至 BD。

（3）综合布线系统入口设施及引入缆线构成如图 14-6 所示。

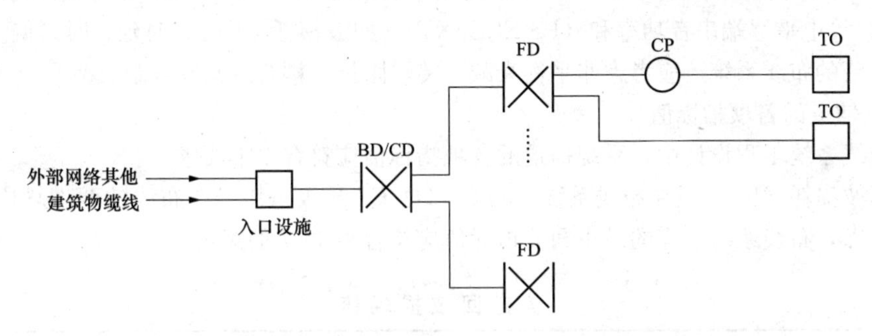

图 14-6　综合布线系统入口设施及引入缆线构成图

3. 信道与永久链路以及 CP 链路

综合布线系统信道应由最长 90m 水平缆线、最长 10m 的跳线和设备缆线及最多 4 个连接器件组成，永久链路则由 90m 水平缆线及 3 个连接器件组成。图 14-7 所示为布线系统信道、永久链路、CP 链路构成图。

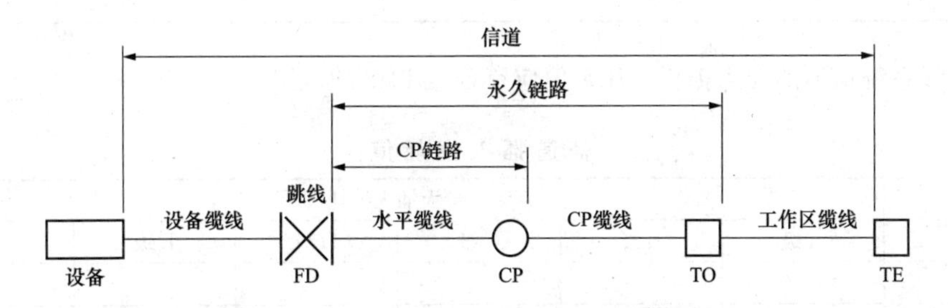

图 14-7　布线系统信道、永久链路、CP 链路构成图

14.6.2 系统指标

1. 综合布线铜缆系统的分级与类别划分

铜缆布线系统的分级与类别应符合表 14-6 的要求。

表 14-6 铜缆布线系统的分级与类别表

系统分级	支持带宽/Hz	支持应用器件	
		电缆	连接硬件
A	100K		
B	1M		
C	16M	3类	3类
D	100M	5/5e类	5/5e类
E	250M	6类	6类
F	600M	7类	7类

注 3类、5/5e类（超5类）、6类、7类布线系统应能支持向下兼容的应用。

2. 具体指标项目

相应等级的布线系统信道及永久链路的具体指标项目，应包括下列内容。

（1）3类、5类布线系统应考虑指标项目为衰减、近端串音（NEXT）。

（2）5e类、6类、7类布线系统，应考虑指标项目为插入损耗（IL）、近端串音、衰减串音比（ACR）、等电平远端串音（ELFEXT）、近端串音功率和（PS NEXT）、衰减串音比功率和（PS ACR）、等电平远端串音功率和（PS ELEFXT）、回波损耗（RL）、时延、时延偏差等。

（3）屏蔽的布线系统还应考虑非平衡衰减、传输阻抗、耦合衰减及屏蔽衰减。

3. 系统信道的各项指标值

综合布线系统工程设计中，系统信道的各项指标值应符合以下要求。

（1）回波损耗（RL）只在布线系统中的C、D、E、F级采用，在布线的两端均应符合回波损耗值的要求，布线系统信道的最小回波损耗值应符合表14-7的规定。

表 14-7 信道回波损耗值

频率/MHz	最小回波损耗/dB			
	C级	D级	E级	F级
1	15.0	17.0	19.0	19.0
16	15.0	17.0	18.0	18.0
100		10.0	12.0	12.0
250			8.0	8.0
600				8.0

（2）布线系统信道的插入损耗（IL）值应符合表14-8的规定。

表 14-8 信道插入损耗值

频率/MHz	最大插入损耗/dB					
	A级	B级	C级	D级	E级	F级
0.1	16.0	5.5				
1		5.8	4.2	4.0	4.0	4.0
16			14.4	9.1	8.3	8.1
100				24.0	21.7	20.8
250					35.9	33.8
600						54.6

（3）线对与线对之间的近端串音（NEXT）在布线的两端均应符合NEXT值的要求，布线系统信道的近端串音值应符合表14-9的规定。

表14-9　信道近端串音值

频率/MHz	最小近端串音/dB					
	A级	B级	C级	D级	E级	F级
0.1	27.0	40.0				
1		25.0	39.1	60.0	65.0	65.0
16			19.4	43.6	53.2	65.0
100				30.1	39.9	62.9
250					33.1	56.9
600						51.2

（4）线对与线对之间的衰减串音比（ACR）只应用于布线系统的D、E、F级，ACR值是NEXT与插入损耗分贝值之间的差值，在布线的两端均应符合ACR值要求。布线系统信道的ACR值应符合表14-10的规定。

表14-10　信道ACR值

频率/MHz	最小衰减串音比/dB		
	D级	E级	F级
1	56.0	61.0	61.0
16	34.5	44.9	56.9
100	6.1	18.2	42.1
250		−2.8	23.1
600			−3.4

（5）布线系统信道的直流环路电阻应符合表14-11的规定。

表14-11　信道直流环路电阻

最大直流环路电阻/Ω					
A级	B级	C级	D级	E级	F级
560	170	40	25	25	25

（6）布线系统信道的传播时延应符合表14-12的规定。

表14-12　信道传播时延

频率/MHz	最大传播时延/μs					
	A级	B级	C级	D级	E级	F级
0.1	20.000	5.000				
1		5.000	0.580	0.580	0.580	0.580
16			0.553	0.553	0.553	0.553
100				0.548	0.548	0.548
250					0.546	0.546
600						0.545

4. 电缆导体的指标要求

对于信道的电缆导体的指标要求应符合以下规定。

（1）在信道每一线对中两个导体之间的不平衡直流电阻对各等级布线系统不应超过3%。

（2）在各种温度条件下，布线系统D、E、F级信道线对每一导体最小的传送直流电流应为0.175A。

（3）在各种温度条件下，布线系统D、E、F级信道的任何导体之间应支持72V直流工作电压，每一线对的输入功率应为10W。

5. 永久链路的各项指标参数

综合布线系统工程设计中，永久链路的各项指标参数值应符合表14-15～表14-20的规定。

（1）布线系统永久链路的最小回波损耗值见表14-13。

表14-13　永久链路最小回波损耗值

频率/MHz	最小回波损耗/dB			
	C级	D级	E级	F级
1	15.0	19.0	21.0	21.0
16	15.0	19.0	20.0	20.0
100		12.0	14.0	14.0
250			10.0	10.0
600				10.0

（2）布线系统永久链路的最大插入损耗值见表14-14。

表14-14　永久链路最大插入损耗值

频率/MHz	最大插入损耗/dB					
	A级	B级	C级	D级	E级	F级
0.1	16.0	5.5				
1		5.8	4.0	4.0	4.0	4.0
16			12.2	7.7	7.1	6.9
100				20.4	18.5	17.7
250					30.7	28.8
600						46.6

（3）布线系统永久链路的最小近端串音值见表14-15。

表14-15　永久链路最小近端串音值

频率/MHz	最小NEXT/dB					
	A级	B级	C级	D级	E级	F级
0.1	27.0	40.0				
1		25.0	40.1	60.0	65.0	65.0
16			21.1	45.2	54.6	65.0
100				32.3	41.8	65.0
250					35.3	60.4
600						54.7

（4）布线系统永久链路的最小ACR值见表14-16。

表 14-16 永久链路最小 ACR 值

频率/MHz	最小 ACR/dB		
	D级	E级	F级
1	56.0	61.0	61.0
16	37.5	47.5	58.1
100	11.9	23.3	47.3
250		4.7	31.6
600			8.1

（5）布线系统永久链路的最大直流环路电阻见表 14-17。

表 14-17 永久链路最大直流环路电阻

1A级	B级	C级	D级	E级	F级
1530	140	34	21	21	21

（6）布线系统永久链路的最大传播时延见表 14-18。

表 14-18 永久链路最大传播时延值

频率/MHz	最大传播时延/μs					
	A级	B级	C级	D级	E级	F级
0.1	19.400	4.400				
1		4.400	0.521	0.521	0.521	0.521
16			0.496	0.496	0.496	0.496
100				0.491	0.491	0.491
250					0.490	0.490
600						0.489

6. 信道衰减值

各等级的光纤信道衰减值应符合表 14-19 的规定。

表 14-19 信道衰减值 dB

信道	多模		单模	
	850nm	1300nm	1310nm	1550nm
OF 300	2.55	1.95	1.80	1.80
OF 500	3.25	2.25	2.00	2.00
OF 2000	8.50	4.50	3.50	3.50

7. 最大光缆衰减值

光缆标称的波长，每千米的最大衰减值应符合表 14-20 的规定。

表 14-20 最大光缆衰减值 dB/km

项目	OM1，OM2 及 OM3 多模		OS1 单模	
波长	850nm	1300nm	1310nm	1550nm
衰减	3.5	1.5	1.0	1.0

8. 最小模式带宽

多模光纤的最小模式带宽应符合表14-21的规定。

表14-21 多模光纤模式带宽

光纤类型	光纤直径/nm	最小模式带宽/MHz·km		
		过量发射带宽		有效光发射带宽
		波长		
		850nm	1300nm	850nm
OM1	50或62.5	200	500	
OM2	50或62.5	500	500	
OM3	50	1500	500	2000

9. 测试条件

为了保证布线系统测试数据准确可靠，对测试环境有着严格规定。

（1）测试环境。综合布线最小模式带宽测试现场应无产生严重电火花的电焊、电钻和产生强磁干扰的设备作业，被测综合布线系统必须是无源网络、无源通信设备。

（2）测试温度。综合布线测试现场温度为20～30℃，湿度宜为30%～80%，由于衰减指标的测试受测试环境温度影响较大，当测试环境温度超出上述范围时，需要按有关规定对测试标准和测试数据进行修正。

一、单选题

1. 信在综合布线系统中，息插座在综合布线系统中主要用于（　　）的连接。

A. 水平子系统与管理子系统　　B. 工作区与管理子系统

C. 管理子系统与垂直子系统　　D. 工作区与水平子系统

2. 回波损耗（RL）不宜在（　　）布线系统中采用。

A. B级　　B. C级　　C. D级　　D. E级

3. 综合布线系统中，在频率为100MHz的测试中E级布线系统回波损耗（RL）的最小值为（　　）dB。

A. 10.0　　B. 11.0　　C. 12.0　　D. 13.0

4.（　　）是由楼层配线设备至信息终端插座的水平信息线缆、楼层配线设备和跳线等组成。

A. 管理子系统　　B. 水平布线子系统

C. 垂直干线子系统　　D. 设备间子系统

5. 在频率100 MHz时，F级布线系统的最大插入损耗（　　）dB。

A. 4.0　　B. 5.5　　C. 5.8　　D. 20.8

6. 综合布线系统中，在频率为100MHz的测试中E级布线系统中插入损耗（IL）的最大值为（　　）dB。

A. 8.3　　B. 14.0　　C. 21.7　　D. 35.9

7. 综合布线系统信道水平缆线最长为（　　）。

A. 80m水平缆线　　B. 90m水平缆线　　C. 100m水平缆线　　D. 120m水平缆线

8. 综合布线系统信道跳线最长为（　　）。

A. 5m 的跳线　　B. 10m 的跳线　　C. 15m 的跳线　　D. 20m 的跳线

9. F 级信道布线系统在频率 600MHz 时，最小回波损耗值是（　　）dB。

A. 8　　B. 12　　C. 18　　D. 19

10. 综合布线系统信道最多（　　）。

A. 2 个连接器件　　B. 4 个连接器件　　C. 6 个连接器件　　D. 8 个连接器件

11. 在综合布线系统中，在各种温度条件下，布线系统 D、E、F 级信道线对每-导体最小的传送直流电流应为（　　）。

A. 0.175A　　B. 0.275A　　C. 0.375A　　D. 0.475A

12. 布线系统各项指标值均在环境温度为（　　）℃时的数据。

A. 20　　B. 22　　C. 25　　D. 30

13. 在综合布线系统中，在各种温度条件下，布线系统 D、E、F 级信道的任何导体之间应支持 72V 直流工作电压，每一线对的输入功率应为（　　）。

A. 10W　　B. 20W　　C. 30W　　D. 40W

14. 在水中，光速大约是空气中光速的（　　）。

A. 1/4　　B. 2/4　　C. 3/4　　D. 4/4

15. 在玻璃中，光速大约是空气中光速的（　　）。

A. 1/4　　B. 1/3　　C. 2/3　　D. 2/5

二、多选题

1. 在综合布线系统中，对 5 类综合布线系统工程电气性能进行记录时，其主要记录的参数是（　　）。

A. 线缆颜色　　B. 接线图　　C. NEXT　　D. 衰减

E. PS ACR

2. 在综合布线系统中，下面有关产品选型的描述正确的是（　　）。

A. 满足功能和环境需求　　B. 选用同一品牌的主流产品

C. 综合考虑技术性与经济性　　D. 选择最先进的产品

E. 选择价格最贵的产品

3. 下列有关双绞线电缆端接的一般要求中，正确的是（　　）。

A. 电缆在端接前，必须检查标签颜色和数字的含义，并按顺序端接

B. 电缆中间可以有接头存在

C. 电缆端接处必须卡接牢靠，接触良好

D. 双绞线电缆与连接硬件连接时，应认准线号、线位色标，不得颠倒和错接

E. 电缆中间不能有接头存在

4. 综合布线系统信道应由（　　）组成。

A. 最多 2 个连接器件　　B. 最多 4 个连接器件

C. 设备缆线　　D. 最长 10m 的跳线

E. 最长 90m 水平缆线

5. 屏蔽的布线系统应考虑（　　）。

A. 非平衡衰减　　B. 传输阻抗　　C. 耦合衰减　　D. 屏蔽衰减

E. 特性阻抗

6. 为了保证布线系统测试数据准确可靠，对测试环境有着严格规定，被测综合布线系统必

须是（　　）。

A. 无源网络　　B. 无源通信设备　　C. 有源网络　　D. 有源通信设备

E. 无线网络

三、判断题

1. 建筑工程施工质量应符合本标准和相关专业验收规范的规定。（　　）
2. 建筑工程施工应符合工程勘察、设计文件的要求。（　　）
3. 参加工程施工质量验收的各方人员应具备规定的资格。（　　）
4. 工程质量的验收均应在施工单位自行检查评定的基础上进行。（　　）
5. 涉及结构安全的试块、试件以及有关材料，应按规定进行见证取样检测。（　　）
6. 检验批的质量应按主控项目和一般项目验收。（　　）
7. 对涉及结构安全和使用功能的重要分部工程应进行抽样检测。（　　）
8. 承担见证取样检测及有关结构安全检测的单位应具有相应资质。（　　）
9. 工程的观感质量应由验收人员通过现场检查，并应共同确认。（　　）
10. 综合布线测试现场温度为20～30℃，湿度宜为30%～80%。（　　）

参考答案

单选题	1. D	2. A	3. C	4. B	5. D	6. C	7. B	8. B	9. A	10. B
	11. A	12. A	13. A	14. C	15. C					
多选题	1. BCDE	2. ABC	3. ACDE	4. BCDE	5. ABCD	6. AB				
判断题	1. Y	2. Y	3. Y	4. Y	5. Y	6. Y	7. Y	8. Y	9. Y	10. Y

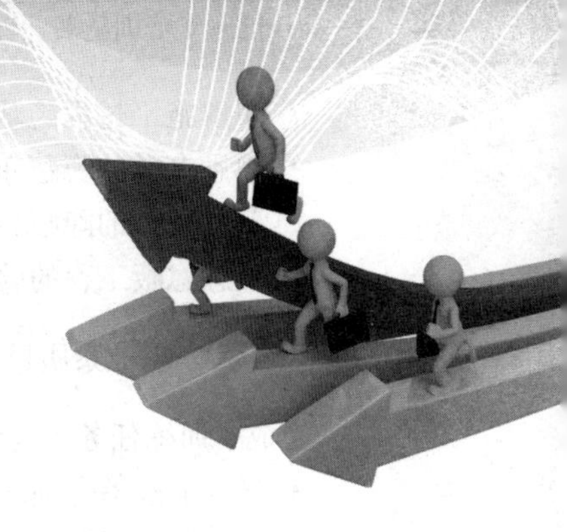

任务 15

施工过程隐蔽工程的验收报告及设备移交

该训练任务建议用 3 个学时完成学习及过程考核。

15.1 任务来源

综合布线工程施工，有部分工程的施工是在墙内暗管敷设、地下开槽敷设、弱电井敷设。这些工程内容是隐蔽工程，需要在施工过程中，就要对其实施验收。工程施工完成时，隐蔽工程已经隐蔽，无法进行验收，同时隐蔽工程出现问题，也难于整改。

15.2 任务描述

对综合布线系统隐蔽工程进行现场验收并编写验收报告；验收合格后编制设备表，进行设备移交。

15.3 目标描述

15.3.1 技能目标：

完成本训练任务后，你应当能（够）：

关键技能：

- 会施工过程的隐蔽工程项目内容。
- 会隐蔽工程的验收。
- 会隐蔽工程的相关资料集设备移交。

基本技能：

- 了解缆线暗敷（包括暗管、线槽、地板下等方式）的验收。
- 了解管道缆线的验收。
- 了解埋式缆线的验收通道缆线的验收。

15.3.2 知识目标：

完成本训练任务后，你应当能（够）：

• 了解施工过程隐蔽工程的涉及内容及其验收方法。
• 熟悉电缆的隐蔽布放验收要求。
• 熟悉光缆的隐蔽布放验收要求。
• 熟悉隐蔽工程的验收内容与管理方法。

15.3.3 职业素质目标：

完成本训练任务后，你应当能（够）：
• 通过本次综合训练任务，养成隐蔽工程及时验收的习惯。
• 遵守系统调试标准规范，养成严谨科学的工作态度。
• 尊重他人劳动，不窃取他人成果。
• 养成总结训练过程和结果的习惯，为下次训练总结经验。
• 养成团结协作精神。

15.4 任务实施

15.4.1 活动一　知识准备

下列知识可以由学员自学或老师讲授完成。
（1）隐蔽工程施工的流程。
（2）综合布线工程施工中，需要做隐蔽工程验收的施工内容。
（3）隐蔽工程的概念。

15.4.2 活动二　示范操作

1. 活动内容

对综合布线系统的缆隐蔽工程进行现场验收。根据验收的情况并编写验收报告，对不合格的隐蔽工程提出整改要求。验收合格后编制设备表，进行设备移交。

2. 操作步骤

步骤一：确定隐蔽工程验收范围

• 学习了解综合布线隐蔽工程的验收范围，见表15-1，摘自《综合布线系统工程设计验收规范》(GB 50311—2007)。

表15-1　隐蔽工程验收范围

阶段	验收项目	验收内容	验收方式	结果
施工前检查	环境要求	土建施工情况，地面、墙面、电源插座及接地情况，土建工艺，机房面积	施工前检查	
		预留孔洞，管槽，线缆竖井是否齐全		
		土建工艺：机房面积，天花板，活动地板		
	器材检验	外观	施工前检查	
		型式、规格、数量		
		电缆电气性能测试		
		光纤特性测试		

续表

阶段	验收项目	验收内容	验收方式	结果
施工前检查	安全防火要求	消防器材	施工前检查	
		危险物的堆放		
设备安装	设备机柜	外观	随工检验	
		安装垂直、水平度		
		油漆不得脱落、标志完整齐全		
		螺丝紧固		
		抗震措施		
		接地措施		
	配线部件及 8 位模块通用插座	规格、位置、质量	随工检验	
		螺丝紧固		
		标志齐全		
		安装工艺		
		屏蔽层可靠连接		
楼内电、光缆布放	电缆桥架及线槽布放	安装位置	随工检验	
		安装工艺		
		缆线布放工艺		
		接地		
	缆线暗敷	线缆规格、路由、位置	隐蔽工程签证	
		布放工艺		
		接地		
楼外电、光缆布放	管道缆线	线缆规格	隐蔽工程签证	
		线缆走向		
		线缆防护措施		
	埋式缆线	线缆规格	隐蔽工程签证	
		敷设位置、深度		
		线缆防护措施		
		回土夯实质量		
缆线终接	8 位模块通用插座	符合工艺要求	随工检验	
	配线部件	符合工艺要求		
	各类跳线	符合工艺要求		
系统测试	工程电气性能测试	参考 TIA 及 ISO 相应标准		
	系统接地	符合设计规定		
工程总验收	竣工技术文件	清点核对和交接设计文件和竣工资料	竣工检验	
		查阅分析设计文件和竣工资料		
	工程验收评价	考核工程质量（设计和施工）	竣工检验	
		确认评价验收结果，正确评估质量等级	竣工检验	

步骤二：填写隐蔽工程验收表

- 根据如图 15-1 所示的综合布线系统图和如图 15-2 所示的综合布线平面图，填写隐蔽工程验收表（见表 15-2），填写需要隐蔽验收的内容和相关信息。
- 以楼内缆线暗敷为例讲解隐蔽工程的验收以及设备移交。具体情况如图 15-1 和图 15-2 所示。

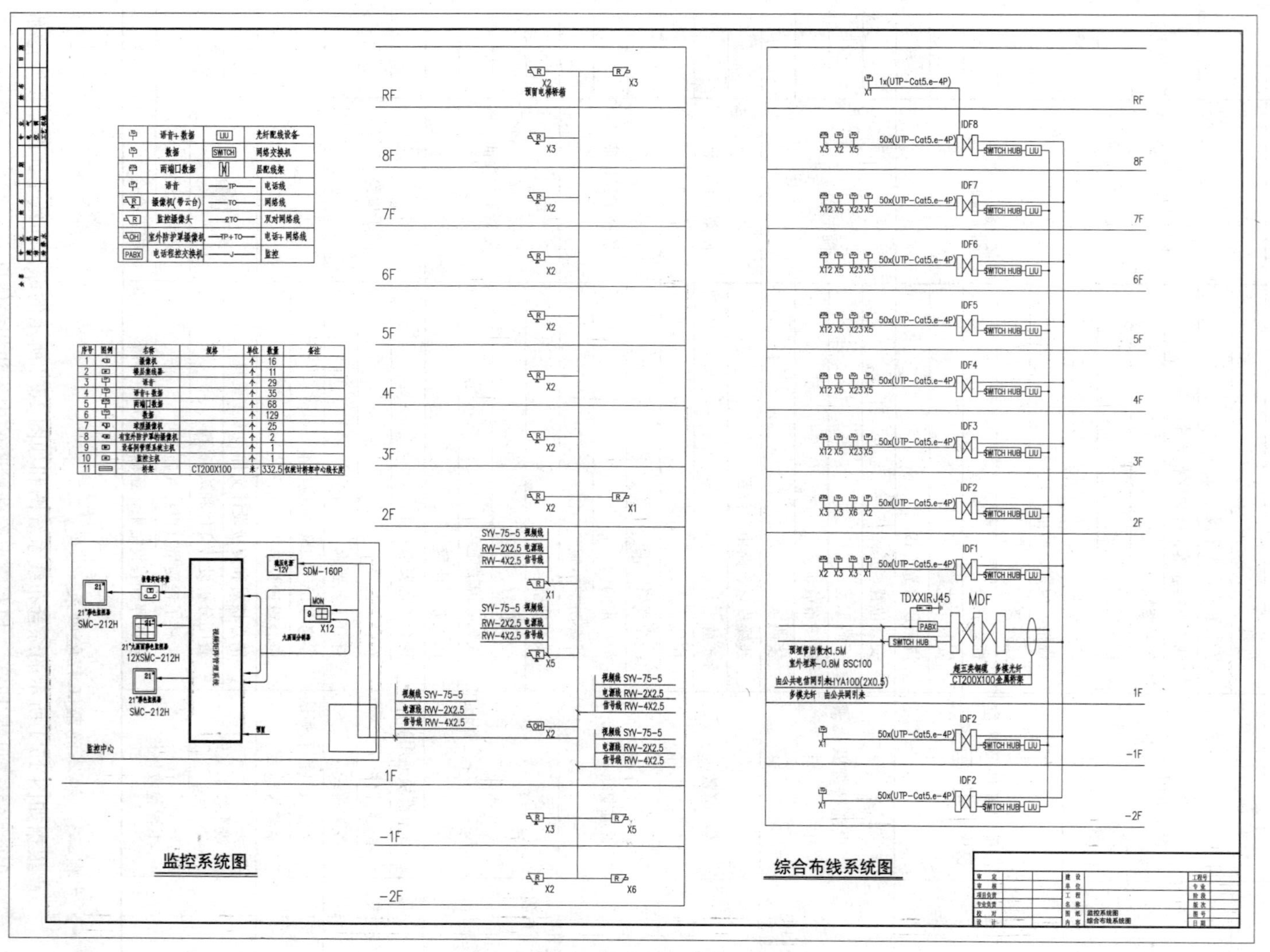

序号	图例	名称	规格	单位	数量	备注
1		摄像机		个	16	
2		楼层集线器		个	11	
3		语音		个	29	
4		语音+数据		个	35	
5		两端口数据		个	68	
6		数据		个	129	
7		球型摄像机		个	25	
8		有室外防护罩的摄像机		个	2	
9		设备间管理系统主机		个	1	
10		监控主机		个	1	
11		桥架	CT200X100	米	332.5	仅统计桥架中心线长度

图15-1 综合布线系统图

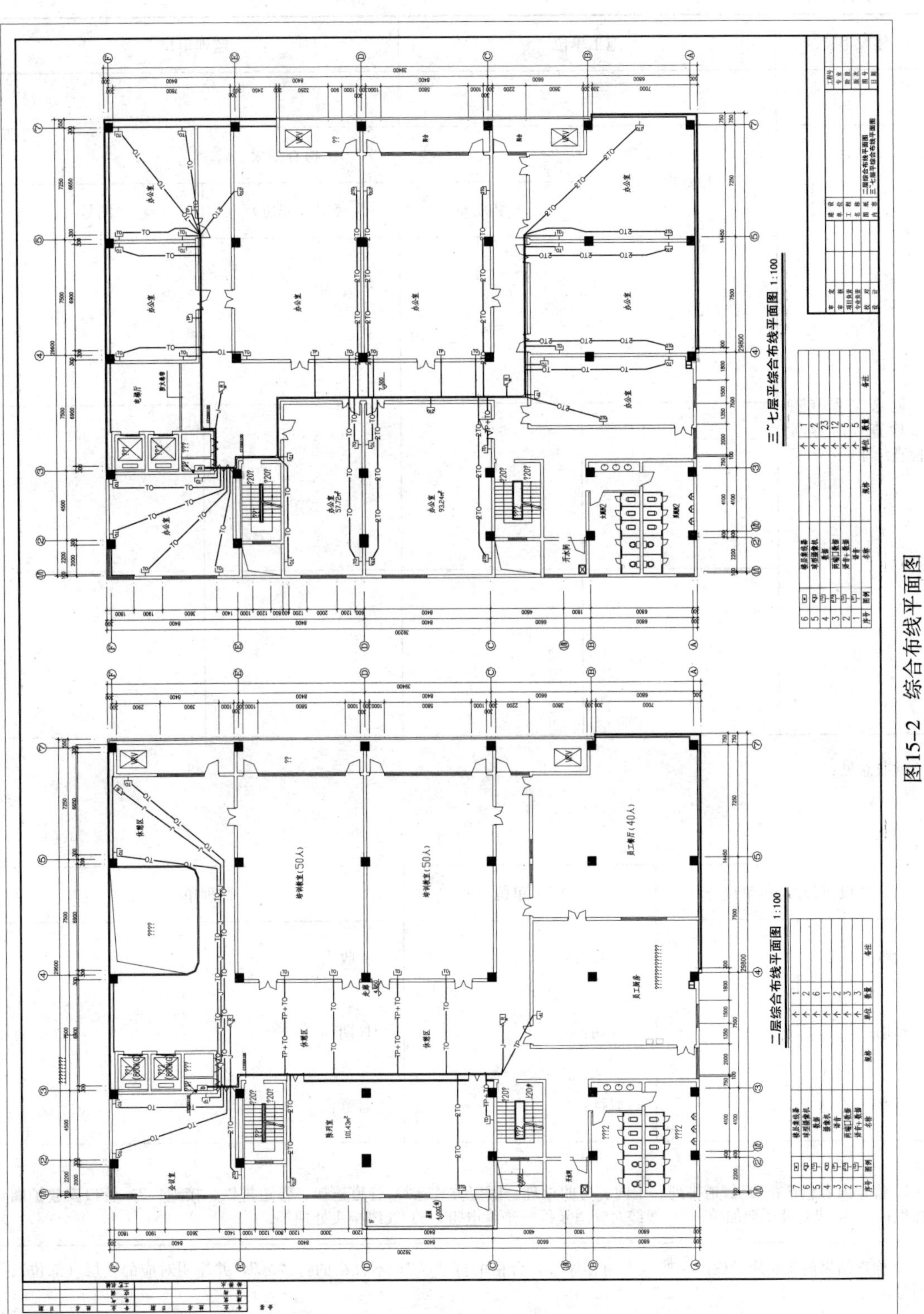

图15-2 综合布线平面图

表 15-2　　隐蔽工程（随工检查）验收表

系统名称：　　　　　　　　　　　　　　　　编号：

<table>
<tr><td>建设单位</td><td colspan="2">施工单位</td><td colspan="3">监理单位</td></tr>
<tr><td></td><td colspan="2"></td><td colspan="3"></td></tr>
<tr><td rowspan="5">隐蔽工程（随工检查）内容与检查结果</td><td rowspan="2" colspan="2">检查内容</td><td colspan="3">检查结果</td></tr>
<tr><td>安装质量</td><td>楼层（部位）</td><td>图号</td></tr>
<tr><td colspan="2"></td><td></td><td></td><td></td></tr>
<tr><td colspan="2"></td><td></td><td></td><td></td></tr>
<tr><td colspan="2"></td><td></td><td></td><td></td></tr>
<tr><td colspan="6">验收意见：</td></tr>
<tr><td colspan="2">建设单位/总包单位</td><td colspan="2">施工单位</td><td colspan="2">监理单位</td></tr>
<tr><td>验收人：
日期：
盖章：</td><td></td><td colspan="2">验收人：
日期：
盖章：</td><td colspan="2">验收人：
日期：
盖章：</td></tr>
<tr><td colspan="6">注：
1. 检查内容包括：1）管道排列、走向、弯曲处理、固定方式；2）管道连接、管道搭铁、接地；3）管口安放护圈标识；4）接线盒及桥架加盖；5）线缆对管道及线间绝缘电阻；6）线缆接头处理等。</td></tr>
<tr><td colspan="6">2. 检查结果的安装质量栏内，按检查内容序号，合格的打“√”，不合格的打“×”，并注明对应的楼层（部位）、图号。</td></tr>
<tr><td colspan="6">3. 综合安装质量的检查结果，在验收意见栏内填写验收意见并扼要说明情况。</td></tr>
</table>

步骤三：三方组织实施隐蔽工程验收

- 进行施工的同时就开始随工验收，随工验收一般由施工方提出，监理工程师与建设方三方共同验收，验收要严格按照设计要求并严格遵守国家和地方以及行业的相关验收规范。
- 应做好隐蔽工程检查验收和过程检查记录，并经监理工程师签字确认；未经监理工程师签字，不得实施隐蔽作业。
- 隐蔽工程在隐蔽前应由施工单位通知有关单位进行验收，并应形成验收文件。

步骤四：填写验收后的验收意见和现场检查记录

- 随工验收完后填写施工现场质量管理检查记录（见表 15-3）。

表 15-3　　施工现场质量管理检查记录

开工日期：

<table>
<tr><td colspan="2">工程名称</td><td colspan="2"></td><td colspan="2">施工许可证（开工证）</td><td colspan="2"></td></tr>
<tr><td colspan="2">建设单位</td><td colspan="2"></td><td colspan="2">项目负责人</td><td colspan="2"></td></tr>
<tr><td colspan="2">设计单位</td><td colspan="2"></td><td colspan="2">项目负责人</td><td colspan="2"></td></tr>
<tr><td colspan="2">监理单位</td><td colspan="2"></td><td colspan="2">总监理工程师</td><td colspan="2"></td></tr>
<tr><td colspan="2">施工单位</td><td></td><td>项目经理</td><td></td><td colspan="2">项目技术负责人</td><td></td></tr>
<tr><td>序号</td><td colspan="3">项目</td><td colspan="4"></td></tr>
<tr><td>1</td><td colspan="3">现场质量管理制度</td><td colspan="4">制度完善</td></tr>
<tr><td>2</td><td colspan="3">质量责任制</td><td colspan="4">制度完善</td></tr>
<tr><td>3</td><td colspan="3">主要专业工种操作上岗证书</td><td colspan="4">有效可用</td></tr>
<tr><td>4</td><td colspan="3">分包方资质与对分包单位的管理制度</td><td colspan="4">制度完善</td></tr>
<tr><td>5</td><td colspan="3">施工图审查情况</td><td colspan="4">可以使用</td></tr>
<tr><td>6</td><td colspan="3">地质勘查资料</td><td colspan="4">可以使用</td></tr>
<tr><td>7</td><td colspan="3">施工组织设计、施工方案及审批</td><td colspan="4">齐全有效</td></tr>
<tr><td>8</td><td colspan="3">施工技术标准</td><td colspan="4">齐全可用</td></tr>
<tr><td>9</td><td colspan="3">工程质量检验制度</td><td colspan="4">制度完善</td></tr>
<tr><td>10</td><td colspan="3">搅拌站及计量设备</td><td colspan="4">完好可用</td></tr>
<tr><td>11</td><td colspan="3">现场材料、设备存放与管理</td><td colspan="4">整齐规范</td></tr>
<tr><td></td><td colspan="3"></td><td colspan="4"></td></tr>
<tr><td colspan="8">说明：</td></tr>
<tr><td colspan="4">检查结论：

施工单位项目经理：
年　月　日</td><td colspan="4">检查结论：

总监理工程师：
（建设单位项目负责人）
年　月　日</td></tr>
</table>

步骤五：测试电缆各项指标、光缆各项指标，并填写测试记录

- 随工验收后，在竣工时仍要进行竣工验收；对链路AB（双绞线）进行验收，除了线型是要按设计要求外，在进行综合布线系统测试时各项指标也必须符合《综合布线系统工程设计验收规范》（GB 50311—2007），具体操作可参考《ZNJZ-ZHBX-3-19》、《ZNJZ-ZHBX-3-20》。
- 填写综合布线系统工程电缆（链路/信道）性能指标测试记录（见表15-4）和综合布线系统工程光纤（链路/信道）性能指标测试记录（见表15-5）。

表15-4　综合布线系统工程电缆（链路/信道）性能指标测试记录

工程项目名称											
序号	编号			内容							备注
				电缆系统							
	地址号	缆线号	设备号	长度	接线图	衰减	近端串音	……	电缆屏蔽层连通情况	其他任选项目	
测试日期、人员及测试仪表型号测试仪表精度											
处理情况											

表15-5　综合布线系统工程光纤（链路/信道）性能指标测试记录

工程项目名称												
序号	编号			光缆系统								备注
				多模				单模				
				850nm		1300nm		1310nm		1550nm		
	地址号	缆线号	设备号	衰减（插入损耗）	长度	衰减（插入损耗）	长度	衰减（插入损耗）	长度	衰减（插入损耗）	长度	
测试日期、人员及测试仪表型号测试仪表精度												
处理情况												

步骤六：移交申请书

- 根据综合布线系统图（见图15-1）和综合布线平面图（见图15-2）完成移交申请书，见表15-6。
- 原则上通过的验收的设备都可以都进行移交。
- 按照合同进行移交。

表 15-6　　工程移交申请书

申报单位：　　　　　　申报日期：　年　月　日

工程名称		工程地址	
使用单位		数据点数	
开工日期		语音点数	
竣工日期		视频点数	
投资			
联系人		联系电话	
施工单位			
监理单位			
设计单位			
工程情况说明			

申报单位负责人签字：

15.4.3 活动三　能力提升

（1）对光缆隐蔽工程（管道光缆、埋式光缆、通道光缆）和电缆隐蔽工程（管道电缆、埋式电缆、通道电缆）进行现场验收。根据验收的情况并编写验收报告，对不合格的隐蔽工程提出整改要求。验收合格后编制设备表，进行设备移交。

（2）综合能力提升：综合布线系统工程预算表计算与系统图解读及电缆管理软件使用。要求熟读综合布线系统图上的文字符号、线型、链路结构及设备，并对系统图（见图 15-1）进行整体解读。根据系统图进行模拟综合布线系统工程预算表计算。在一台计算机上安装 LinkWare 电缆管理软件和连接一个测试仪，通过管理软件创建一个新项目，把测试仪的数据导入计算机，结合测试目标创建一个专业的测试报告，并按要求生成标准的测试文件（测试报告的数据来源由学员对一根双绞线跳线进行测试）。

1）由讲师现场指定一张"综合布线系统图"给学员解读，要求结合图纸分析文字符号、线型、链路结构及设备，并对系统图（见图 15-1）进行整体解读，分析其优缺点。综合布线系统信息点分析统计表见表 15-7。

表 15-7　　综合布线系统信息点分析统计表

楼层	信息点总数量	单孔语音点（TP）/个	单孔数据信息（TO/TD）/个	双孔数据信息点（TO/TD）/个	超五类双绞线/条	多模光纤/条	设备
RF	1	1	0	0	1	0	
8F	10	0	7	3	50	1	配线架、网络交换机
7F	45	5	28	12	50	1	配线架、网络交换机
6F	45	5	28	12	50	1	配线架、网络交换机
5F	45	5	28	12	50	1	配线架、网络交换机
4F	45	5	28	12	50	1	配线架、网络交换机

续表

楼层	信息点总数量	单孔语音点（TP）/个	单孔数据信息（TO/TD）/个	双孔数据信息点（TO/TD）/个	超五类双绞线/条	多模光纤/条	设备
3F	45	5	28	12	50	1	配线架、网络交换机
2F	14	2	9	3	50	1	配线架、网络交换机
1F	9	1	6	2	50	1	配线架、网络交换机
－1F	1	0	1	0	50	1	配线架、网络交换机
－2F	1	0	1	0	50	1	配线架、网络交换机
合计	261	29	164	68	501	10	

• 进线间分析。通过预埋管出散水 1.5m，室外埋深 0.8m，由公共电信网引来 HYA100（2×0.5）线缆，语音系统经过一个避雷器后接入一台程控交换机（PABX），通过配线架（MDF）布线到各楼层信息点；计算机网络系统接入一台网络交换机（SWITCH HUB），通过配线架和多模光纤与各楼层网络交换机连接。

• 系统图整体解读。该系统设计基本合理，主要功能：……；线缆：……；信息点：……。

优点。语音局线敷设到进线间后，接入一台程控交换机，通过配线架对全部语音信息点实现全局分配和管理；计算机网络外线敷设到进线间后，接入一台网络交换机，通过配线架和多模光纤实现对各楼层联网，每层各安装有一台网络交换机，通过楼层配线架（IDF）实现对全楼层信息点的分配和管理。

缺点。从图纸和信息点分布情况分析，8F、2F、1F、－1F、－2F 的楼层信息点数量较少，无需敷设 50 条超五类双绞线，－1F、－2F 各有 1 个信息点，不必独立安装一台网络交换机，浪费资源。

2）提供 Linkware 电缆管理软件安装光盘，学员在自己的工位上安装软件，并使用仪器测量部分线缆参数和导入数据。

（3）表 15-8 为典型 IT 行业的综合布线系统工程预算表（仅供格式参考）。

表 15-8　　综合布线系统工程预算表

序号	名称	单位	单价	数量	金额/元
1	信息插座（含语音、数据模块）	套	30.00	261	7830.00
2	6 类 UTP	箱	600.00	20	12000.00
3	多模光纤（含端接）	条	300.00	10	3000.00
4	线槽	米	3.00	2000	6000.00
5	配线架	个	1350.00	10	13500.00
6	配线架管理环	个	120.00	20	2400.00
7	钻机及标签等零星材料	批	1500	1	1500.00
8	设备总价（不含测试费）				46230.00
9	设计费（5%）				2311.50
10	测试费（5%）				2311.50
11	督导费（5%）				2311.50
12	施工费（15%）				6934.50
13	税金（3.41%）				2049.38
14	总价				62148.38

15.5 效果评价

评价标准详见附录。

15.6 相关知识与技能

隐蔽工程验收记录是建筑行业的术语，具体是指隐蔽工程完工后建设方开具给承包方的工程量证明，承包方根据隐蔽工程验收记录来做决算。

15.6.1 隐蔽工程施工流程

隐蔽工程是指地基、电气管线、供水供热管线等需要覆盖、掩盖的工程。由于隐蔽工程在隐蔽后，如果发生质量问题，还得重新覆盖和掩盖，会造成返工等非常大的损失，为了避免资源的浪费和当事人双方的损失，保证工程的质量和工程顺利完成，承包人在隐蔽工程隐蔽以前，应当通知发包人检查，发包人检查合格的，方可进行隐蔽工程。

实践中，当工程具备覆盖、掩盖条件的，承包人应当先进行自检，自检合格后，在隐蔽工程进行隐蔽前及时通知发包人或发包人派驻的工地代表对隐蔽工程的条件进行检查并参加隐蔽工程的作业。通知包括承包人的自检记录、隐蔽的内容、检查时间和地点。发包人或其派驻的工地代表接到通知后，应当在要求的时间内到达隐蔽现场，对隐蔽工程的条件进行检查，检查合格的，发包人或者其派驻的工地代表在检查记录上签字，承包人检查合格后方可进行隐蔽施工。发包人检查发现隐蔽工程条件不合格的，有权要求承包人在一定期限内完善工程条件。隐蔽工程条件符合规范要求，发包人检查合格后，发包人或者其派驻工地代表在检查后拒绝在检查记录上签字的，在实践中可视为发包人已经批准，承包人可以进行隐蔽工程施工。

综合布线工程施工中，直埋电缆、管道电缆、暗管电缆；地面开槽、墙面开槽、弱电竖井管线、吊顶管线等施工内容需要做隐蔽工程验收。

15.6.2 隐蔽工程相关责任和权利

发包人在接到通知后，没有按期对隐蔽工程条件进行检查的，承包人应当催告发包人在合理期限内进行检查。因为发包人不进行检查，承包人就无法进行隐蔽施工，因此承包人通知发包人检查而发包人未能及时进行检查的，承包人有权暂停施工。承包人可以顺延工期，并要求发包人赔偿因此造成的停工、窝工、材料和构件积压等损失。

如果承包人未通知发包人检查而自行进行隐蔽工程的，事后发包人有权要求对已隐蔽的工程进行检查，承包人应当按照要求进行剥露，并在检查后重新隐蔽或者修复后隐蔽。如果经检查隐蔽工程不符合要求的，承包人应当返工，重新进行隐蔽。在这种情况下检查隐蔽工程所发生的费用如检查费用、返工费用、材料费用等由承包人负担，承包人还应承担工期延误的违约责任。

15.6.3 验收要求

建筑工程施工质量应按下列要求进行验收。

（1）建筑工程施工质量应符合本标准和相关专业验收规范的规定。

（2）建筑工程施工应符合工程勘察、设计文件的要求。

（3）参加工程施工质量验收的各方人员应具备规定的资格。

（4）工程质量的验收均应在施工单位自行检查评定的基础上进行。

（5）隐蔽工程在隐蔽前应由施工单位通知有关单位进行验收，并应形成验收文件。

（6）涉及结构安全的试块、试件以及有关材料，应按规定进行见证取样检测。

（7）检验批的质量应按主控项目和一般项目验收。

（8）对涉及结构安全和使用功能的重要分部工程应进行抽样检测。

（9）承担见证取样检测及有关结构安全检测的单位应具有相应资质。

（10）工程的观感质量应由验收人员通过现场检查，并应共同确认。

15.6.4 生产方风险和使用方风险

在制定检验批的抽样方案时，对生产方风险（或错判概率 α）和使用方风险（或漏判概率 β）可按下列规定采取。

（1）主控项目。对应于合格质量水平的 α 和 β 均不宜超过5%。

（2）一般项目：对应于合格质量水平的 α 不宜超过5%，β 不宜超过10%。

15.6.5 分部工程的划分

分部工程的划分应按下列原则确定。

（1）分部工程的划分应按专业性质、建筑部位确定。

（2）当分部工程较大或较复杂时，可按材料种类、施工特点、施工程序、专业系统及类别等划分若干子分部工程。智能建筑分项工程划分见表15-9。

表15-9 智能建筑分项工程划分

分部工程	子分部工程	分项工程
智能建筑	通信网络系统	通信系统，卫星及有线电视系统，公共广播系统
	办公自动化系统	计算机网络系统，信息平台及办公自动化应用软件，网络安全系统
	建筑设备监控系统	空调与通风系统，变配电系统，照明系统，给排水系统，热源和热交换系统，冷冻和冷却系统，电梯和自动扶梯系统，中央管理工作站与操作分站，子系统通信接口
	火灾报警及消防联动系统	火灾和可燃气体探测系统，火灾报警控制系统，消防联动系统
	安全防范系统	电视监控系统，入侵报警系统，巡更系统，出入口控制（门禁）系统，停车管理系统
	综合布线系统	缆线敷设和终接，机柜、机架、配线架的安装，信息插座和光缆芯线终端的安装
	智能化集成系统	集成系统网络，实时数据库，信息安全，功能接门
	电源与接地	智能建筑电源，防雷及接地
	环境	空间环境，室内空调环境，视觉照明环境，电磁环境
	住宅（小区）智能化系统	火灾自动报警及消防联动系统，安全防范系统（含电视监控系统、入侵报警系统、巡更系统、门禁系统、楼宇对讲系统。住户对讲呼救系统。停车管理系统），物业管理系统（多表现场计量及与远程传输系统、建筑设备监控系统、公共广播系统、小区网络及信息服务系统、物业办公自动化系统），智能家庭信息平台

（3）单位（子单位）工程质量竣工验收记录见表15-10。

表 15-10　　　　单位（子单位）工程质量竣工验收记录

<table>
<tr><td>工程名称</td><td colspan="2"></td><td>结构类型</td><td></td><td>层数/建筑面积</td><td>/</td></tr>
<tr><td>施工单位</td><td colspan="2"></td><td>技术负责人</td><td></td><td>开工日期</td><td></td></tr>
<tr><td>项目经理</td><td colspan="2"></td><td>项目技术负责人</td><td></td><td>竣工日期</td><td></td></tr>
<tr><td>序号</td><td colspan="2">项目</td><td colspan="2">验收记录</td><td colspan="2">验收结论</td></tr>
<tr><td>1</td><td colspan="2">分部工程</td><td colspan="2">共　分部，经查　分部
符合标准及设计要求　分部</td><td colspan="2"></td></tr>
<tr><td>2</td><td colspan="2">质量控制资料核查</td><td colspan="2">共　项，经审查符合要求　项，
经核定符合规范要求　项</td><td colspan="2"></td></tr>
<tr><td>3</td><td colspan="2">安全和主要使用功能核查及抽查结果</td><td colspan="2">共核查　项，符合要求　项，
共抽查　项，符合要求　项，
经返工处理符合要求　项</td><td colspan="2"></td></tr>
<tr><td>4</td><td colspan="2">观感质量验收</td><td colspan="2">共抽查　项，符合要求　项，
不符合要求　项</td><td colspan="2"></td></tr>
<tr><td>5</td><td colspan="2">综合验收结论</td><td colspan="2"></td><td colspan="2"></td></tr>
<tr><td rowspan="2">参加验收单位</td><td>建设单位</td><td colspan="2">监理单位</td><td colspan="2">施工单位</td><td>设计单位</td></tr>
<tr><td>（公章）

单位（项目）负责人
年　月　日</td><td colspan="2">（公章）

总监理工程师
年　月　日</td><td colspan="2">（公章）

单位负责人
年　月　日</td><td>（公章）

单位（项目）负责人
年　月　日</td></tr>
</table>

（4）分项工程质量应由监理工程师（建设单位项目专业技术负责人）组织项目专业技术负责人等进行验收，分项工程质量竣工验收记录见表 15-11。

表 15-11　　　　分项工程质量竣工验收记录

__________分项工程质量竣工验收记录

<table>
<tr><td>工程名称</td><td colspan="2"></td><td>结构类型</td><td></td><td>检验批数</td><td></td></tr>
<tr><td>施工单位</td><td colspan="2"></td><td>项目经理</td><td></td><td>项目技术负责人</td><td></td></tr>
<tr><td>分包单位</td><td colspan="2"></td><td>分包单位负责人</td><td></td><td>分包项目经理</td><td></td></tr>
<tr><td>序号</td><td>检验批部位、区段</td><td colspan="2">施工单位检查评定结果</td><td colspan="3">监理（建设）单位验收结论</td></tr>
<tr><td>1</td><td></td><td colspan="2"></td><td colspan="3"></td></tr>
<tr><td>2</td><td></td><td colspan="2"></td><td colspan="3"></td></tr>
<tr><td>3</td><td></td><td colspan="2"></td><td colspan="3"></td></tr>
<tr><td>4</td><td></td><td colspan="2"></td><td colspan="3"></td></tr>
<tr><td>5</td><td></td><td colspan="2"></td><td colspan="3"></td></tr>
<tr><td>6</td><td></td><td colspan="2"></td><td colspan="3"></td></tr>
<tr><td>7</td><td></td><td colspan="2"></td><td colspan="3"></td></tr>
<tr><td>8</td><td></td><td colspan="2"></td><td colspan="3"></td></tr>
<tr><td>9</td><td></td><td colspan="2"></td><td colspan="3"></td></tr>
<tr><td>10</td><td></td><td colspan="2"></td><td colspan="3"></td></tr>
<tr><td>11</td><td></td><td colspan="2"></td><td colspan="3"></td></tr>
</table>

续表

<table>
<tr><td>工程名称</td><td colspan="2"></td><td>结构类型</td><td></td><td>检验批数</td><td></td></tr>
<tr><td>序号</td><td>检验批部位、区段</td><td colspan="2">施工单位检查评定结果</td><td colspan="3">监理（建设）单位验收结论</td></tr>
<tr><td>12</td><td></td><td colspan="2"></td><td colspan="3"></td></tr>
<tr><td>13</td><td></td><td colspan="2"></td><td colspan="3"></td></tr>
<tr><td>14</td><td></td><td colspan="2"></td><td colspan="3"></td></tr>
<tr><td>15</td><td></td><td colspan="2"></td><td colspan="3"></td></tr>
<tr><td>16</td><td></td><td colspan="2"></td><td colspan="3"></td></tr>
<tr><td>17</td><td></td><td colspan="2"></td><td colspan="3"></td></tr>
<tr><td></td><td></td><td colspan="2"></td><td colspan="3"></td></tr>
<tr><td></td><td></td><td colspan="2"></td><td colspan="3"></td></tr>
<tr><td>检查结论</td><td colspan="2">项目专业
技术负责人：

年 月 日</td><td>验收结论</td><td colspan="3">监理工程师
（建设单位项目专业技术负责人）

年 月 日</td></tr>
</table>

一、单选题

1. 在制定检验批的抽样方案时，对生产方风险（或错判概率 α）和使用方风险（或漏判概率 β）可按下列规定采取，一般项目：对应于合格质量水平的 α 不宜超过（　　）。

A. 1%　　B. 2%　　C. 3%　　D. 5%

2. 在制定检验批的抽样方案时，对生产方风险（或错判概率 α）和使用方风险（或漏判概率 β）可按下列规定采取，一般项目：对应于合格质量水平的 β 不宜超过（　　）。

A. 3%　　B. 5%　　C. 10%　　D. 15%

3. （　　）应符合本标准和相关专业验收规范的规定。

A. 建筑工程施工质量

B. 工程的观感质量

C. 见证取样检测及有关结构安全检测的单位

D. 结构安全和使用功能

4. （　　）应符合工程勘察、设计文件的要求。

A. 建筑工程施工

B. 各方人员

C. 见证取样检测及有关结构安全检测的单位

D. 验收人员

5. 参加工程施工质量验收的（　　）应具备规定的资格。

A. 各方人员　　B. 结构安全的试块

C. 结构安全的试件　　D. 发包人

6. （　　）均应在施工单位自行检查评定的基础上进行。

A. 工程质量的验收　　B. 结构安全的试块

C. 结构安全的试件　　D. 现场勘查

7.（　　）在隐蔽前应由施工单位通知有关单位进行验收，并应形成验收文件。

A. 隐蔽工程　B. 结构安全　C. 使用功能　D. 工程的观感质量

8. 对涉及（　　）的重要分部工程应进行抽样检测。

A. 结构安全和使用功能　B. 试块、试件

C. 主控项目　D. 一般项目

9. 承担（　　）及有关结构安全检测的单位应具有相应资质。

A. 见证取样检测　B. 验收人员　C. 发包人员　D. 各方人员

10.（　　）应由验收人员通过现场检查，并应共同确认。

A. 工程的观感质量　B. 隐蔽工程

C. 结构安全　D. 使用功能

11. 所谓（　　）是指它自身是完全独立的而与应用系统相对无关，可以适用于多种应用系统。

A. 兼容性　B. 开放性　C. 经济性　D. 先进性

12. 水平子系统与干线子系统的区别是：（　　）处于同一楼层，并端接在信息插座或区域布线的中转点上。

A. 管理子系统　B. 水平布线子系统

C. 垂直干线子系统　D. 设备间子系统

13. 一端接于信息插座上，另一端接在干线子系统接线间、卫星接线间或设备机房的管理配线架上是属于（　　）。

A. 管理子系统　B. 水平布线子系统　C. 垂直干线子系统　D. 设备间子系统

14. 影响光纤接续损耗的非本征因素即接续技术，（　　），光缆在架设过程中的拉伸变形，接续盒中夹固光缆压力太大等，都会对接续损耗有影响，甚至熔接几次都不能改善。

A. 接续点附近光纤物理变形　B. 轴心倾斜

C. 端面分离　D. 端面质量

15.（　　）使用短距离的屏蔽双绞线 STP，其传输距离为 25m，主要用于在配线间使用短跳线电缆把高性能的服务器和高速外设相连。

A. 1000Base-LX 规范　B. 1000Base-SX 规范

C. 1000BASE-CX 规范　D. 1000Base-LS 规范

二、多选题

1. 隐蔽工程是指（　　）等需要覆盖、掩盖的工程。

A. 地基　B. 架空缆线　C. 电气管线　D. 供水管

E. 供热管

2. 因为发包人不进行检查，承包人就无法进行隐蔽施工，因此承包人通知发包人检查而发包人未能及时进行检查的，承包人有权（　　）。

A. 暂停施工、顺延工期

B. 自行验收并继续施工

C. 要求发包人赔偿因此造成的停工损失

D. 要求发包人赔偿因此造成窝工损失

E. 要求发包人赔偿因此造成的材料和构件积压损失

3. 如果经检查隐蔽工程不符合要求的，承包人应当（　　）。

A. 返工　B. 重新进行隐蔽　C. 承担检查费用　D. 承担返工费用

E. 承担材料费用

4. 分部工程的划分应按下列原则确定，分部工程的划分应按（　　）确定。

A. 专业性质　　B. 建筑部位　　C. 子分部工程　　D. 分项工程

E. 施工部位

5. 分部工程的划分应按下列原则确定：当分部工程较大或较复杂时，可按（　　）划分若干子分部工程。

A. 材料种类　　B. 施工特点　　C. 施工程序　　D. 专业系统及类别

E. 施工部位

6. 综合布线系统，通过传输介质来传输信息，连接（　　）。

A. 电话系统　　B. 监视系统　　C. 视频系统　　D. 消防报警系统

E. 计算机网络系统

三、判断题

1. 隐蔽工程验收记录是指隐蔽工程完工后建设方开具给承包方的工程量证明，承包方根据隐蔽工程验收记录来做决算。（　　）

2. 承包人在隐蔽工程隐蔽以前，应当通知发包人检查，发包人检查合格的，方可进行隐蔽工程。（　　）

3. 发包人在接到通知后，没有按期对隐蔽工程条件进行检查的，承包人应当催告发包人在合理期限内进行检查。（　　）

4. 隐蔽工程在隐蔽前应由施工单位通知有关单位进行验收，并应形成验收文件。（　　）

5. 综合布线系统设计只能采用一种类型的信息插座。（　　）

6. 综合布线系统中，管理子系统应采用多点管理双交接。（　　）

7. 综合布线系统中，在管理规模大、复杂、有二级交接间时，才设置双点管理双交接。（　　）

8. 设备间应尽量保持干燥、无尘土、通风良好，应符合有关消防规范，配置有关消防系统。（　　）

9. 设备间应安装空调以保证环境温度满足设备要求。（　　）

10. 设备间的机房应有良好的接地系统、保护装置提供控制环境。（　　）

参考答案

单选题	1. D	2. C	3. A	4. A	5. A	6. A	7. A	8. A	9. A	10. A
	11. A	12. B	13. B	14. A	15. C					
多选题	1. ACDE	2. ACDE	3. ABCDE	4. AB	5. ABCD	6. ABCDE				
判断题	1. Y	2. Y	3. Y	4. Y	5. N	6. N	7. Y	8. Y	9. Y	10. Y

附录　训练任务评分标准表

任务1　综合布线系统（同轴电缆）安装与认证测试

评　价　标　准

评价项目	评价内容	配分	完成情况	得分	合计	评价标准
技能目标（60分）	1. 知识准备考核合格	15	会□/不会□			1. 单项技能目标“会”该项得满分，“不会”该项不得分 2. 全部技能目标均为“会”记为“完成”，否则，记为“未完成”
	2. 会有线电视用户分配网的搭建	15	会□/不会□			
	3. 会有线电视用户分配网射频信号调试	15	会□/不会□			
	4. 会有线电视用户分配网系统图的绘制	15	会□/不会□			
任务完成情况	完成□/未完成□					
任务完成质量（40分）	1. 工艺或操作熟练程度（20分）					1. 任务“未完成”此项不得分 2. 任务“完成”，根据完成情况打分
	2. 工作效率或完成任务速度（20分）					
安全文明操作	1. 安全生产 2. 职业道德 3. 职业规范					1. 违反纪律，视情况扣5～45分 2. 发生设备安全事故，扣45分 3. 发生人身安全事故，扣50分 4. 实训结束后未整理实训现场扣5～10分
评价结果						

任务2　综合布线系统（双绞线）安装与认证测试

评　价　标　准

评价项目	评价内容	配分	完成情况	得分	合计	评价标准
技能目标（60分）	1. 知识准备考核合格	15	会□/不会□			1. 单项技能目标“会”该项得满分，“不会”该项不得分 2. 全部技能目标均为“会”记为“完成”，否则，记为“未完成”
	2. 会综合布线系统（双绞线）链路搭建	15	会□/不会□			
	3. 会综合布线系统（双绞线）链路测试	15	会□/不会□			
	4. 会综合布线系统（双绞线）网络测试	15	会□/不会□			
任务完成情况	完成□/未完成□					
任务完成质量（40分）	1. 工艺或操作熟练程度（20分）					1. 任务“未完成”此项不得分 2. 任务“完成”，根据完成情况打分
	2. 工作效率或完成任务速度（20分）					
安全文明操作	1. 安全生产 2. 职业道德 3. 职业规范					1. 违反纪律，视情况扣5～45分 2. 发生设备安全事故，扣45分 3. 发生人身安全事故，扣50分 4. 实训结束后未整理实训现场扣5～10分
评价结果						

任务3　综合布线系统（多模光纤）安装与认证测试

评　价　标　准

<table>
<tr><th>评价项目</th><th>评价内容</th><th>配分</th><th>完成情况</th><th>得分</th><th>合计</th><th>评价标准</th></tr>
<tr><td rowspan="4">技能目标（60分）</td><td>1. 知识准备考核合格</td><td>15</td><td>会□/不会□</td><td></td><td rowspan="4"></td><td rowspan="4">1. 单项技能目标“会”该项得满分，“不会”该项不得分
2. 全部技能目标均为“会”记为“完成”，否则，记为“未完成”</td></tr>
<tr><td>2. 能综合布线系统（多模光纤）链路搭建</td><td>15</td><td>会□/不会□</td><td></td></tr>
<tr><td>3. 会光纤系统测试操作</td><td>15</td><td>会□/不会□</td><td></td></tr>
<tr><td>4. 能绘制多模光纤链路测试图</td><td>15</td><td>会□/不会□</td><td></td></tr>
<tr><td colspan="2">任务完成情况</td><td colspan="4">完成□/未完成□</td><td></td></tr>
<tr><td rowspan="2">任务完成质量（40分）</td><td colspan="3">1. 工艺或操作熟练程度（20分）</td><td></td><td rowspan="3"></td><td rowspan="2">1. 任务“未完成”此项不得分
2. 任务“完成”，根据完成情况打分</td></tr>
<tr><td colspan="3">2. 工作效率或完成任务速度（20分）</td><td></td></tr>
<tr><td>安全文明操作</td><td colspan="3">1. 安全生产
2. 职业道德
3. 职业规范</td><td></td><td>1. 违反纪律，视情况扣5～45分
2. 发生设备安全事故，扣45分
3. 发生人身安全事故，扣50分
4. 实训结束后未整理实训现场扣5～10分</td></tr>
<tr><td>评价结果</td><td colspan="6"></td></tr>
</table>

任务4　光电转换连接与通信验证

评　价　标　准

<table>
<tr><th>评价项目</th><th>评价内容</th><th>配分</th><th>完成情况</th><th>得分</th><th>合计</th><th>评价标准</th></tr>
<tr><td rowspan="4">技能目标（60分）</td><td>1. 知识准备考核合格</td><td>15</td><td>会□/不会□</td><td></td><td rowspan="4"></td><td rowspan="4">1. 单项技能目标“会”该项得满分，“不会”该项不得分
2. 全部技能目标均为“会”记为“完成”，否则，记为“未完成”</td></tr>
<tr><td>2. 会搭建光电转换连接与通信链路</td><td>15</td><td>会□/不会□</td><td></td></tr>
<tr><td>3. 会光纤跳线选择与测试</td><td>15</td><td>会□/不会□</td><td></td></tr>
<tr><td>4. 会观察光电转换通信结果</td><td>15</td><td>会□/不会□</td><td></td></tr>
<tr><td colspan="2">任务完成情况</td><td colspan="4">完成□/未完成□</td><td></td></tr>
<tr><td rowspan="2">任务完成质量（40分）</td><td colspan="3">1. 工艺或操作熟练程度（20分）</td><td></td><td rowspan="3"></td><td rowspan="2">1. 任务“未完成”此项不得分
2. 任务“完成”，根据完成情况打分</td></tr>
<tr><td colspan="3">2. 工作效率或完成任务速度（20分）</td><td></td></tr>
<tr><td>安全文明操作</td><td colspan="3">1. 安全生产
2. 职业道德
3. 职业规范</td><td></td><td>1. 违反纪律，视情况扣5～45分
2. 发生设备安全事故，扣45分
3. 发生人身安全事故，扣50分
4. 实训结束后未整理实训现场扣5～10分</td></tr>
<tr><td>评价结果</td><td colspan="6"></td></tr>
</table>

任务5　光纤连接器制作与通信验证

评　价　标　准

评价项目	评价内容	配分	完成情况	得分	合计	评价标准
技能目标（60分）	1. 知识准备考核合格	15	会□/不会□			1. 单项技能目标“会”该项得满分，“不会”该项不得分 2. 全部技能目标均为“会”记为“完成”，否则，记为“未完成”
	2. 会光纤连接器的散件组装与压接	15	会□/不会□			
	3. 会光纤连接器的磨接	15	会□/不会□			
	4. 会光纤跳线测试	15	会□/不会□			
任务完成情况		完成□/未完成□				
任务完成质量（40分）	1. 工艺或操作熟练程度（20分）					1. 任务“未完成”此项不得分 2. 任务“完成”，根据完成情况打分
	2. 工作效率或完成任务速度（20分）					
安全文明操作	1. 安全生产 2. 职业道德 3. 职业规范					1. 违反纪律，视情况扣5～45分 2. 发生设备安全事故，扣45分 3. 发生人身安全事故，扣50分 4. 实训结束后未整理实训现场扣5～10分
评价结果						

任务6　光纤熔接机使用与光纤熔接试验

评　价　标　准

评价项目	评价内容	配分	完成情况	得分	合计	评价标准
技能目标（60分）	1. 知识准备考核合格	15	会□/不会□			1. 单项技能目标“会”该项得满分，“不会”该项不得分 2. 全部技能目标均为“会”记为“完成”，否则，记为“未完成”
	2. 会光纤熔接机各功能与操作	15	会□/不会□			
	3. 会光纤熔接机使用注意事项	15	会□/不会□			
	4. 会光纤熔接机的维护和保养	15	会□/不会□			
任务完成情况		完成□/未完成□				
任务完成质量（40分）	1. 工艺或操作熟练程度（20分）					1. 任务“未完成”此项不得分 2. 任务“完成”，根据完成情况打分
	2. 工作效率或完成任务速度（20分）					
安全文明操作	1. 安全生产 2. 职业道德 3. 职业规范					1. 违反纪律，视情况扣5～45分 2. 发生设备安全事故，扣45分 3. 发生人身安全事故，扣50分 4. 实训结束后未整理实训现场扣5～10分
评价结果						

任务7　光纤熔接操作与通信验证

评 价 标 准

评价项目	评价内容	配分	完成情况	得分	合计	评价标准
技能目标（60分）	1. 知识准备考核合格	15	会□/不会□			1. 单项技能目标“会”该项得满分，“不会”该项不得分 2. 全部技能目标均为“会”记为“完成”，否则，记为“未完成”
	2. 会光纤涂覆层的剥离操作	15	会□/不会□			
	3. 会光纤的切割操作	15	会□/不会□			
	4. 会光纤的续接操作与测试	15	会□/不会□			
任务完成情况		完成□/未完成□				
任务完成质量（40分）	1. 工艺或操作熟练程度（20分）					1. 任务“未完成”此项不得分 2. 任务“完成”，根据完成情况打分
	2. 工作效率或完成任务速度（20分）					
安全文明操作	1. 安全生产 2. 职业道德 3. 职业规范					1. 违反纪律，视情况扣5～45分 2. 发生设备安全事故，扣45分 3. 发生人身安全事故，扣50分 4. 实训结束后未整理实训现场扣5～10分
评价结果						

任务8　光电转换及信息点综合布线系统缆线连接与系统测试

评 价 标 准

评价项目	评价内容	配分	完成情况	得分	合计	评价标准
技能目标（60分）	1. 知识准备考核合格	15	会□/不会□			1. 单项技能目标“会”该项得满分，“不会”该项不得分 2. 全部技能目标均为“会”记为“完成”，否则，记为“未完成”
	2. 会综合布线系统（光电）链路搭建	15	会□/不会□			
	3. 会综合布线系统光电转换链路测试	15	会□/不会□			
	4. 会综合布线系统光电转换链路图的绘制	15	会□/不会□			
任务完成情况		完成□/未完成□				
任务完成质量（40分）	1. 工艺或操作熟练程度（20分）					1. 任务“未完成”此项不得分 2. 任务“完成”，根据完成情况打分
	2. 工作效率或完成任务速度（20分）					
安全文明操作	1. 安全生产 2. 职业道德 3. 职业规范					1. 违反纪律，视情况扣5～45分 2. 发生设备安全事故，扣45分 3. 发生人身安全事故，扣50分 4. 实训结束后未整理实训现场扣5～10分
评价结果						

任务 9　LinkWare 电缆管理软件的安装与使用

评　价　标　准

评价项目	评价内容	配分	完成情况	得分	合计	评价标准
技能目标（60 分）	1. 知识准备考核合格	15	会□/不会□			1. 单项技能目标“会”该项得满分，“不会”该项不得分 2. 全部技能目标均为“会”记为“完成”，否则，记为“未完成”
	2. 能 LinkWare 电缆管理软件安装	15	会□/不会□			
	3. 会 LinkWare 管理计算机和测试仪 DTX-1800 的连接	15	会□/不会□			
	4. 会 LinkWare 电缆管理软件应用	15	会□/不会□			
任务完成情况		完成□/未完成□				
任务完成质量（40 分）	1. 工艺或操作熟练程度（20 分）					1. 任务“未完成”此项不得分 2. 任务“完成”，根据完成情况打分
	2. 工作效率或完成任务速度（20 分）					
安全文明操作	1. 安全生产 2. 职业道德 3. 职业规范					1. 违反纪律，视情况扣 5～45 分 2. 发生设备安全事故，扣 45 分 3. 发生人身安全事故，扣 50 分 4. 实训结束后未整理实训现场扣 5～10 分
评价结果						

任务 10　铜缆布线系统（同轴电缆）测试及测试报告解读

评　价　标　准

评价项目	评价内容	配分	完成情况	得分	合计	评价标准
技能目标（60 分）	1. 知识准备考核合格	15	会□/不会□			1. 单项技能目标“会”该项得满分，“不会”该项不得分 2. 全部技能目标均为“会”记为“完成”，否则，记为“未完成”
	2. 能搭建铜缆（同轴电缆）布线系统	15	会□/不会□			
	3. 会同轴电缆的网络布线系统测试	15	会□/不会□			
	4. 能导出铜缆（同轴电缆）测试报告和技术参数解读	15	会□/不会□			
任务完成情况		完成□/未完成□				
任务完成质量（40 分）	1. 工艺或操作熟练程度（20 分）					1. 任务“未完成”此项不得分 2. 任务“完成”，根据完成情况打分
	2. 工作效率或完成任务速度（20 分）					
安全文明操作	1. 安全生产 2. 职业道德 3. 职业规范					1. 违反纪律，视情况扣 5～45 分 2. 发生设备安全事故，扣 45 分 3. 发生人身安全事故，扣 50 分 4. 实训结束后未整理实训现场扣 5～10 分
评价结果						

任务11 铜缆布线系统（双绞线）测试及测试报告解读

评 价 标 准

评价项目	评价内容	配分	完成情况	得分	合计	评价标准
技能目标（60分）	1. 知识准备考核合格	15	会□/不会□			1. 单项技能目标“会”该项得满分，“不会”该项不得分 2. 全部技能目标均为“会”记为“完成”，否则，记为“未完成”
	2. 能搭建铜缆（双绞线）布线系统	15	会□/不会□			
	3. 会双绞线的网络布线系统测试	15	会□/不会□			
	4. 能导出铜缆（双绞线）布线系统测试报告和技术参数解读	15	会□/不会□			
任务完成情况		完成□/未完成□				
任务完成质量（40分）	1. 工艺或操作熟练程度（20分）					1. 任务“未完成”此项不得分 2. 任务“完成”，根据完成情况打分
	2. 工作效率或完成任务速度（20分）					
安全文明操作	1. 安全生产 2. 职业道德 3. 职业规范					1. 违反纪律，视情况扣5～45分 2. 发生设备安全事故，扣45分 3. 发生人身安全事故，扣50分 4. 实训结束后未整理实训现场扣5～10分
评价结果						

任务12 光纤布线系统（单模光纤）测试及测试报告解读

评 价 标 准

评价项目	评价内容	配分	完成情况	得分	合计	评价标准
技能目标（60分）	1. 知识准备考核合格	15	会□/不会□			1. 单项技能目标“会”该项得满分，“不会”该项不得分 2. 全部技能目标均为“会”记为“完成”，否则，记为“未完成”
	2. 能搭建单模光纤布线系统	15	会□/不会□			
	3. 会单模光纤网络布线系统的测试	15	会□/不会□			
	4. 能导出单模光纤网络布线系统测试报告和解读技术参数	15	会□/不会□			
任务完成情况		完成□/未完成□				
任务完成质量（40分）	1. 工艺或操作熟练程度（20分）					1. 任务“未完成”此项不得分 2. 任务“完成”，根据完成情况打分
	2. 工作效率或完成任务速度（20分）					
安全文明操作	1. 安全生产 2. 职业道德 3. 职业规范					1. 违反纪律，视情况扣5～45分 2. 发生设备安全事故，扣45分 3. 发生人身安全事故，扣50分 4. 实训结束后未整理实训现场扣5～10分
评价结果						

任务 13　光纤布线系统（多模光纤）测试及测试报告解读

评　价　标　准

评价项目	评价内容	配分	完成情况	得分	合计	评价标准
技能目标（60 分）	1. 知识准备考核合格	15	会□/不会□			1. 单项技能目标“会”该项得满分，“不会”该项不得分 2. 全部技能目标均为“会”记为“完成”，否则，记为“未完成”
	2. 能搭建多模光纤布线系统	15	会□/不会□			
	3. 会多模光纤网络布线系统的测试	15	会□/不会□			
	4. 能导出多模光纤网络布线系统测试报告和技术参数解读	15	会□/不会□			
任务完成情况		完成□/未完成□				
任务完成质量（40 分）	1. 工艺或操作熟练程度（20 分）					1. 任务“未完成”此项不得分 2. 任务“完成”，根据完成情况打分
	2. 工作效率或完成任务速度（20 分）					
安全文明操作	1. 安全生产 2. 职业道德 3. 职业规范					1. 违反纪律，视情况扣 5～45 分 2. 发生设备安全事故，扣 45 分 3. 发生人身安全事故，扣 50 分 4. 实训结束后未整理实训现场扣 5～10 分
评价结果						

任务 14　综合布线系统工程电气测试与记录

评　价　标　准

评价项目	评价内容	配分	完成情况	得分	合计	评价标准
技能目标（60 分）	1. 知识准备考核合格	15	会□/不会□			1. 单项技能目标“会”该项得满分，“不会”该项不得分 2. 全部技能目标均为“会”记为“完成”，否则，记为“未完成”
	2. 会铜缆布线系统工程电气认证测试与记录	15	会□/不会□			
	3. 会光缆布线系统工程电气认证测试与记录	15	会□/不会□			
	4. 会综合布线系统工程电气测试报告填写与数据分析	15	会□/不会□			
任务完成情况		完成□/未完成□				
任务完成质量（40 分）	1. 工艺或操作熟练程度（20 分）					1. 任务“未完成”此项不得分 2. 任务“完成”，根据完成情况打分
	2. 工作效率或完成任务速度（20 分）					
安全文明操作	1. 安全生产 2. 职业道德 3. 职业规范					1. 违反纪律，视情况扣 5～45 分 2. 发生设备安全事故，扣 45 分 3. 发生人身安全事故，扣 50 分 4. 实训结束后未整理实训现场扣 5～10 分
评价结果						

任务15 施工过程隐蔽工程的验收报告及设备移交

评 价 标 准

<table>
<tr><th>评价项目</th><th>评价内容</th><th>配分</th><th>完成情况</th><th>得分</th><th>合计</th><th>评价标准</th></tr>
<tr><td rowspan="4">技能目标（60分）</td><td>1. 知识准备考核合格</td><td>15</td><td>会□/不会□</td><td></td><td rowspan="4"></td><td rowspan="4">1. 单项技能目标“会”该项得满分，“不会”该项不得分
2. 全部技能目标均为“会”记为“完成”，否则，记为“未完成”</td></tr>
<tr><td>2. 会施工过程的隐蔽工程项目内容</td><td>15</td><td>会□/不会□</td><td></td></tr>
<tr><td>3. 会隐蔽工程的验收</td><td>15</td><td>会□/不会□</td><td></td></tr>
<tr><td>4. 会隐蔽工程的相关资料集设备移交</td><td>15</td><td>会□/不会□</td><td></td></tr>
<tr><td colspan="2">任务完成情况</td><td colspan="3">完成□/未完成□</td><td></td><td></td></tr>
<tr><td rowspan="2">任务完成质量（40分）</td><td colspan="3">1. 工艺或操作熟练程度（20分）</td><td></td><td rowspan="3"></td><td rowspan="2">1. 任务“未完成”此项不得分
2. 任务“完成”，根据完成情况打分</td></tr>
<tr><td colspan="3">2. 工作效率或完成任务速度（20分）</td><td></td></tr>
<tr><td>安全文明操作</td><td colspan="3">1. 安全生产
2. 职业道德
3. 职业规范</td><td></td><td>1. 违反纪律，视情况扣5～45分
2. 发生设备安全事故，扣45分
3. 发生人身安全事故，扣50分
4. 实训结束后未整理实训现场扣5～10分</td></tr>
<tr><td>评价结果</td><td colspan="6"></td></tr>
</table>